KB144113

제2판

Outbound Tour Practice

국외여행업무 전반에 관한 필수적인 실무 지침서

국외여행실무

이교종 저

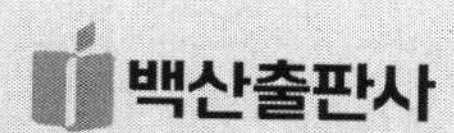

제2판 머리말

저자가 『국외여행실무』 교재를 세상에 내놓은 지 벌써 7년이 흘렀다. 늘 그래왔듯이 여행기업을 둘러싼 여행환경, 그 가운데 국내 outbound 분야의 환경은 그 속도와 양에 있어서 놀라울 정도로 급속하게 변화해 왔다. 특히 2019년 12월 중국에서 처음 발생한 이후 세계로 확산된 코로나19로 인해 국가 간 이동과 여행이 제한되면서 해외여행 시장은 초토화되었다. 그 후 국내에서 무려 3년 가까이 outbound 분야는 긴 암흑의 터널을 걷다가, 2023년에 들어와서야 팬데믹의 종식이 선언되며 이제 그 영향에서 벗어나 정상화로 가는 길에 서게 되었다.

이처럼 빠르게 변화하고 있는 국외여행 시장의 변화를 정확히 이해하고, 포스트 코로나의 국외여행 환경변화에 탄력적으로 대응하기 위해서는 교재의 개정이 필수적이었다. 이에 최근 outbound 분야의 변화된 내용을 충분히 반영하여 최신성을 유지하기 위해 본서 제2판을 출간하게 되었다. 코로나19 관련 출국자의 추이, 관광진흥법의 개정에 따른 국외여행 취급 여행사의 변화, 국외여행 표준약관의 개정, 차세대 전자여권, 여권발급신청, 국가별 비자수속, 출입국 수속, 국외여행인솔자 업무 등에 관한 내용 수정과 주요 국가별 안전정보 등에 관한 내용을 새롭게 추가하였다.

내용의 최신성을 최대한 기하면서도 초판 발간 시에 지향하였던 교재의 구성과 특징은 변함없이 유지하였다. 또한 초판 발행 시 가졌던 기대는 여전히 유효한바, 부족함이 많지만 본 교재가 관광 및 여행 관련 분야를 전공하는 학생들, 업계 종사자, 그리고 국외여행자들에게 유익하게 활용될 수 있기를 기대하며, 끝으로 이 책의 출간에 도움을 주신 많은 분들에게 깊은 고마움을 전한다.

저자

머 리 말

저자가 『여행업 실무』 교재를 세상에 내놓은 지 어느덧 이십 년이 다 되어간다. 그동안 여행기업을 둘러싼 여행환경은 그 속도와 양에 있어서 놀라울 정도로 급속하게 변화해 왔다. 특히 국내의 outbound 분야의 환경변화는 더욱 그러하다. 2011년부터 5년간의 해외여행 증가율만 보더라도 국내여행의 5배 이상 높게 나타났을 뿐만 아니라 2016년에는 내국인 출국자 수가 사상 처음으로 2천만 명을 돌파할 정도로, 나라 밖으로 떠나는 일이 이제 더 이상 특별하지도 않은 일상적이고 보편화되고 있는 시대가 되었다.

이와 같은 출국자 수 및 해외여행 경험자 수의 증가는 국외여행업무와 관련된 종사자들에게는 더욱더 많은 여행지식과 전문성을 요구하고 있다. 이에 저자는 국외여행업무 전반에 관한 기본적이고 필수적인 내용을 쉽게 이해할 수 있게 설명한 실무 지침서로서 『국외여행실무』라는 교재를 새로이 출간하게 되었다.

본 교재는 총 10개 장으로 구성하였으며, 특징은 다음과 같이 제시될 수 있다.

첫째, 여행 관련 분야를 전공한 학생들이 졸업 후 현장에 진출하였을 때, 별도의 재교육 없이 바로 실무능력을 발휘할 수 있도록 내용에 있어 산업체의 대학에 대한 교육요구를 철저히 수렴하여 현장실무중심으로 구성하였다.

둘째, 제한된 학기에 교과과정을 끝낼 수 있도록 outbound 분야로 진출하는 학생들에게 요구도가 높은 부분을 중점적으로 다루었다. 아울러 소비자인 여행자의 측면에서도 해외여행 시 도움이 될 수 있도록 국외여행업무 가운데 가급적 양자 공통의 관심영역을 다루고자 노력하였다.

셋째, 가급적 간결한 구성과 표현방식을 사용하고, 보다 추가적인 사항에 대한 정보는 참고사항과 각주를 충분히 활용함으로써 교재를 접하는 이들이 내용을 쉽게 이해할 수 있도록 꾸몄다.

넷째, 국외여행실무에 대한 실제적인 이해에 도움이 되는 관련 양식을 최대한 많이 실었으며, 아울러 그것들을 실제로 작성하게끔 구성함으로써 학생들의 이해도 향상은 물론 강의의 수월성을 제고하고자 하였다.

그러나 완성된 내용을 다시 보니 내용 면에서 여러 가지 부족함이 눈에 띄고 현장의 빠른 흐름을 다 반영하지 못한 아쉬움이 남는바, 이 점은 지속적인 연구와 업데이트를 통해 보완해 나갈 것을 약속드린다.

본 교재가 관광 및 여행 관련 분야를 전공하는 학생들, 업계 종사자, 그리고 국외여행자들에게 유익하게 활용될 수 있기를 기대하며, 끝으로 이 책의 출간에 도움을 주신 많은 분들에게 깊은 고마움을 전한다.

저자

차 례

제 1 장

국외여행실무의 이해

1. 국외여행의 개념
2. 한국 국외여행의 발전과정과 동향
3. 국외여행실무의 내용적 범위

제 1 장 국외여행실무의 이해

1. 국외여행의 개념

여행의 종류는 학자에 따라 또는 보는 관점에 따라 여러 형태로 나타나고 있다. 그러나 여행을 기본적으로 분류하면 국적기준에 의한 분류, 물리적 경계기준에 의한 분류, 종합적 기준(국적 · 경계)으로 분류하는 것이 일반적이다.

국적기준에 의한 여행의 구분은 내국인여행과 외국인여행으로 나눌 수 있으며, 물리적 경계를 기준으로 여행을 구분하면 국내여행과 국제여행으로 나눌 수 있다. 국적 · 경계를 종합하면 외국인 국내여행(inbound), 내국인 국내여행(intrabound,

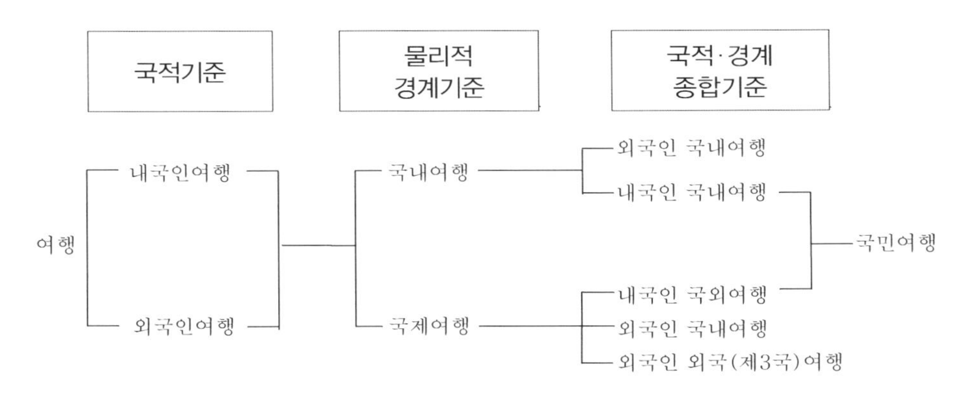

자료 : 한국관광공사, 1986 : 34

[그림 1.1] 여행의 기본적 분류

domestic travel), 내국인 국외여행(outbound), 외국인 외국(제3국)여행으로 나눌 수 있다(그림 1.1 참조).

이러한 구분을 좀 더 명확히 이해하기 위해 도식화하면 〈그림 1.2〉와 같다. 〈그림 1.2〉에서 종축은 물리적 경계인 지역경계, 횡축은 국적경계를 나타내고 있으며, Ⅰ상한과 Ⅳ상한은 여행행위가 국내에서 나타나고, Ⅱ상한과 Ⅲ상한은 국외에서 이루어진다. 여행행위가 이루어지는 공간이라는 측면에서 네 가지 영역의 특성을 살펴보면 다음과 같다.

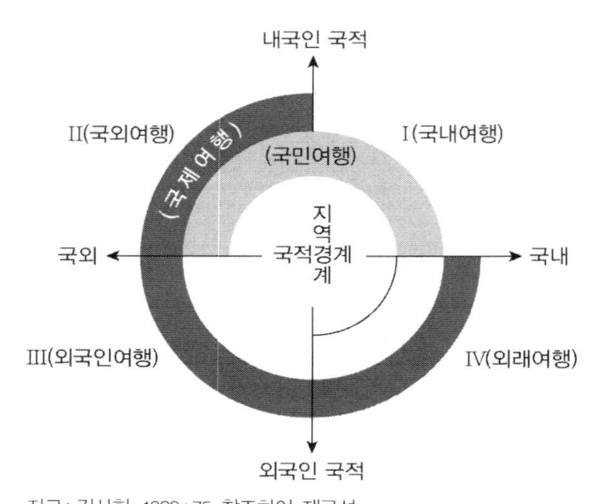

자료 : 김사헌, 1989 : 75 참조하여 재구성

[그림 1.2] 여행의 분류도

Ⅰ**상한** : 내국인의 국내에서의 여행(국내여행 : domestic tour)

Ⅱ**상한** : 내국인의 국외에서의 여행(국외여행 : outbound tour)

Ⅲ**상한** : 외국인의 외국에서의 여행(외국인여행 : overseas tour)

Ⅳ**상한** : 외국인의 국내에서의 여행(외래여행 : inbound tour)

지역과 국적을 기준으로 하여 국내여행과 국제여행의 공간적 범위를 설정하려 할 때 국내여행과 외래여행은 여행행위가 이루어지는 공간적 범위에 있어서는 분석하는 국가의 지역경계 내에서 이루어진다는 점에서 양자가 유사하지만, 지역과 국적을 함께 적용시키면 내국인의 국내에서의 여행은 당연히 국제여행에서 제외되어야 한다. 또 외래여행은 여행행위의 공간이 국내임에는 분명하지만 여행자의 국적에 있어서는 외국인이므로 국제여행의 범주에 포함된다. 따라서 국제여행의 공간적 범위는 지역경계와 국적경계 모두가 국내적인 국내여행을 제외한 Ⅱ, Ⅲ, Ⅳ상한이 된다.

이와 함께 우리가 국민여행이라고 지칭할 때는 물리적 경계인 지역경계가 아닌 여행자의 국적을 기준으로 하는 용어로 보는 것이 타당하다. 따라서 우리나라 관점에서 국민여행이라고 할 때는 대한민국 국적을 가진 내국인들의 여행행위인 국내여행과 국외여행을 포함하는 Ⅰ, Ⅱ상한이 된다.

이상의 내용을 종합하여 볼 때 국외여행(outbound tour)이란 국내여행이 아닌 국제여행의 범주에 들어가고, 외래여행(inbound tour)의 상대적 개념이라 볼 수 있다. 즉 여행의 이동이 거주지 국경을 벗어나는 여행으로서 내국인의 국외여행을 뜻한다. 국외여행은 우리나라에서 해외여행과 혼용해서 사용되는데, 엄밀한 의미에서는 해외여행이란 용어보다는 국외여행이라는 용어가 더 바람직하다고 하겠다. 이러한 국외여행은 자국민에게 타국의 사회적 · 문화적 · 정치적 요인 등 여러 측면을 이해할 수 있는 기회를 제공하여 자국인의 세계화와 국제화에 기여하는 등 많은 긍정적 효과를 낳고 있다.

2. 한국 국외여행의 발전과정과 동향

1) 해외여행자유화와 출국자 수의 증가

정확한 시작은 알 수 없지만 우리나라에서 국외여행이 시작된 것은 매우 오래전의 일로서 많은 사람들이 국외여행을 하였다는 사실이 여러 문헌을 통해서도 나타나 있다. 그렇지만 지금과 같이 국외여행이 대중화되게 된 것은 1989년 해외여행 완전자유화 조치가 실시되면서부터이다. 그 이전까지는 국가의 통제를 받았기 때문에 국외여행은 매우 제한적으로 실시되었다.

[표 1.1] 연도별 출국자 수

연 도	출국자 수(명)	성장률(%)	비고
1975	129,378	6.4	
1977	209,698	27.3	
1980	338,840	14.6	
1981	436,025	28.7	
1982	499,707	14.6	50세 이상 해외여행(예치금)
1983	493,461	-1.2	50세 이상 해외여행자유화
1988	725,176	42.0	40세/30세 해외여행자유화
1989	1,213,112	67.3	해외여행 완전자유화(1월 1일)
1992	2,043,299	10.1	
1994	3,154,326	30.3	
1996	4,649,251	21.7	
1998	3,066,926	-32.5	IMF 경제위기 도래
1999	4,341,546	41.6	
2000	5,508,242	26.9	
2001	6,084,476	10.5	
2002	7,123,407	17.1	
2004	8,825,585	24.5	
2005	10,080,143	14.2	
2006	11,609,879	15.2	
2007	13,324,977	14.8	
2008	11,996,094	-10.0	세계경기 침체
2010	12,488,364	31.5	
2012	13,736,976	8.2	
2013	14,846,485	8.1	
2014	16,080,684	8.3	
2015	19,310,430	20.1	
2016	22,383,190	15.9	
2017	26,496,447	18.4	
2018	28,695,983	8.3	
2019	28,714,247	0.1	
2020	4,276,006	-85.1	코로나19 발생
2021	1,222,541	-71.4	
2022	6,554,031	436.1	
2023	22,715,841	246.6	

자료 : 한국문화관광연구원 관광지식정보시스템

그 과정을 보면 1982년에 처음으로 50세 이상의 일반인에 대해 해외여행자유화를 실시하였다. 다만 일정 금액의 예치금을 납부한 후 국외여행을 할 수 있도록 한 것을 시작으로, 1983년 이 예치금 제도가 폐지되었고, 1988년에는 '88서울올림픽을 치르면서 순차적으로 자유화를 실시해서 40세 이상을 그리고 곧 30세 이상 국민의 국외여행을 자유화시켰으며, 1989년 1월 1일 국민의 해외여행 완전자유화 조치가 실시되었다. 이에 따라 국외여행자의 수는 급격히 증가하였다.

해외여행 완전자유화 조치가 실시된 첫 해인 1989년에 내국인 출국자 수는 120만 명이 조금 넘는 수준이었으나, 2005년에는 1,000만 명을 돌파하였으며, 2016년에는 사상 처음으로 2천만 명을 넘어 2,240만 명, 2018년에는 2,870만 명에 이를 정도로 폭발적인 성장세를 보였다.

그렇지만 2019년 12월 중국에서 처음 발생한 이후 세계로 확산된 코로나19로 인해 국가 간 이동과 여행이 제한되면서 해외여행 시장은 초토화되었다. 그 후 국내에서 무려 3년 가까이 outbound 분야는 긴 암흑의 터널을 걷다가, 2023년에 들어와서 팬데믹의 종식이 선언되면서 출국자 수가 전년 대비 246.6% 성장한 22,715,841명으로 완연한 회복세를 보이며 정상화로 가는 길에 서게 되었다.

2) 국외여행취급 여행사의 증가

(1) 여행업의 종류

우리나라는 1961년 최초로 관광관련 법규인 「관광사업진흥법」이 제정되면서 여행업이 등록제로서 '일반여행알선업'과 '국내여행알선업'으로 분류되었다. 그러나 1986년 「관광진흥법」이 제정되면서 여행업의 전문화를 추진하기 위해 업종을 '일반여행업', '국외여행업', '국내여행업'으로 분류하였다. 그 후 34년 만인 2021년 9월 24일 시행된 「관광진흥법 시행령」 제2조제1항제1호에서 여행업의 종류를 '종합여행업', '국내외여행업', '국내여행업'으로 명칭을 변경하였다. 과거 일반여행업이라는 명칭에서 '일반'이라는 단어가 '종합'으로 변경되었으며, 여행사가 국외여행 업무와 국내여행 업무를 동시에 하는 경우가 많은데 관광진흥법상 국외여행업과 국내여행업 2개 업종을 별개로 등록해야 했던 규제를 완화하여 '국내외여행업'으로 개정하여 동시에 두 종류 업무를 할 수 있게 되었다.

① 종합여행업

> "국내외를 여행하는 내국인 및 외국인을 대상으로 하는 여행업(사증을 받는 절차를 대행하는 행위를 포함한다)"을 말한다.

종합여행업은 업무 범위상 모든 여행업무를 취급할 수 있는 자격을 갖춘 여행사이다. 즉 종합여행업은 국내여행(domestic tour)업무와 국외여행(outbound tour)업무, 그리고 외국인 대상 국내여행유치(inbound tour)업무를 할 수 있는 여행사이다. 특히 외국인을 유치하고 관광통역안내사 업무를 하는 인바운드 여행사들은 반드시 종합여행업으로 등록해야 한다.

인바운드 투어의 경우, 1962년 관광산업이 국가전략산업으로 추진된 이후 지금까지 양적으로 비약적인 성장을 하였다. 1961년 방한 외래관광객이 약 만 명 정도에서 2012년 천만 명으로 약 1,000배 증가하였으며, 2016년에는 1,700만 명 이상의 외래관광객이 방문하였다. 이러한 성과에는 외래관광객 유치를 위한 정부의 노력뿐만 아니라 종합여행업체(종전: 일반여행업체)의 노력도 나름 많은 기여를 하였다고 볼 수 있다.

② 국내외여행업

> "국내외를 여행하는 내국인을 대상으로 하는 여행업(사증을 받는 절차를 대행하는 행위를 포함한다)"을 말한다.

국내외여행업은 내국인 대상 국외여행(outbound tour)업무와 국내여행 업무를 취급하는 여행업으로서, 국외여행을 하는 여행객을 위해서는 사증발급 대행, 국외여행정보 제공, 국외여행상품 기획 · 판매, 국제선 항공권 예약 및 발권, 국외여행인솔 서비스 등의 업무를 담당한다. 과거 국외여행업은 초창기에는 항공운송 대리점으로서의 역할과 기능이 강조되어 항공권 판매가 주종을 이루었으나 1989년 1월 1일 해외여행 완전자유화 실시 이후 국민의 국외여행에 대한 수요 증가로 급격하게 그 수가 증가하였다.

③ 국내여행업

> "국내를 여행하는 내국인을 대상으로 하는 여행업"을 말한다.

국내여행업은 국내를 여행하고자 하는 내국인들에게 국내 철도승차권, 국내선 항공권, 호텔 쿠폰 등을 대매하거나 국내여행 정보제공, 국내여행상품의 기획 · 판매, 관광버스 전세업무 등 국내여행의 전반적인 서비스를 제공한다.

(2) 국외여행취급 여행사

국외여행업무의 취급이 가능한 여행사는 〈표 1.2〉에서 보는 바와 같이 규모나 유통구조에 관계없이 「관광진흥법」에 의해 종합여행업과 국내외여행업으로 등록된 모든 여행사이다.

[표 1.2] 관광진흥법에 따른 여행업의 분류

여행업 종류	취급가능 업무	법적 자본금
종합여행업	내국인 대상의 국내여행(domestic tour) **내국인 대상의 국외여행(outbound tour)** 외국인 대상의 국내여행(inbound tour)	5천만 원 이상
국내외여행업	**내국인 대상의 국외여행(outbound tour)** 내국인 대상의 국내여행(domestic tour)	3천만 원 이상
국내여행업	내국인 대상의 국내여행(domestic tour)	1천500만 원 이상

한편 여행업 등록에 필요한 법적 자본금의 경우, 「관광진흥법」 제5조 시행령 일부 개정으로 관광사업 중 여행업의 자본금 제한사항을 완화하도록 함에 따라 여행업의 영업질서와 안전에 지장이 없는 범위에서 〈표 1.2〉와 같이 낮추어져 여행업의 진입규제가 완화되었다.

한국관광협회중앙회 통계에 따르면 2023년 12월 31일 기준으로 우리나라에서는 종합여행업 7,862개 업체, 국내외여행업 9,375개 업체, 국내여행업 3,905개 업체가 등록되어 전체 21,142개 업체가 운영되고 있다. 따라서 이 가운데 국외여행 업무를 취급할 수 있는 여행사는 종합여행업과 국내외여행업을 합한 17,237개에 이른다고 하겠다.

[표 1.3] 여행업체 등록 현황

지역/업종별	종합여행업	국내외여행업	국내여행업	소계
서울	4,178	3,261	662	8,101
부산	433	784	287	1,504
대구	187	438	122	747
인천	320	262	134	716
광주	160	297	86	543
대전	121	247	77	445
울산	61	137	27	225
세종	29	44	22	95
경기	1,068	1,424	579	3,071
강원	149	225	205	579
충북	101	244	90	435
충남	79	289	189	557
전북	167	411	296	874
전남	126	335	286	747
경북	123	350	177	650
경남	183	455	136	774
제주	377	172	530	1,079
합계	7,862	9,375	3,905	21,142

자료 : 한국관광협회중앙회(2023.12.31 기준)

(3) 국외여행취급 여행사의 증가

출국자 수의 증가는 필연적으로 여행사의 증가를 가져왔고, 국외여행자의 증가와 함께 1982년 여행사 설립제도가 허가제에서 등록제로 바뀌면서 여행사의 수는 크게 증가하기 시작하였다. 특히 국외여행을 취급할 수 있는 여행업은 다른 업종의 여행업에 비해 증가세가 더욱 두드러지고 있음을 〈표 1.4〉를 통해 알 수 있다.

종전 국외여행업(현재 국내외여행업)의 경우, 1988년에 105개사이던 것이 해외여행 완전자유화 조치가 실시된 첫 해인 1989년에는 전년에 비해 142%가 증가한 254개사로 늘어났으며, 10년이 지난 1998년에는 2,435개사로, 2016년에는 8,948개사로 증가하였다. 2023년 기준 국내외여행업의 경우는 9,375개 업체이고 종합여행업은 7,862개가 등록하고 있다.

[표 1.4] 연도별/업종별 여행사의 현황

연 도	종합여행업	국내외여행업	국내여행업	비 고
1976	25	0	113	
1977	25	0	162	허가제
1980	25	0	224	
1982	71	22	414	등록제
1988	89	105	784	
1989	122	254	839	
1996	335	1,570	2,074	
1998	329	2,435	2,726	
2001	629	3,085	3,225	
2008	705	5,329	3,616	
2010	1,214	6,714	5,254	
2013	2,009	7,568	5,791	
2014	2,819	8,368	6,398	
2015	3,414	8,582	6,548	
2016	4,176	8,948	6,724	
2017	4,847	9,256	6,797	
2018	5,197	9,648	7,699	
2019	5,918	9,466	6,899	
2020	5,863	8,984	6,800	코로나19 발생
2021	6,139	8,762	6,005	명칭 변경 및 통폐합(일반여행업> 종합여행업, 국외여행업> 국내외여행업)
2022	6,953	9,115	4,330	
2023	7,862	9,375	3,905	

주 : 2021년 관광진흥법 시행령을 개정하기 전 일반여행업을 등록한 자는 종합여행업을 등록한 자로 보며, 종전 국외여행업을 등록한 자는 국내외여행업을 등록한 자로 본다.

자료 : 한국관광협회중앙회

3) 국외여행업무의 전문화

출국자 수의 증가는 국외여행 경험자 수의 증가를 가져왔다. 조사에 따르면 국외여행 경험자의 경험횟수가 증가하는 것으로 나타났다. 코로나19의 영향으로 인해 해외여행이 제한되어 분석에서 제외되기 전인 2016년에 한국문화관광연구원에서 시행한 2015년 국민여행 실태조사 보고서에 따르면 2014년 국외여행에 참여한 국민들 중 2회 이상 여행한 사람이 19.2%에 달하고, 2015년에는 22%로 증가하였다(문화체육관광부, 2016 : 237~238). 국민의 국외여행 경험이 증가하면서 국외여행에 필요한 절차와 정보에 익숙한 고객이 늘어나게 되었다. 따라서 국외여행업무는 국외여행 경험이 축적된 고객을 상대해야 하는 일이 많아졌으며, 더욱 더 많은 여행지식을 필요로 하는 업무가 되고 있다.

또한 전문가 수준의 고객이 급격히 늘어나게 된 데는 인터넷의 발달로 관광 및 국외여행과 관련된 정보를 공유하게 된 것이 큰 몫을 하고 있다. 국내 사이트뿐만 아니라 국외 사이트를 망라하는 정보망을 통해 여행정보 습득과 가격비교 등이 실시간으로 가능해졌다. 개별여행의 증가와 여행 관련 블로그 활동은 여행 전문가 수준의 정보축적을 가능하게 하였고, 누구나 현지의 자세한 정보를 실시간으로 확인할 수 있게 하였다. 항공예약 및 호텔예약시스템의 발전으로 예약과 발권을 손쉽게 직접 하고 고객이 좌석 지정까지 할 수 있게 되면서 여행업무와 관련된 지식이 일반고객들에게도 공개되는 실정이어서 여행업만의 전문화를 요구하고 있다(도미경, 2012 : 15).

3. 국외여행실무의 내용적 범위

여행업무의 흐름은 여행사의 성격과 여행사가 발휘하는 기능에 따라 업무내용도 상이하나 대체적으로 기획 → 예약(수배) → 판매 → 계약 → 수속 → 발권 → 안내 → 정산 → 경영분석 → 애프터서비스라는 순환과정을 통해 진행되는 것이 일반적이다. 이를 그림으로 제시하면 〈그림 1.3〉과 같은데, 이들 업무는 업무순서에 따라 진행되는 것이 일반적이나 그렇다고 해서 늘 이와 같은 순서대로 진행되는 것은 아니다. 예컨대 예약을 미리 해놓고 여행기획을 하는 경우도 있으며, 여행계약과 수속업무를 동시에 진행하는 경우도 있다. 어떤 경우에는 기획, 수배, 판매업무가 동시다발적으로 이루어지는 경우도 생길 수 있는 것이다(정찬종, 2013 : 10~11).

[그림 1.3] 여행업무의 순환과정

한편 국외여행업무에서는 관광대상이 국외에 있다는 장소적 의미가 중요하게 등장한다. 이러한 장소적 의미의 중요성은 몇 가지 중요한 사실을 파생시킨다. 즉 국내를 여행하는 것과는 달리 관광활동이 국경을 넘나드는 여행의 형태를 띠기 때문에 관광대상국가와 우리나라와의 외교적 관계에 따른 입국과 관련된 제반 절차와 함께 관광의 주체가 되는 관광객도 국외여행과 관련되어 요구되는 사전에 갖추어야 할 제반사항의 준비가 이루어져야 하는 것이다. 그리고 국외여행이기 때문에 일반적으로 국내여행 시 이동하게 되는 거리와 비교해 볼 때 장거리이며, 이로 인해 항공기를 이용하게 된다는 것이 보편적이라 할 수 있다.

결국 국외여행은 첫째, 여권 · 비자 등 국외여행 시 필요로 하게 되는 절차가 존재하며, 둘째, 일반적으로 장거리인 관계로 항공기를 이용한다는 점 등이 국내여행과 비교해 볼 때 크게 다른 점이라고 하겠다. 따라서 outbound부문의 업무는 국내여행과 거의 동일한 업무에다가 이러한 제반절차의 구비와 항공업무가 추가된 것이라고 생각하면 일단 이해하기가 수월할 것이다(고종원 · 이광우, 2006 : 47~49).

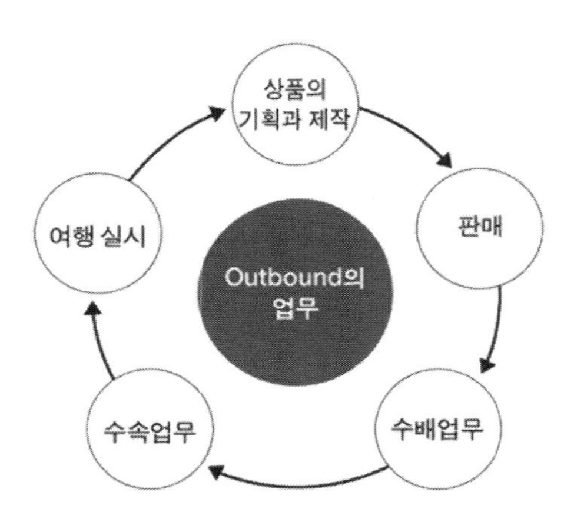

자료 : 고종원 · 이광우, 2006 : 49

[그림 1.4] Outbound 업무의 순환

이러한 관점에서 고종원 · 이광우는 〈그림 1.4〉에서 보는 바와 같이 outbound 부문의 업무영역을 ① 판매할 상품생산을 위한 해외여행상품의 기획과 제작, ② 판매활동, ③ 해외여행에 따르는 제반수속업무와 수배업무, ④ 항공업무, ⑤ 여행실시 등 크게 5가지 영역으로 구분하고 있다.

이는 다음과 같이 정리될 수 있다. 먼저 outbound 업무의 시작은 일반기업과 마찬가지로 판매할 상품이 생산되는데서부터이다. 국외여행업에서 생산되는 상품은 해외를 관광목적지로 하는 국외여행상품이 된다.

그리고 생산된 제품의 판매를 위한 업무가 일반기업과 마찬가지로 존재한다. 여행사의 판매업무로 소비자의 구매가 이루어지면 이들 소비자들이 외국의 관광대상국 방문을 위해 필요한 사전 제반 구비서류의 준비가 필요하다.

또한 이 단계에서 해외에 있는 호텔 · 식당 · 교통 · 쇼핑 등의 여행소재와 국가간 이동에 필요한 항공좌석을 예약 · 구매하는 수배업무가 진행된다.

여행일정에 필요한 잠재여행객들의 여행상품 구매와 여행을 위한 제반서류구비 · 수배업무 · 항공권 구입 등 사전절차업무가 완료되면 일반제품의 구매 후 사용하는 것에 해당하는 국외여행을 실행하게 된다. outbound부문에 있어서는 특히 이 부문의 업무가 상당히 중요하게 비중을 두고 처리되어야 하는데, 그 이유는 서비스상품인 여행상품은 무형성이라는 특성 때문에 구매한 상품에 대한 소비자의 만족도는 실제로 여행을 떠나 경험하기 시작하는 여행일정에서 평가를 할 수 있게 되기 때문이다. 이러한 이유로 국외여행의 실행업무는 여행사가 중요하게 생각하고 비중을 두어 신경을 써야 하는 업무분야가 된다.

지금까지 언급한 내용을 토대로 국외여행실무에 대한 체계성을 담보하면서도 관련 분야를 전공하는 학생들의 실질적인 이해에 도움을 주기 위해 저자는 국외여행실무 교재에서 다루고자 하는 내용적 범위를 다음과 같이 구분하여 접근하고자 한다(그림 1.5 참조).

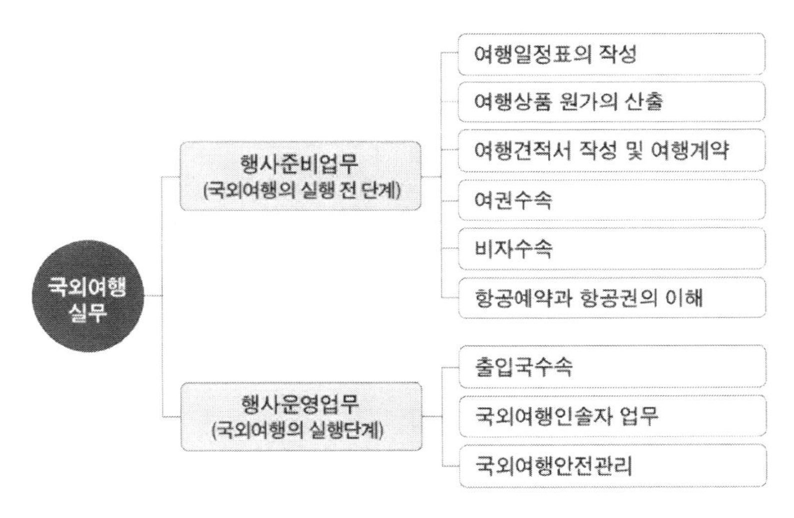

[그림 1.5] 국외여행실무의 내용적 범위

먼저 국외여행과 관련된 업무는 여행사 입장에서 볼 때 여행실행 이전에 행사를 준비하는 업무와 모객이 완료된 후 실제로 국외여행상품의 행사를 실행하는 단계의 운영업무로 대별할 수 있다. 국외여행의 실행 전 행사준비업무와 관련이 깊은 것으로는 여행상품의 생산과 판매, 국외여행에 따른 제반 수속업무, 수배업무 및 항공업무를 들 수 있으며, 국외여행의 실행단계인 행사운영업무는 출입국수속, 국외여행인솔자 업무, 국외여행안전관리 업무를 포함한다.

행사준비업무의 경우, 여행상품의 생산과 판매 업무와 관련해서는 여행일정표의 작성, 여행상품 원가의 산출, 여행견적서 작성 및 여행계약과 관련된 내용을 다루고자 하며, 수속업무와 관련해서는 여권수속과 비자수속, 수배업무 및 항공업무와 관련해서는 항공예약과 항공권에 대한 개념을 중심으로 살펴보고자 한다.

행사운영업무의 경우, 여행객이 가방을 꾸려서 국외여행을 떠나는 실질적인 첫 단계라 할 수 있는 출입국수속의 절차와 내용, 국외여행인솔자 업무의 개념과 실제, 그리고 국외여행시의 안전관리를 위한 서비스 지원제도 및 위기상황별 대처요령과 주요 국가별 안전정보 및 주의사항 등을 중심으로 설명하고자 한다. 이 부분에서는 특히 국외여행인솔자업무에 대하여 상세한 내용 설명을 담고자 한다. 왜냐하면 현지행사운영은 주로 국외여행인솔자(tour conductor)가 하게 되는데, 국외여행인솔자의 능력은 여행자의 만족도를 좌우하는 결정적인 역할을 하게 되기 때문이다. 더욱이 1989년 해외여행 완전자유화 조치가 이루어지면서 내국인의 국외여행 수요가 폭발적으로 증가하고 있으며, 이에 따라 단체여행객을 인솔하는 국외여행인솔자의 수요도 큰 폭으로 증가하고 있다. 앞으로 단체여행의 형태가 더욱 세분화되고 개별화하는 과정에서도 여행상품의 품질은 국외여행인솔자의 능력과 역량에 크게 의존할 것으로 보이기 때문이다.

한편, 이상의 내용 이외에도 여행상품의 판매를 위해서 진행되는 여행상담 및 고객관리 업무와 실제적인 CRS 운용업무 등 여행사의 국외여행실무와 관련하여 중요한 기능을 수행하는 업무영역이 있지만, 한 학기라는 강의의 시간적 제약성 등을 고려하여 본 교재의 내용적 범위에 포함하고 있지 않음을 먼저 밝혀 두고자 한다.

제2장

여행일정표의 작성

1. 여행일정표 작성의 의의
2. 여행일정표 작성시 기본적 문의사항
3. 여행일정표 작성시 유의사항
4. 여행일정표 작성의 실제

제2장 여행일정표의 작성

1. 여행일정표(Tour Itinerary) 작성의 의의

여행일정표는 여정과 시간대별 스케줄을 나타낸다. 즉 여행의 출발일 및 시간과 도착일과 시간, 교통수단, 여행의 순서, 숙박호텔, 식사의 종류, 방문지 등 여행의 활동내용을 한눈으로 볼 수 있도록 작성된 것이다. 여행일정표는 여행의 내용이 표시되어 있으므로 여행상품을 판매할 때 제시되며, 판매 후에도 여행행사에 참여하는 고객에게 여행행사의 내용을 알리기 위해서도 제시된다.

이와 같은 여행일정은 크게 여행의 조건에 영향을 받고, 여행상품의 주체가 여행사인지, 여행자의 주문에 의해 만들어진 것이냐에 따라 그 작성에 있어서도 다소의 차이가 있을 수 있으나, 여하튼 작성된 여정의 좋고 나쁨은 여행의 성패를 가름할 정도로 중요한 요소로서 여정작성업무는 여행상품의 생산과 판매실무에 있어서 기본적이면서도 가장 중요한 업무의 하나이다. 왜냐하면 여행일정표는 무형의 여행현상을 유형의 상품으로 구체화시킨 것으로서 여행상품의 선택에 결정적 영향을 미치기 때문이다. 또한 여행경비의 계산이나 여행조건서 등의 작성이 여행일정을 기초로 하여 작성되기 때문이다.

기획여행의 경우, 여행사가 여행상품 개발을 사업계획으로 확정하고 나면 다음은 여행일정표를 계획하고 작성해야 하는 단계에 들어가게 된다. 이때 여행일정표는 여행상품의 무형성으로 인해 여행자들이 상품구매시 눈으로 비교 · 검토

할 수 있는 유일한 것으로 여행일정표만 보고도 여행이 어떻게 진행될 것인가를 일목요연하게 상상할 수 있을 정도로 상세하게 명시되어야 한다. 즉 고객인 여행자는 여행일정표로 여행상품을 판단하고 구매할 뿐만 아니라 여행상품 행사 운영의 과정에서도 세부행사의 내용을 확인한다. 따라서 여행일정표는 고객과 마찰이 생겼을 때 책임을 판단하는 근거자료로서 그 내용은 반드시 지켜져야 하므로 정확하게 작성되어야 하며 불필요한 추측이나 기대를 갖게 하는 불분명한 문구는 피하고, 책임을 질 수 없는 부득이한 일정의 변경가능성이나 미포함 사항에 대해서도 분명하게 명시해야 한다.

희망여행의 경우, 여행자는 보다 효율적이고도 경제적이며 편리한 여행을 하기 위해 여행사를 방문, 자신의 희망과 조건에 적합한 여정을 작성해 주도록 의뢰하게 된다. 이때 여행사는 고객과의 충분한 의사교환을 통해서 여행자들이 가장 희망하는 중점사항을 확인하고, 그들의 욕구가 충족됨으로써 만족감을 느낄 수 있는 여정이 되도록 해야 한다.

요컨대, 훌륭한 여정이란 여행자의 입장에서 보면 자신의 기대가 충족되고 만족을 얻을 수 있는 여행일정을 말하며, 여행사의 입장에서는 여행자의 신뢰를 확보함으로써 여행상품의 판매력을 제고시킬 수 있는 완벽한 일정이 작성된 것을 의미한다. 결국 훌륭한 여정이란 절대적인 관점에서가 아닌 여행자의 요구조건, 기호, 특성, 여행목적, 여행경비 등을 고려한 상대적 관점에서 접근되어야만 한다.

2. 여행일정표 작성시 기본적 문의사항

여정작성시에는 여행객과 충분히 협의하여 그들의 욕구를 정확히 파악한 후 여정을 작성해야 하는데, 여정작성상 고객으로부터 미리 알아두어야 할 기본적인 사항으로는 다음과 같은 것이 있다.

1) 여행목적

어떤 목적의 여행이냐에 따라 그 목적에 부합되는 여행지를 선정할 수 있기 때문에 여정을 작성하는데 있어서 여행의 목적은 여행지의 선정에 중요한 요소로 작용한다. 따라서 여정을 작성할 때에는 우선 여행목적이 무엇인가를 여행객에게 문의해야 한다. 여행목적은 관광, 사업, 연수참가, 친지방문 등으로 분류될 수 있다. 한편, 여정을 작성하는 업무를 담당하는 사람은 여행목적지가 여행의 목적을 충족시킬 수 있는 관광자원적 요소를 충분히 갖고 있으며, 이에 따른 여행조건이 어떠한 지를 충분히 파악할 정도의 여행에 관한 폭넓은 정보와 지식, 그리고 풍부한 경험을 구비하고 있어야 한다.

2) 여행시기 및 기간

여행을 하게 되는 시기와 여행일수는 여행경비의 산출은 물론, 여행일정을 결정하는데 중요한 요소이다. 즉 어느 시기에 얼마 정도의 기간으로 여행하느냐에 따라서 여행일정은 조정될 수밖에 없으므로 이를 명확하게 협의하여야 한다.

3) 여행경비

여행경비는 지불능력 곧 경제력의 표시이기 때문에 여행을 결정짓는 중요한 요소의 하나이다. 따라서 여행객이 여행에 있어 얼마의 경비를 예상하고 있는지를 정확하게 파악하여야 한다.

4) 여행경험의 유무

여행경험의 유무도 여행목적지를 선정하는데 상당히 중요한 요소이다. 여행경험의 유무에 따라 여행지의 선정, 여행의 내용, 여행의 형태 등에 대한 선호도가 달라질 수 있으므로, 여정작성에 있어 여행객의 여행경험 유무를 염두에 두어야만 한다.

여정작성시 여행자의 일반적 경향

- 상용, 공용, 시찰 등의 여행에서는 여행목적이 주가 되고, 여행일수와 경비는 부수적으로 취급
- 관광목적의 여행에서는 여행일수와 여행경비가 제일의 조건으로 취급
- 외국인 여행의 경우는 주로 여행일수와 관광목적지가 제일의 조건으로 취급
- 포상여행(incentive tour)의 경우에는 투어 오거나이저(tour organizer)가 모든 경비를 부담하기 때문에 여행경비를 중시하는 경향이 지배적임

3. 여행일정표 작성시 유의사항

1) 일반적 유의사항

- 여행자들의 구매 취향 및 경향에 부합되도록 해야 한다.
- 여행자들이 희망하는 출발시각과 현지도착시각을 확인해야 한다.
- 조기출발이나 심야도착을 가급적 피해야 한다.
- 여행중 다양한 교통기관이 병용될 때 여행자들이 선호하는 교통기관을 선정한다.
- 교통기관의 접속과 환승 시 여유 있는 시간을 배정한다.
- 여로선정은 가능한 주변경관이 아름답고, 목적지 도착에 효과적이어야 한다.
- 호텔선정에 신중을 기해야 하며, 객실의 고급화보다는 호텔의 고급화를 택하는 게 좋다.
- 식사계획은 메뉴의 다양화를 기하고, 특히 조식은 호텔 내에서 하거나 가까운 주위에서 함으로써 불필요한 차량이동을 금해야 한다.
- 스케줄에 무리가 없어야 한다. 즉 하루관광은 가능한 한 10시간을 초과하지 않도록 하며, 하루에 너무 많은 곳을 방문하는 여정은 피하도록 한다.
- 적절한 쇼핑시간과 사진촬영시간을 할애하도록 한다.
- 기상조건에 따른 불가피한 여정변경에 대비해 대안을 마련한다.
- 여행성수기에 만원인 때를 대비하여 제2교통편이나 적절한 호텔에 대한 고객의 희망을 문의해 둔다.
- 계절시간을 고려한다.

- 각 관광지의 휴관일자(예 : 박물관 등의 공휴일과 다음날 휴관)를 확인해 둔다.
- 장기간의 여행시 여행의 최종일은 편안한 일정을 편성하는 것이 좋다.
- 볼 것과 할 것 등을 적당히 배합한다. 즉 눈으로 보는 것만이 아니라 실제로 여행자들이 직접 행함으로써 그들의 흥미를 높여줄 수 있는 기회를 제공한다.
- 고객이 작성한 여정표에 모순이 있을 때에는 주저하지 말고 납득시켜 교정해야 한다.

Economy class syndrome(이코노미클래스 증후군)

- 기내, 특히 이코노미좌석(일반석) 같은 좁은 좌석에 장시간 같은 자세로 오래 앉아 있으면 생기는 가슴통증, 호흡곤란, 심장마비, 다리 저림 현상 등을 말한다.
- 기내는 공기가 건조하고, 기압이 불안정하며, 습도가 낮기 때문에 움직임 없이 장시간 여행을 하다 보면 다리정맥에 혈액이 원활히 흐르지 못하고 덩어리로 굳어지는 혈전이 발생할 수 있다.
- 이를 막기 위해서는 장시간 이동 시 자리에만 앉아 있지 말고 제자리에서라도 다리를 많이 움직이고 물을 자주 마셔주는 게 좋으며, 꽉 끼는 바지나 부츠 등은 착용하지 않는 것이 좋다.

2) 고객별 유의사항

(1) 가족여행일 경우

- 연령에 따라 숙박요금이나 운임의 차이가 있으므로 어린이를 동반할 때에는 연령을 확인토록 할 것
- 특별한 요구사항이 없는 한 가장 연소한 자나 연로한 자에 기준을 두어 편안한 여정을 작성할 것
- 호텔의 선정은 가족에 알맞은 것으로 하고, 호텔 내의 설비도 가족이 이용할 수 있는지 확인해 둘 것

(2) 단체일 경우

- 갈아타는 시간에 충분한 여유를 둘 것
- 방 배정을 위해 성별을 구분해서 확인해 둘 것
- 단체의 특성에 맞는 볼 것과 할 것 등을 고려할 것. 예컨대 중년부인들의

단체인 경우는 쇼핑시간을, 젊은층의 단체인 경우는 할 것(예 : 오락시설)의 기회를 많이 할애할 것

(3) 신혼여행일 경우

- 결혼식 및 피로연 종료예정시각을 확인하고 교통기관을 결정할 것
- 특히 제1일째는 별도의 희망이 없는 한 밤늦게 호텔에 체크인 하지 않도록 배려할 것
- 가능한 한 그들만의 시간을 많이 가질 수 있도록 조용하고 경관이 좋은 방을 수배할 것
- 무리한 스케줄은 삼가고, 추억에 남을 만한 관광지나 사진촬영시간을 많이 할애할 것
- 신혼여행이니 만큼 여유 있게 그들만의 시간을 가질 수 있도록 자유시간을 충분히 할애할 것

4. 여행일정표 작성의 실제

1) 여행일정표의 구성요소

여행이란 상품은 여행일정 작성작업에 의해 무형의 것에서 유형화되는데, 여행일정표는 여행사에 따라 형식이나 양식에 약간의 차이가 있을 수 있으나, 근본적인 구성은 비슷하다.

국외여행 표준약관 제4조(계약의 구성) 2항에 "여행일정표에는 여행일자별 여행지와 관광내용, 교통수단, 쇼핑횟수, 숙박장소, 식사 등 여행실시 일정 및 여행사 제공 서비스내용과 여행자 유의사항이 포함되어야 한다."고 명시된 것처럼, 일반적으로 여행일정표는 다음과 같은 요소로 구성되어진다.

- 여행상품명
- 여행기간
- 여행지역

- 여행상품가격
- 교통편
- 여행일자별 관광 및 쇼핑 등의 세부일정
- 숙박장소
- 식사
- 여행상품 포함사항과 불포함사항
- 여행자 유의사항

2) 여행일정표의 기입방법

- 여행사에서는 여러 여행상품을 취급하고 있을 뿐만 아니라 동일한 지역, 동일한 일정의 여행상품이라 하더라도 출발일에 따라서 가격이 서로 다르고, 출발일별로 구분하여 모객하고 행사를 운영해야 하므로 각기 다른 상품으로 반드시 구분할 수 있어야 한다.
  따라서 여행일정표의 상품명란에는 상품의 구분이 명확하도록 내용을 기재하여야 하는데, 일반적으로 기획여행의 경우 상품명과 상품코드를 기재하고, 희망여행의 경우 상품명과 단체명을 기재한다. 그리고 상품명은 여행상품의 특성이 잘 나타나도록 여행지역과 여행기간을 병기하는 경우가 많다. 예를 들면, '홍콩(해양공원)/마카오(베네시안 관광) 4일'과 같다.
- 상품가격은 성인요금 기준으로 표기하며, 만 12세 미만의 어린이요금과 만 2세 미만의 유아요금을 함께 기재한다.[1] 또한 현지가이드 팁과 같이 필수로 발생되는 추가경비도 명확하게 기재하는 것이 좋다.
- 일자란에는 출발일을 제1일로 하고 순차적으로 제2일, 제3일로 기입하여 최종일의 일자에 의해 며칠간의 여행인지 알 수 있도록 한다. 또는 일자란에 실제로 여행하는 월, 일 및 요일을 기입한다. 이때 야간열차의 이용, 혹은 다음날 도착, 날짜 변경선의 통과 등에 주의하고, 날짜가 바뀔 때마다 별행에 기입하여 소요일수가 틀리지 않도록 한다.

---

1) 일반적으로 어린이요금은 성인요금의 80% 정도, 유아요금은 성인요금의 20% 정도이다.

- 출국일과 귀국일의 항공편명과 출발시각 및 도착시각은 정확하게 기재되어야 한다. 이를 위해 항공 일정을 반드시 확인하고 잘못 기재되는 일이 없도록 해야 한다. 또한 출국 당일의 공항 내 미팅 장소 및 시간을 명확하게 기재해야 한다.
- 교통편에는 이동수단을 모두 표기한다. 특히 항공기의 경우에는 편명과 출 · 도착 시간을 현지시간 기준으로 명확하게 표기한다.
- 일정란에는 행사의 진행순서에 따라 방문할 관광지명에 대한 구체적 표시와 간략한 설명과 장점을 기술한다. 여행지에서 관람에 소요되는 시간과 여행지간의 교통편별 소요시간을 함께 기재하면 여행객들의 궁금증을 해소시키는 데 도움을 줄 수 있다.
- 숙박란에는 숙박호텔명과 등급 등을 기입하고, 숙박지가 열차나 항공기, 배 등일 때에는 차내숙박, 기내숙박, 선내숙박 등의 표시를 한다. 숙박시설이 변경될 가능성이 있는 경우 '○○호텔 또는 동급'으로 표기한다.
- 식사란에는 조/중/석 끼니별로 호텔식, 현지식, 한식 등으로 기재한다. 특식의 경우 눈에 띄게 메뉴를 함께 기재함으로써 타 여행사의 상품보다 더 우수하다는 것을 강조할 필요가 있다. 또한 식사가 포함되지 않을 경우에는 '자유식' 또는 '불포함'이라고 표시하여 식사의 제공유무를 명확하게 함으로써 오해가 없도록 해야 한다.
- 여행조건, 포함 · 불포함사항, 참고사항, 상품특징 등의 유의사항들을 별도로 기입한다. 그리고 소정양식 상단이나 하단에 회사명과 연락처, 작성일자, 작성자 성명을 기입하여 책임의 소재를 명백히 하여야 한다.
- 여행상품은 현지사정이나 천재지변 등 여러 조건에 따라 최초의 계약과 다르게 변경될 수도 있다. 따라서 부득이한 일정의 변경가능성에 대비하여 여행일정표에 변경가능성을 표기해야 한다.

3) 여행일정표 작성의 사례

앞서 설명한 내용을 토대로 실제 작성된 여행일정표의 사례를 제시하면 다음과 같다.

보기 2.1 ▶ **여행일정표**

롯데관광 LOTTE TOUR	서울 종로구 세종로 211 대표번호 : 1577-3000	
	부서명 : 대구수성점 - (주)롯데수성	이 름 : 김상훈
	연락처 : 053-759-0990	웹팩스 : 053-289-2007
	http://www.LotteTour.com	

행 사 명	[A161119556] 품격 [KE]방콕/파타야 5일 ▶ [NO팁 + 쇼핑 3회 한정] 월드체인 힐튼 / 쉐라톤 / 인터콘티넨탈 ③박[KE] [인천] [일반]	출력일시 :
여행기간	**한국 출발일** ㅣ 2023-11-22 (수) ㅣ 1715-KE651 **한국 도착일** ㅣ 2023-11-26 (일) ㅣ 0600-KE652	
상품가격	성인 1,099,000원(만 12세 이상) [기본상품가 1,099,000원 + 유류할증료 0원] 소아 989,100원(출발일 기준 만 12세 미만) [기본상품가 989,100원 + 유류할증료 0원] 유아 150,000원(출발일 기준 만 2세 미만) [기본상품가 150,000원 + 유류할증료 0원] * 유류할증료 및 항공운임 총액을 포함한 금액입니다. * 유류할증료는 유가와 환율에 따라 수시 요금 변동될 수 있습니다.	
기본일정	인천 - 방콕(1) - 파타야(2) - 기내(1) - 인천	
상품특전	**[★특전 1]** 각 지역의 최고수준을 자랑하는 월드체인 초특급 호텔 숙박 (방콕1박/파타야2박 ★★★★★) - 방콕 : 밀레니엄 힐튼(Millennium Hilton Hotel) 또는 로얄 오키드 쉐라톤 (Royal Orchid Sheraton Hotel) -파타야 : 힐튼파타야 (Hilton PattayaHotel) 또는 인터컨티넨탈 리조트 (Intercontinental Pattaya Resort) **[★특전 2]** 차별화된 특식 총 5회 제공 ① 깔끔하고 정갈하기로 소문난방콕 한식당[사랑채_쇠고기BBQ 특식] ② 현지인들도 즐겨찾는 현지 씨푸드 레스토랑 [쿰알러이_태국식씨푸드] ③ 야채, 어묵 등을 넣고 데쳐먹는 태국식 샤브샤브[MK수끼] ④ 타국에서 즐기는 든든한 한끼식사 [무제한 삼겹살] ⑤ 방콕 최고층호텔에서의 디너뷔페와 아름다운 야경감상 [베이욕뷔페] **[★특전 3]** 이 좋은 특전이 多포함 ① 다양한 물건흥정의 재미 [플로팅마켓 (US$20 상당)] ② 세계3대 쇼 중 하나로 꼽히는 화려한 춤과 노래 VIP석 관람[알카자쇼 (US$40 상당)] ③ 거대한 코끼리의 등에 앉아 이동하는 [코끼리트래킹 (US$30 상당)] ④ 여행의 피로를 말끔하게 풀어주는 [태국전통안마 2시간 (US$40 상당)] ⑤ 방콕 최고층호텔에서의 디너와 아름다운 야경감상 [베이욕뷔페 (US$50 상당)] **[★특전 4]** 쇼핑센터방문 3회 한정으로 부담적고 여유로운 일정 **[★특전 5]** 가이드/기사경비 US$40상당 포함	
포함내역	• 대한항공 방콕직항 왕복 항공권 • 전일정 월드체인 초특급호텔 숙박 [방콕1박/파타야2박] • 일정내 진행되는 관광지 입장료 • 가이드 및 전용 차량 • 해외여행자 보험 1억원 가입 • 유류할증료 및 각종 TAX (전쟁보험료, 인천공항세, 관광진흥개발기금, 현지공항세) • 총 $180 상당의 옵션포함 [전통안마 2시간, 알카자쇼 VIP석 관람, 코끼리트래킹, 베이욕뷔페, 플로팅마켓] • 총 $40 상당의 가이드/기사경비 포함	

불포함내역	• 매너팁 및 개인경비 • 국토해양부의 '국제선 항공요금과 유류할증료 확대방안' 또는 'IATA의 ROE 인상 발표' 에 따라 국외여행 표준약관에 준하여 여행비용이 예고없이 인상되거나, 또는 인하된 금액으로 반영될수 있습니다.	
최소출발인원	4 명	
기타경비안내	독실료	• 객실은 2인1실 사용 기준이며, 1인 독실 사용시 독실료 전일정 총 45만원 (1박당 15만원) 추가됩니다.
	좌석승급	• 담당자에게 문의 바랍니다.
	현지합류요금	• 전일정 \ 600,000 원 지불 - 국제선항공권 소지자 또는 현지체류중인 분이 여행에 합류하시는 경우 해당 (공항미팅조건) - 현지 호텔, 관광, 식사, 1억원여행자보험 포함(성인, 어린이 요금 동일)
	리턴변경요금	• 담당자에게 문의 바랍니다.
	팁안내	• 에티켓 팁 : 호텔 체크인시 포터 팁(US$1-2)과 체크 아웃 시 청소하시는 분 팁으로(1박당)US$1 정도는 국제적인 매너입니다. • 태국은 팁문화가 발달한 관광국으로, 코끼리트래킹 및 안마 후 코끼리조련사 또는 안마사에게 소액의 매너팁(US$3 내외)을 지불하시는 것이 국제적인 예의입니다.
미팅안내	공항연락처	**[미팅시간]** 출발 3시간 전 **[미팅장소]** 인천국제공항 3층 출국장 A카운터 창측 롯데관광 전용데스크 ☎ 010-9492-4542 (공항관련 문의만 받습니다.) (공항관련 문의만 받습니다.)
	인솔자	
	현지연락처	▶ 한국 → 현지 / ▶ 현지 → 현지

일자	도시	구분	일정내역
1일차 11월 22일 (수)	인천	항공	대한항공 : KE651 ICN(17:15 인천국제공항 출발)-BKK(21:05 방콕 도착) ◈ 운항 시간 [약 5시간30분 소요] ◈ 시차 정보 [한국보다 2시간 느립니다]
	방콕	일정	• 방콕 수완나폼국제공항 도착하여 입국수속 후 [C번 출구]로 나가서 가이드 미팅 • 가이드미팅 후 호텔로 이동하여 호텔 체크인 및 휴식 ※ 항공 좌석배정 관련 안내사항 • 좌석배정의 경우 여행사에서 미리 지정해드릴 수 없으며, 출발일 당일 공항의 항공사 탑승수속 카운터에서 좌석을 배정하고 있습니다. 항공사에서 자체적으로 좌석배정을 진행하기 때문에, 고객님께서 원하시는 좌석에 배정을 받지 못하시거나, 간혹 일행분과 떨어진 좌석으로 배정되는 경우가 있으니 양해바랍니다. ※ 태국 입국시 주의사항 • 방콕 국제공항에서는 미팅장소에서 한국인 가이드의 미팅행위를 제한하고 있습니다. 방콕 공항도착하여 입국 수속 후, C번출구(EXIT C) 로 나오셔서 롯데관광 피켓을 들고있는 현지인과 미팅 후, 공항 1층으로 이동하여 한국인 가이드와 만나시게 되니 양해바랍니다. • 태국 입국시 1인당 담배 1보루, 양주 1병(1리터) 까지만 반입이 가능하며, 초과 반입의 경우 적발시 벌금이 부과되니 유의해주시기 바랍니다.
		숙박	로얄 오키드 쉐라톤 호텔 & 타워(Royal Orchid Sheraton hotel & Towers) +66(0)2-266-0123 또는 밀레니엄힐튼 방콕(Millennium Hilton Bangkok) 66-2-442-2000
		식사	[석식] 기내식

일자	도시	구분	일정내역
2일차 11월 23일 (목)	방콕	일정	조식 [호텔식] 후 태국의 대표적인 관광명소인 화려한 금빛의 향연 [왕궁, 에메랄드사원] 관광 ※왕궁 태국을 대표하는 볼거리로 찬란하게 빛나는 황금빛 외관과 더불어 태국종교 건축과 예술의 정수를 느낄 수 있는 곳입니다. 이국적인 분위기와 높게 치솟은 누각, 사원들은 모두 금박잎새, 자기, 유리 등으로 장식되어 화려함을 더하며, 현(現) 왕조인 짜끄리왕조의 라마1세가 현재 왕궁이 자리한 랏따나꼬씬으로 수도를 옮긴 1782년부터 그후 새로운 왕이 등극할 때마다 건물을 재건축하거나 보수, 확장, 신설하여 현재의 모습에 이르고 있습니다. ※에메랄드사원 라마 1세때 만들어진 왕실 사원으로 태국에서 가장 신성한 불상인 에메랄드불상이 모셔져 있어 태국에서 가장 손꼽히는 사원 가운데 하나입니다. *관람Tip ** 왕궁과 에메랄드사원은 태국에서 가장 신성한 장소이기 때문에 외국관광객들도 복장에 신경을 써야 합니다. 짧은치마&짧은바지&민소매 등의 경우 입장이 제한되며, 입구에서 긴치마 또는 긴바지를 대여 또는 구매하셔야 합니다. 신발은 제한사항은 없으나, 사원 내부 관람시, 신발까지 벗고 입장하여 관람하게 되니 참고해 주시고, 햇볕을 피할 곳이 거의 없기 때문에 썬크림, 모자 등을 준비하여 주시면 좋습니다. ** 국경일 또는 태국내 행사로 인해 관람이 어려울 경우, 왓포사원+새벽사원 조망관광으로 일정 변경되어 진행되오니 참고하여 주시기 바랍니다. 중식[사랑채 한식당에서 즐기는 쇠고기BBQ 특식] 후 동남아 최대 휴양지 파타야로 이동 [차량이동 약 1시간 30분 소요]
	파타야	일정	몸도 힐링! 마음도 힐링! 여행의 피로를 풀어주는 [태국전통안마 2시간] 체험 - (성인 한정/아동 성장마사지로 진행) [★포함] ※태국전통안마 체험 피로회복과 심신안정에 탁월한 효능을 가진 태국 전통 지압 안마입니다.(성인한정/ 아동 성장마사지로 진행) ** 태국은 세계에서 손꼽히는 관광국가로 팁문화가 발달이 되어 있습니다. 안마를 받으신 후, 보통 도와주셨던 현지인에게 약 3$ 내외의 매너팁을 지불하는 것이 통상적인 매너이니 참고하여 주세요 각종 기념품 및 먹거리, 옷 등을 판매하는 [파타야 수상시장 - 플로팅마켓] 관광 [★포함] ※파타야 수상시장 (플로팅마켓) 인공적으로 만들어진 수상시장으로 목조건물 위에 즐비한 상점에서는 각종 기념품 및 토산품, 의류, 과일, 전통공예품 등을 판매하고 있으며, 배를 타고 물건을 운반하며 흥정하는 상인 또한 볼 수 있어 서민들의 생활상을 체험할 수 있는 곳입니다. 태국의 명물인 코끼리 등에 앉아 이동하는 [코끼리트래킹] 체험 [★포함] ※코끼리트래킹 태국에서 즐기는 이색체험으로 태국의 명물 코끼리의 등에 1인~2인이 올라앉아 약 10분~20분 가량 이동하는 체험입니다. 석식[몸알러이 레스토랑에서 즐기는 현지식 씨푸드] 후 호텔 투숙 및 휴식
		숙박	밀레니엄힐튼 방콕(Millennium Hilton Bangkok) 66-2-442-2000 또는 인터컨티넨탈 파타야 리조트(Intercontinental Pattaya Resort) +66 (0) 38 259888
		식사	[조식] 호텔식 [중식] 한식 [석식] 특식

일자	도시	구분	일정내역
3일차 11월 24일 (금)	파타야	일정	조식 [호텔식] 후 푸른 바다와 새하얀 모래사장에서의 휴양 [산호섬] 관광 (* 스피드보트 이동 약 20분 소요) ※산호섬 푸른 바다와 새하얀 모래사장에서의 자유시간! 넓게 펼쳐진 모래가 해변에 쉴 수 있는 공간을 제공해 주고 수심이 얕아 해수욕을 즐기기에 좋습니다. * 산호섬 관광시, 물놀이 전 충분한 준비운동 및 물놀이 안전수칙을 꼭 준수하여 주시기 바랍니다. * 현지 기상상황이 좋지 않을 경우 안전상의 문제로 산호섬 관광이 어려울 수 있으니 양해부탁드리며, 호텔자유시간 또는 어메이징 아트 갤러리 관람 (3D미술관) 으로 변경되어 진행됨을 참고하여 주시기 바랍니다. 중식 [태국에서 즐기는 든든한 한끼무제한삼겹살 식사] 후 호텔로 이동하여 간단한 샤워 및 휴식 호텔 내 자유시간 ** 수영장 및 부대시설 이용 가능 **
		일정	석식 [태국식 샤브샤브인 MK수끼] 후 세계 3대 쇼 중의 하나로 꼽히는 아름다운 춤과 노래 [알카자쇼] 관람 [★포함] ※알카자쇼 (VIP석 관람) 세계 3대 쇼 중의 하나로 손꼽히는 쇼로, 미스 게이 선발대회에서 뽑힌 게이들이 선사하는 아름다운 춤과 노래를 관람합니다. 공연의 주 내용은 춤과 무용, 판토마임 등 때로는 진지하고 때로는 코믹하게 진행되며, 가족 모두가 관람 가능합니다. 공연이 끝난 후에는 공연장 옆에서 무용수들과 사진촬영도 가능하며, 소정의 팁을 지불해야 하니 참고하여 주세요. 호텔 투숙 및 휴식
		숙박	인터컨티넨탈 파타야 리조트(Intercontinental Pattaya Resort) +66 (0) 38 259888 또는 밀레니엄힐튼 방콕(Millennium Hilton Bangkok) 66-2-442-2000
		식사	[조식] 호텔식 [중식] 특식 [석식] 특식
4일차 11월 25일 (토)	파타야	일정	조식 [호텔식] 후 체크아웃 다양한 동물 관람 및 기이한 바위들로 꾸며 놓은 정원을 감상하는 [백만년 바위공원 & 악어농장] 관광 ※ 백만년바위공원 & 악어농장 3만 마리의 악어, 1억년이 넘은 화석나무, 75톤이나 되는 괴상한 바위, 200년이 넘은 태국나무 등 아름다운 화석과 보기 드문 나무와 꽃 등으로 가꾸어 놓은 정원 겸 농장입니다. 농장내에는 악어, 호랑이, 코끼리, 기린 등 다양한 동물과 스릴감이 넘치는 악어쇼 또한 관람할 수 있습니다. 파인애플농장 방문하여 [새콤달콤한 열대과일 시식] 후 방콕으로 이동
	방콕	일정	중식 [한식] 후 쇼핑센터 방문 (** 본 상품은 3박5일 여행일정동안 쇼핑센터 방문횟수가 총 3회 진행됩니다.) (관련내용은 일정표 하단 쇼핑정보 란에서 확인 부탁드립니다) 태국과 유럽 건축양식의 절묘한 조화를 자랑하는 [대리석사원] 관광 ※ 대리석사원 정식 명칭은 "왓 벤짜마보핏" 으로, 라마5세가 두짓지역에 궁전을 건설하며 만든 사원입니다. 주 재료가 대리석이라 대리석사원으로 불리우며, 이태리에서 수입한 대리석을 사용한 것 이외에도 사원 주변의 보행로를 돌로 포장한 것이나 사원 내부 창을 스테인드글라스로 만든 것 등이 여느 태국 사원과는 다른 분위기를 자아냅니다. 석식 [베이욕호텔에서 즐기는 디너뷔페 +아름다운 방콕야경감상] 후 공항으로 이동 [★포함] ※베이욕뷔페 방콕에서 가장 높은 83층짜리 호텔인 베이욕호텔의 레스토랑에서 저녁 식사 후, 360도 전망대에서 방콕의 화려한 야경을 감상하세요. (식사는 75~77층에서 진행됩니다)
		숙박	기내숙박
		식사	[조식] 호텔식 [중식] 한식 [석식] 특식

일자	도시	구분	일정내역
5일차 11월 26일 (일)	방콕	항공	대한항공 : KE652 BKK(22:45 방콕 출발)-ICN(06:00 인천국제공항 도착) ◈ 운항 시간 [약 5시간30분 소요] ◈ 시차 정보 [한국보다 2시간 느립니다]
	인천	일정	** 롯데관광과 함께 해주셔서 감사합니다. 즐거운 여행 되셨기를 바랍니다. · · **

※ 상기 일정은 항공 및 현지사정에 의해 다소 변경될 수 있습니다.
자료 : 롯데관광(www.lottetour.com)

비행시간 계산하기

여행일정표에는 출발시간과 도착시간이 현지시간(local time)으로 표기되므로 실제비행시간은 '도착시간 – 출발시간'과 함께 시차를 고려해야 한다. 즉 출발지 시간이나 도착지 시간을 어느 한 기준으로 바꾸어 시간 단위를 일치시킨 후 계산하면 된다.

예) BKK발 01:30(GMT+7) / ICN착 08:40(GMT+9)인 일정의 실제 비행소요시간은?
- 현지시간과는 달리 세계 공통의 표준시를 GMT 시간이라고 함
- GMT+7은 GMT보다 7시간 빠르다는 의미(-로 표시되면 GMT보다 느리다는 의미)
- 방콕시간을 우리나라 시간으로 바꾸던지(방콕에 +2를 하면 9가 되므로 방콕 01:30은 우리나라 시간으로 03:30이 됨, 따라서 08:40-03:30=5시간 10분), 또는 우리나라 시간을 방콕시간으로 바꾸어서(우리나라 시간에서 -2를 하면 7이 됨) 계산해도 됨

제3장

여행상품 원가의 산출

제3장 여행상품 원가의 산출

1. 여행상품 원가의 구성요소

여행상품의 원가는 여행조건에 따라 달라질 수 있으므로 이를 충분히 고려해 상품원가를 산출하여야 한다. 여행조건이란 여행참가자의 수, 여행목적지, 여행시기와 일수, 여행서비스의 품질수준 및 여행의 구성내용 등이다. 결국 여행상품의 원가는 여행일정표와 불가분의 관계가 있으므로 여행일정표가 합리적으로 작성되어야 이중경비의 지출이 배제될 수 있다.

여행일정표가 작성되면 이를 기초로 여행원가를 계산한 후 타사와 비교될 수 있는 경쟁력 있는 여행상품가격을 결정해야 한다. 가격경쟁력은 여행상품 선택 시 가장 우선시 되는 사항 중 하나인데, 일반적으로 여행상품 가격은 여행상품을 구성하는데 소요된 생산원가에 일정한 이윤(margin)을 더하여 산출하는 원가지향적 가격결정을 많이 사용하고 있다.

여행상품은 여행요소들을 조립하여 판매하는 상품이므로 여행요소들을 구매한 구매원가에 이윤이 가산되어 가격이 결정되는 것이다. 즉 여행상품의 가격은 크게는 '원가 + 이윤', 구체적으로는 〈그림 3.1〉과 같이 산출할 수 있다.

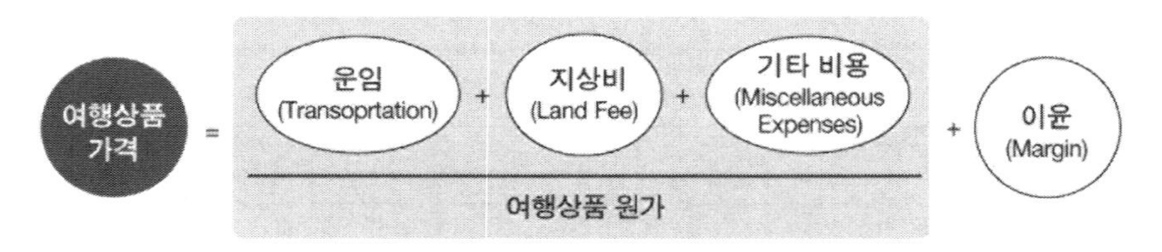

[그림 3.1] 여행상품 가격의 원가구성

여행상품의 가격결정방법

- **원가지향적 가격결정**(cost-oriented pricing) : 상품을 구성하는 소재나 부품의 가격과 인건비 등의 직접비용을 합계하여 원가를 산출하고, 여기에 이익이나 간접비용, 영업비용을 가산하여 가격을 결정하는 방식
- **수요지향적 가격결정**(demand-oriented pricing) : 여행자의 지각이나 수요의 증감 등에 따라 상품원가를 바탕으로 하지만 이윤의 측정을 소비자의 관심에 따라 판매가격을 결정하는 방법
- **경쟁지향적 가격결정**(competition-oriented pricing) : 여행시장에 있는 자사와 동질의 여행상품을 판매하고 있는 경쟁기업의 가격을 참고하여 가격결정을 하는 방식
- **마케팅지향적 가격결정**(marketing-oriented pricing) : 원가, 수요수준, 경쟁조건 등과 같은 개개의 기본적 요소뿐만 아니라 품질, 유통, 판촉 등 타 요소와의 관련을 종합적으로 고려하면서 가격을 결정하는 방법

1) 운임(Transportation)

출발국과 여행목적지와의 왕복이동에 필요한 교통기관(항공기, 선박, 철도 등)을 이용한 대가로 여행객이 지불하는 요금이다. 특히 국외여행시 가장 널리 사용되는 대표적인 교통기관은 항공기로, 항공운임은 전체 여행요금에서 지상비와 더불어 가장 높은 비중을 차지하고 있기 때문에 정확한 계산이 요구되며, 항공사와의 항공운임에 대한 가격절충 및 좌석확보 능력은 유리한 조건의 여행요금 산출을 가능하게 하는 관건이 된다.

항공운임은 여행조건, 여행인원, 여행목적지와 시기, 여행객의 신분과 연령, 항공권 사용기간, 여행경로(직항 및 경유 여부), 이용항공사 등에 따라 복잡하고 다양하게 상이한 운임이 산출될 수 있다. 항공권의 요금체계에 대해서는 본 교재 7장 '항공예약과 항공권의 이해'를 참조하기 바란다.

2) 지상비(Land Fee)

지상비란 국제간의 이동을 제외한 여행목적지 내에서 여행관련 시설과 여행요소와 관련된 서비스의 이용에 따른 비용을 말한다. 이것은 이용시설의 종류와 여행요소 및 서비스의 수준이 매우 다양한 관계로 정확한 산출근거를 추정하기가 매우 어려운데, 대체로 다음과 같은 여행 구성요소가 포함된다.

(1) 숙박비(Accommodation Charge)

숙박비는 숙박시설의 위치, 종류, 등급, 규모, 단체인원수, 이용시기 등에 따라 달라질 수 있으며, 숙박비의 산출에 있어 다음과 같은 호텔의 객실요금체제를 사전에 정확히 파악하여야 한다.

- European Plan : 객실요금만을 징수하는 방식
- American Plan : 객실요금에 3식의 식사를 포함하는 방식
- Continental Plan : 객실요금에 조식이 포함되어 있는 방식

(2) 식사비(Meal Charge)

식사비용은 여행일정 중에 제공되는 식사 수와 식사의 제공장소 등에 따라 상이해진다. 특히 여행 중 기내식을 할 경우가 있으므로 항공사의 시간표를 참고로 기내식 제공여부를 사전 조사하여 식사횟수에 착오가 없도록 주의한다.

(3) 지상교통비(Ground Transportation Charge)

여행목적지에서의 교통수단, 예컨대 버스, 기차, 선박, 렌터카 등의 이용에 따른 비용을 의미한다.

국외여행에서의 교통수단의 이용은 'fly and drive'가 일반적이어서 여행목적지까지의 이동은 항공기, 여행목적지 내에서의 이동은 상기한 교통수단을 이용하는 경우가 대부분이다. 특히 패키지 투어(package tour)에서 단체여행객에게는 전세버스가 가장 많이 이용되는데, 각 교통수단 이용에 따른 경비를 상호 비교하여 가장 합리적인 교통수단을 선택하도록 한다.

지상교통비를 산출하는 경우 이용 교통기관별로 개별적으로 정확히 계산하고, 트랜스퍼 비용의 포함여부를 반드시 확인하여야 한다.

트랜스퍼 비용(Transfer Charge)

여행객이 여행목적지의 공항이나 기차역 또는 부두에 도착한 후 호텔 등의 숙소까지 이동할 때나 또는 그 역순으로 이동이 있을 때 소요되는 운송비용을 의미하는데, 지상교통비와 별도로 세분화하여 산정하는 경우도 있으나, 일반적으로 지상교통비 안에 포함시키고 있다. 이때 여행객과 수하물을 같이 혹은 수하물만 이동하는 경우 등이 있으므로 비용계산에 주의를 요한다.

(4) 관광비용(Sightseeing Charge)

관광을 하는데 소요되는 비용으로 관광지 입장료 및 관람료와 가이드 요금 등이 여기에 해당된다. 따라서 유료 관광지 횟수, 현지 가이드의 포함여부, 시찰이나 회의참석 및 견학 등과 같은 특수목적의 여행인 경우 전문통역가의 동행여부 등을 확인하여야 한다.

(5) 포터비(Porterage)

공항, 부두, 역 등과 숙박하는 호텔에서 손님들이 짐을 들지 않고 포터를 통하여 운반시키는데 소요되는 비용으로, 여행객 스스로의 부담으로 할 것인지, 아니면 지상비에 포함시킬 것인지를 사전에 정하여야만 한다.

(6) 세금(Tax)

여행중에 부과되는 각종 세금으로, 현지에서의 공항세 또는 공항사용료, 통행세, 유흥음식점세(숙박, 식당, 나이트클럽 입장, 극장 입장 등) 등이 포함된다. 이들 중에는 숙박비나 식비 등에 포함되어 있는 경우가 있으므로 이중지불이 되지 않도록 주의한다.

(7) 팁(Tip)

현지 가이드, 버스기사, 호텔 및 식당의 종업원 등에게 주는 팁의 포함여부에 따라 지상비가 변화될 수 있다. 따라서 대상이나 인원수를 고려하여 팁 액수를 사전에 정해 놓고 여행객 부담으로 할 것인지, 아니면 지상경비에 포함시켜야 할지를 구분한다.

지상수배업자(Land Operator)

일반적으로 Outbound Tour의 경우에 위에서 설명한 지상비는 지상수배업자(Land Operator)로부터 일괄계산, 견적을 받게 된다. 지상수배업자란 국내의 여행사로부터 여행업무 중 현지 지상수배업무만을 의뢰받아 이를 전문적으로 수행하는 업자를 말한다.

여행업계에서는 지상수배업자를 랜드사로 지칭하기도 하는데, 이들은 일반 여행객을 대상으로 직접 영업을 하는 것이 아니라 여행사를 대상으로 영업활동을 하고 있다. 즉 국내의 아웃바운드 여행사를 대신하여 현지의 인바운드 여행사와 연락 및 업무를 원활하게 해줌으로써 시간, 인건비, 통신비 등의 제반 비용을 절감시켜주는 이점이 있다.

대형 여행사의 경우에는 이러한 지상수배업자를 통하지 않고 해외현지에 지점을 개설, 직접 지상수배업무를 수행하기도 한다.

3) 기타 비용(Miscellaneous Expenses)

이는 운임이나 지상비 이외의 여행경비를 말하는데, 여행경비에 포함하는 비용과 여행경비에는 포함되지 않지만 여행객이 사전에 미리 인지하고 지불을 준비해야 하는 비용으로 분류할 수 있다.[1)]

(1) 여행경비에 포함되는 비용

- 여행보험료 : 여행보험료는 여행사에서 반드시 납부해야 하는데, 사고시 보상금액과 여행기간에 따라 차등적으로 적용된다. 통상 5천만원 ~ 1억원의 보상금액 보험에 많이 가입한다.
- 국내 출발시의 공항이용료 및 관광진흥개발기금[2)]
- 국외여행인솔자(Tour Conductor)의 여행경비 : 항공운임, 출장비, 보험료 등 국외여행인솔자(TC)에게 발생되는 여행경비는 여행참가 인원에 따라 분할하여 책정한다.

1) 여행경비에 포함되는 기타 비용의 범위는 여행사마다 다소의 차이가 있을 수 있으므로 어떠한 항목이 여행경비에 포함되어 있는가에 대해서는 약관이나 계약서의 내용을 검토하는 것이 바람직하다.

2) 공항기본시설의 확충과 항공 보안시설의 개량 및 여객 편의시설 개선을 위한 공항시설의 이용료(공항세 : airport tax)와 국내 관광여건 개선 및 관광사업 기반조성을 하기 위한 관광진흥개발기금(관광출국세)의 경우, 현재에는 항공권 발권시 항공운임에 포함되어 일괄 징수되고 있다.

(2) 여행경비에 포함되지 않는 비용

- 여권수속비용과 사증비(visa fee)
- 여행객 개인의 차원에서 발생시킨 비용 : 식사시 음료대, 세탁비, 전화사용료, 초과수하물 요금 등
- 현지에서의 선물비와 기념품비

이외에도 여행종류에 따라 출발시 및 귀국시에 공항까지의 운송에 소요되는 교통비(sending 비용과 pick-up 비용), 광고 · 선전 · 홍보 · 인쇄비(여정표와 baggage tag 등) 등을 기타비용으로 간주할 수 있지만, 통상적으로 이러한 부분은 여행원가계산에는 포함시키지 않는다.

4) 이윤(Margin)

상기 항목들에서 산출된 여행상품의 원가[1) + 2) + 3)]에 여행사 자체 이익계획상의 이윤을 가산하여 가격을 결정한다. 이는 여행사가 결정한 일정의 기대이익으로, 일률적으로 책정하는 것이 아니라 가격결정전략에 따라 달라진다. 대체로 여행상품의 이익률은 10 ~ 20% 내외이다.

2. 여행상품 원가산출의 실제

1) 여행상품 원가의 산출방법

개인여행이 아닌 단체여행의 경우, 여행상품원가의 산출방법은 크게 다음과 같이 대별할 수 있다. 첫째, 각 항목별로 한 사람을 기준으로 해서 요금을 산출한 다음 총비용을 합산하는 방법과, 둘째, 각 항목별로 전체 인원수의 요금을 계산해서 그것을 총합산한 다음 1인당 요금으로 나누는 방법이 있다.

여행요금은 항공운임과 식사요금 등과 같이 여행자 1인당으로 산출되는 것과 버스요금, 가이드요금 등과 같이 그룹단위로 산출되는 것이 있으므로, 일단 각 항목별로 그룹 전체의 요금을 계산해서 그것을 총합산한 다음 여행참가 인원수로 나누는 쪽이 보다 편리하다. 그렇지만 상기 두 가지 방법 가운데 어느 방법으

로 계산하든 1인당 금액으로 산출되어진 결과는 같다.

2) 여행상품 원가산출의 실례

(1) 여행조건

- 목적지 : 하와이
- 인원수 : 20명
- TC : 1명
- 여행일정 : 4박 6일

(2) 여행상품 원가산출 내역[3]

① **운임(항공운임) :** $1,200[4] × 21명[5] = $25,200

② **지상비**

- 숙박비(호텔료) : $120 × 11실[6] × 4일 = $5,280
- 식사비
  - 중식 : $15 × 21명 × 4회 = $1,260
  - 석식 : $15 × 21명 × 4회 = $1,260
- 지상교통비(전용버스) : $700 × 4일 = $2,800
- 관광비용 및 기타 : $50 × 21명 = $1,050

③ **기타 비용**

- 여행보험료 : 10,000원 × 21명 = 210,000원
- TC 출장비 : $50 × 5일 × 1,350원[7] = 337,500원

---

3) 여기서는 상기한 여행상품원가 산출방법 중 후자의 방법, 즉 각 항목별로 전체 그룹의 요금을 계산해서 그 것을 총합산한 다음 전체 여행참가 인원수로 나누는 방법을 적용하였음

4) 항공료와 지상비는 통상 US Dollar로 제시된다.

5) 최근에는 단체 여행객 규모에 따른 항공사의 FOC(free of charge) 적용이 없어짐

6) 패키지 투어의 원가산출에 있어 호텔료는 별도의 규정이 없는 한 2인 1실을 사용하는 것을 원칙으로 한다.

7) US Dollar에 대한 원화의 환율로 산출시기에 따라 변화한다.

④ **총원가 :** ①+②+③

($25,200 × 1,350원) + ($11,650 × 1,350원) + 547,500원 = 50,295,000원

⑤ **이윤 :** ④× 10%[8] = 5,029,500원

⑥ **총경비 :** ④ + ⑤ = 55,324,500원

⑦ **1인당 상품가 :** ⑥ ÷ 20명[9] ≒ 2,766,000원

8) 이윤을 원가의 10%로 책정하여 계산함

9) 1인당 상품가는 TC를 제외한 여행참가 기준인원으로 분할되어 부담되어진다.

제4장

여행견적서 작성 및 여행계약

1. 여행견적서 작성
2. 여행계약서 작성
3. 여행업 표준약관

제4장 여행견적서 작성 및 여행계약

1. 여행견적서 작성

1) 여행견적서의 개념

본래 견적서는 장래에 발생할 거래를 위해 재화나 용역을 공급하고자 작성하는 것으로서 각종 경비를 포함한 가격을 미리 산출하고, 그 내용을 구체적으로 기재하여 잠재고객에게 제시하는 제안서의 일종이다. 즉 원가계산서가 여행상품의 가격을 산출하기 위해서 여행사 내부적으로 작성되는 서류인데 반해, 여행견적서란 여행상품의 거래를 위해 여행사가 잠재고객에게 거래내용과 가격을 제시하기 위해 작성하는 제안서의 일종이다. 따라서 여행거래 당사자가 견적에 의거하여 쌍방의 합의가 이루어지면 계약이 성립된다.

여행견적서는 고객에게 보일 목적으로 작성하는 것이므로 여행상품가격이 합리적으로 보여야 한다. 따라서 원가계산서와는 그 작성방식에 차이가 있다.

2) 여행견적서의 작성방법

견적서에 나타나는 여행상품가격은 원가계산서에서 작성되어 최종 결정된 여행상품가격으로 변경 없이 징수될 수 있어야 한다. 그러나 그 내용은 원가계산서와 달리 고객이 이해할 수 있는 합리적인 가격으로 보일 수 있도록 작성하고 내부적인 항목이 나타나지 않도록 한다.

〈보기 4.1〉과 같이 견적서의 상단에는 항공료, 지상비, 보험료, 공항세 등을 명시할 수 있다. 이 경우, TC의 FOC 티켓, TC의 출장비, 통신료, 추가서비스료 등의 항목은 표기하지 않고 항공료, 지상비, 보험료, 공항세 등 고객이 쉽게 이해할 수 있는 항목만을 표기한다. 즉 실제 원가계산서에서 작성된 해당금액을 그대로 기입하지는 않으며, 원가계산서의 모든 항목을 표기하지 않고 몇 개의 대표항목만으로 묶는다는 의미이다.

결국 고객이 납득할 수 있는 범위 내에서 지상비와 항공료의 항목을 적절히 배분하여 구성하는 것이 좋은데, 그 이유는 견적서에 회사 내부자료인 원가계산서의 금액을 그대로 공개하면 무리가 따르기 때문이다. 또한 항공료, 지상비, 보험료, 공항세 등의 합계를 제시하고자 하는 여행상품의 총액보다 적게 구성하는 것이 좋다. 이때 각 항목의 표기방법은 다음과 같다.

- 항공요금 : 실제 가격과 할인, NET 요금을 자세하게 기록하지 않는다. 다만 고객에게 제시할 항공요금만을 기재한다. 또한 FOC에 대해 따로 명시하지 않는다.
- 지상비 : 자세한 내역을 쓰지 않고 모든 일정에 소요되는 1인당 비용을 달러로 명시한다. 고객에게 제시하는 지역별, 여행상품의 종류별로 특성에 따라 이해 가능한 금액을 제시한다. 다만 구체적인 내용에 있어서 포함과 미포함 여부를 정확하게 명시한다.
- 보험료 및 공항세 : 1인당 여행자 보험료를 산출하고, 현지공항의 출국세 및 공항세를 제시한다.

정보제공이 필요한 경우 위에서 설명한 것처럼 작성할 수 있으나, 오해의 소지를 없애기 위해 상단부분의 자세한 금액 표기를 없애고 해외여행 조건 및 요금견적서의 내용만으로 견적서를 구성하기도 한다(〈보기 4.2〉 참조).

여행요금부분은 참가단체의 예상 인원수의 증감에 따른 요금기준 인원수를 정하고, 참가확정 인원수에 따라 FOC 적용인원이 결정되기 때문에 그에 따른 1인당 요금을 기재해야 한다. 여행의 조건은 예상 단체여행객의 요구에 따라 결정된 내용을 항목별로 세부적으로 구분하여 한눈에 볼 수 있도록 작성하여야 한다.

여행담당자는 일상적인 내용이라 할지라도 여행자가 구체적인 내용을 확인하지 않을 경우 오해의 소지가 있을 수 있다. 간혹 계약서를 작성하여 계약금을 지불한 후에도 다른 요구를 할 경우 그에 소요되는 추가경비가 있다면 이미 계약할 때 제시한 여행조건과 대조하여 설명하면 편리하고 분쟁이 발생되지 않는다.

보기 4.1 ▶ **여행견적서 양식 A**

항 공 · 주중 출발기준 : · 주말 출발 : 지상비 : 보험료 : 공항세 :		
주중요금 : 항공+지상비+보험+공항세 =		
해외여행 조건 및 요금견적서		
단체명 :		
여행기간 :		
여행지역 : 일정표 참조		
1. 여행요금		
인 원	여행경비(WON)	비 고
* 상기 여행요금은 2023년 12월 10일 정부의 적용환율 및 항공요금에 근거하여 산출된 바 환율 및 항공요금 변동 시에는 통보 후 이에 준할 것임.		
2. 여행조건		
항공료	□ 1등 □ 2등(ECONOMY CLASS) □ 기타	
숙박료	□ 특급 □ 1급 □ 2인 1실	
식 사	□ 조식(회) □ 중식(회) □ 석식(회) * 기내식 포함 * 일정표에 준함	
관 광	□ 포 함	□ 미포함
안내인솔자 경비	□ 포 함	□ 미포함
현지안내원	□ 포 함	□ 미포함
교통편	□ 대형버스	□ 소 형
공항세	□ 포 함 □ 미포함	
포타세	□ 포 함 □ 미포함 * 1인 규격 화물 1개	
여행자보험료	□ 포 함	□ 미포함
국내수속 제비용	□ 포 함 □ 미포함 * 여권인지대(₩50,000)	
기타 잡비	□ 포 함	▣ 미포함
* 관광진흥법, 건설교통부 해외여행 알선 및 안내업무 운영지침, 국제항공운송협회 규정에 의거 상기와 같이 해외여행조건 및 견적서를 제출합니다.		

보기 4.2 ▶ 여행견적서 양식 B

여행조건 및 요금견적서

귀하　　　　　　　　　　작성일 :　　　년　　월　　일

단체명	
여행기간	년　월　일 ～　년　월　일(　박　일)
여행지역	※ 일정표 별첨

1. 여행요금

요금기준 인원수		1인당 총액	비고
가	명	원	
나	명	원	
다	명	원	
라	명	원	

※ 상기 여행요금은 작성일 현재 정부의 적용환율 및 항공요금에 근거하여 산출된 바 환율 및 항공요금 변동 시에는 통보 후 이에 준할 것임.

2. 여행조건

항공료	□1등　□2등
숙박	□특급　□1급　□2급
	□2인 1실 사용　□독실사용(추가요금 지불)　□기타
식사	□조식(　회)　□중식(　회)　□석식(　회)　※기내식 포함
관광	□포함　□불포함　※일정표에 명시된 입장료 및 기타 제비용
안내 인솔자 경비	□포함　□불포함
현지안내원	□한국어　□영어　□일어　□기타
교통편	□대형버스　□중형버스　□기차　□택시　□기타
공항세	□포함　□불포함　※출입국시의 각국 공항세
포타비	□포함　□불포함　※1인당 소정규격의 화물
국내수속제비용	□포함　□불포함　※여권 각국사증료 및 기타비용
대회등록비	□포함　□불포함
여행자보험	□포함　□불포함
기타잡비(팁등)	□포함　□불포함
비고	

○○ 여행사 (인)

2. 여행계약서 작성

계약서란 계약한 내용대로 이행이 어려울 경우에 언제, 어디서, 어떤 내용의 계약을 누구와 체결하였는가를 입증하기 쉽고 또한 분쟁을 사전에 방지하기 위한 예방차원에서 작성하는 것이다.

여행업자는 여행자와 계약을 체결하였을 때에는 그 서비스에 관한 내용을 적은 여행계약서(여행일정표 및 여행약관을 포함한다)를 여행자에게 내주어야 한다.[1] 이 규정을 위반한 때에는 행정처분이나 과징금부과 대상이 된다.

여행계약서에 기재하여야 할 사항은 다음과 같다(〈보기 4.3〉 참조). 다만 관광진흥법시행규칙에 명시된 규정에 의해 광고 등에 구체적으로 그 내용을 표시한 경우에는 이를 생략할 수 있다.

- 계약을 체결하는 여행업자의 등록번호 · 상호 · 소재지 및 연락처(기획여행을 실시하는 자가 따로 있을 경우에는 그 여행업자의 등록번호 · 상호 · 소재지 및 연락처를 포함한다.)
- 여행상품의 종류 및 명칭
- 여행일정 및 여행지역
- 총 여행경비 및 계약금의 금액
- 교통 · 숙박 및 식사 등 여행자가 제공받을 구체적인 서비스의 내용을 포함한 여행조건
- 국외여행인솔자(TC)의 동행 여부
- 여행보험의 가입내용
- 여행계약의 성립 · 계약해제 및 계약조건 위반시의 손해배상 등 여행업 약관의 중요사항

이러한 사항 이외에도 여행사는 고객들과의 분쟁의 소지가 될 수 있는 계약내용이 있는 경우에는 그것에 대비하여 해당 부분을 특별히 부각시켜 계약서상에 언급해 둠으로써 차후에 발생할 수 있는 사태에 대비하는 것이 현명하다 하겠다.

---

1) 관광진흥법 제14조의 2

보기 4.3 ▶ 여행계약서 양식

여 행 계 약 서

당사("갑")와 여행자("을")는 아래와 같이 (□ 기획, □ 희망)여행 계약을 체결하고 계약서와 여행약관(계약서 이면 첨부) · 여행일정표(또는 여행설명서)를 교부한다.

※ 해당란에 기록하거나 ☑로 표기. (   )는 선택입니다.

<table>
<tr><td>여행상품명</td><td colspan="3"></td><td>여행
기간</td><td colspan="2">. . . ~ . . . (박 일)
(기내 숙박 일 포함)</td></tr>
<tr><td>보험가입 등</td><td colspan="6">□ 영업보증 □ 공제 □ 예치금, 계약금액 만원, 보험기간 ~ , 피보험자 :</td></tr>
<tr><td>여행자 보험</td><td colspan="6">보험 가입(□ 여 □ 부), 보험회사 계약금액 만원, 보험기간 ~ , 피보험자 :</td></tr>
<tr><td>여행인원</td><td>명</td><td>행사인원</td><td>최저 명, 최대 명</td><td>여행지역</td><td colspan="2">* 여행 일정표 참조</td></tr>
<tr><td rowspan="2">여행요금</td><td colspan="2">1인당 : 원
총 액 : 원</td><td colspan="2">계약금 : 원
* 계약과 동시 납부</td><td colspan="2">잔액 완납일 . . .
잔액 : 원</td></tr>
<tr><td colspan="6">계좌번호 : , 서울항공여행사
※ 영수증, 지로용지, 은행계좌 등의 가입자는 여행사명이나 대표자일 때만 유효함</td></tr>
<tr><td>출발(도착)
일 · 시 및 장소</td><td colspan="3">출발 . . 시 분, 에서
도착 . . 시 분, 에서</td><td>교통수단</td><td colspan="2">항공기(등석), 기차(등석)
선박(등실), 기타 :</td></tr>
<tr><td>숙박시설</td><td colspan="6">□ 관광호텔 등급 □ 일반호텔 □ 여관 □ 여인숙 □ 기타, 1실 투숙인원 명</td></tr>
<tr><td>식사횟수</td><td colspan="6">□ 일정표에 표시 / 조식( )회, 중식( )회, 석식( )회 * 기내식 포함</td></tr>
<tr><td>여행인솔자</td><td colspan="3">□ 유 □ 무</td><td>현지 안내원</td><td colspan="2">□ 유 □무 * 일정표 참조</td></tr>
<tr><td>현지교통</td><td colspan="3">□ 버스( )인승 □ 승용차 □ 기타</td><td>현지 여행사</td><td colspan="2">□ 유 □무 * 일정표 참조</td></tr>
<tr><td rowspan="2">여행요금
포함사항</td><td colspan="4">필수항목</td><td colspan="2">기타 선택항목</td></tr>
<tr><td colspan="4">□ 항공기 · 선박 · 철도 등 운임
□ 숙박 · 식사료 □ 안내자 경비
□ 국내외 공항 · 항만세 □ 관광진흥개발기금
□ 제세금 □ 일정표내 관광지 입장료
※ 희망여행인 경우 해당란에 ☑로 표기</td><td colspan="2">□ 여권발급비 □ 비자발급비 □ 봉사료
□ 포터비 □여행보험료(최고한도액 원)
□ 쇼핑 □ 선택관광(※ 선택관광은 강요될 수 없으며 전적으로 여행자의 의사에 따름)
□ 기타( )</td></tr>
<tr><td rowspan="2">기타사항</td><td colspan="4"></td><td>여권발급비</td><td>원</td></tr>
<tr><td colspan="4"></td><td>비자발급비</td><td>원</td></tr>
</table>

당사("갑")와 여행자("을")는 위 계약내용과 약관을 상호 성실히 이행 및 준수할 것을 확인하며 아래와 같이 서명 · 날인한다.

※ 본 계약과 관련한 다툼이 있을 경우 문화체육관광부고시에 의거 운영되는 관광불편신고처리위원회(전화 02.779.6957) 또는 여행사 본사 소재 시 · 도청(시 · 군 · 구 포함) 문화관광과로 중재를 요청할 수 있음

작성일 . . .

"갑" 여행사
상 호 :
주 소 :
대 표 자 : (인) 전 화 :
등록번호 : 담당자 : (인)

"정" 대리판매 여행사
상 호 :
주 소 :
대 표 자 : (인) 전 화 :
등록번호 : 담당자 : (인)

"을" 여행자
이 름 : 전 화 :
주 소 : (서명) (H · P) :

3. 여행업 표준약관

약관은 계약의 한쪽 당사자가 여러 명의 상대방과 계약을 체결하기 위하여 일정한 형식으로 미리 마련한 계약의 내용을 말한다. 여기서 한쪽 당사자는 사업자를 말하며 여러 명의 상대방은 고객을 뜻한다.

여행약관은 여행업자와 여행을 하고자 하는 여행자가 계약을 체결하기 위한 문서이다. 현재 국내여행 표준약관과 국외여행 표준약관이 있는데 대체로 공정거래위원회에서 개정 승인된 표준약관을 사용하고 있다.

국외여행 표준약관은 공정거래위원회에서 2019년 8월 30일에 개정되었으며, 그 내용은 다음과 같다.

1) 국외여행 표준약관[2)]

제1조(목적) 이 약관은 ○○여행사와 여행자가 체결한 국외여행계약의 세부 이행 및 준수사항을 정함을 목적으로 합니다.

제2조(용어의 정의) 여행의 종류 및 정의, 해외여행수속대행업의 정의는 다음과 같습니다.

1. 기획여행 : 여행사가 미리 여행목적지 및 관광일정, 여행자에게 제공될 운송 및 숙식서비스 내용(이하 '여행서비스'라 함), 여행요금을 정하여 광고 또는 기타 방법으로 여행자를 모집하여 실시하는 여행.
2. 희망여행 : 여행자(개인 또는 단체)가 희망하는 여행조건에 따라 여행사가 운송·숙식·관광 등 여행에 관한 전반적인 계획을 수립하여 실시하는 여행.
3. 해외여행 수속대행(이하 '수속대행계약'이라 함) : 여행사가 여행자로부터 소정의 수속대행요금을 받기로 약정하고, 여행자의 위탁에 따라 다음에 열거하는 업무(이하 '수속대행업무'라 함)를 대행하는 것.
   1) 사증, 재입국 허가 및 각종 증명서 취득에 관한 수속
   2) 출입국 수속서류 작성 및 기타 관련업무

2) 공정거래위원회(www.ftc.go.kr), 표준약관양식, 2019.

제3조(여행사와 여행자 의무)

① 여행사는 여행자에게 안전하고 만족스러운 여행서비스를 제공하기 위하여 여행알선 및 안내・운송・숙박 등 여행계획의 수립 및 실행과정에서 맡은 바 임무를 충실히 수행하여야 합니다.

② 여행자는 안전하고 즐거운 여행을 위하여 여행자간 화합도모 및 여행사의 여행질서 유지에 적극 협조하여야 합니다.

제4조(계약의 구성)

① 여행계약은 여행계약서(붙임)와 여행약관・여행일정표(또는 여행 설명서)를 계약내용으로 합니다.

② 여행계약서에는 여행사의 상호, 소재지 및 관광진흥법 제9조에 따른 보증보험 등의 가입(또는 영업보증금의 예치 현황) 내용이 포함되어야 합니다.

③ 여행일정표(또는 여행설명서)에는 여행일자별 여행지와 관광내용・교통수단・쇼핑횟수・숙박장소・식사 등 여행실시일정 및 여행사 제공 서비스 내용과 여행자 유의사항이 포함되어야 합니다.

제5조(계약체결의 거절) 여행사는 여행자에게 다음 각 호의 1에 해당하는 사유가 있을 경우에는 여행자와의 계약체결을 거절할 수 있습니다.

1. 질병, 신체이상 등의 사유로 개별관리가 필요하거나, 단체여행(다른 여행자의 여행에 지장을 초래하는 등)의 원활한 실시에 지장이 있다고 인정되는 경우
2. 계약서에 명시한 최대행사인원이 초과된 경우

제6조(특약) 여행사와 여행자는 관련법규에 위반되지 않는 범위 내에서 서면(전자문서를 포함한다. 이하 같다)으로 특약을 맺을 수 있습니다. 이 경우 여행사는 특약의 내용이 표준약관과 다르고 표준약관보다 우선 적용됨을 여행자에게 설명하고 별도의 확인을 받아야 합니다.

제7조(계약서 등 교부 및 안전정보 제공) 여행사는 여행자와 여행계약을 체결한 경우 계약서와 약관 및 여행일정표(또는 여행설명서)를 각 1부씩 여행자에

게 교부하고, 여행목적지에 관한 안전정보를 제공하여야 합니다. 또한 여행 출발 전 해당 여행지에 대한 안전정보가 변경된 경우에도 변경된 안전정보를 제공하여야 합니다.

제8조(계약서 및 약관 등 교부 간주) 다음 각 호의 경우 여행계약서와 여행약관 및 여행일정표(또는 여행설명서)가 교부된 것으로 간주합니다.

1. 여행자가 인터넷 등 전자정보망으로 제공된 여행계약서, 약관 및 여행일정표(또는 여행설명서)의 내용에 동의하고 여행계약의 체결을 신청한 데 대해 여행사가 전자정보망 내지 기계적 장치 등을 이용하여 여행자에게 승낙의 의사를 통지한 경우
2. 여행사가 팩시밀리 등 기계적 장치를 이용하여 제공한 여행계약서, 약관 및 여행일정표(또는 여행설명서)의 내용에 대하여 여행자가 동의하고 여행계약의 체결을 신청하는 서면을 송부한 데 대해 여행사가 전자정보망 내지 기계적 장치 등을 이용하여 여행자에게 승낙의 의사를 통지한 경우

제9조(여행사의 책임) 여행사는 여행 출발시부터 도착시까지 여행사 본인 또는 그 고용인, 현지여행사 또는 그 고용인 등(이하 '사용인'이라 함)이 제3조제1항에서 규정한 여행사 임무와 관련하여 여행자에게 고의 또는 과실로 손해를 가한 경우 책임을 집니다.

제10조(여행요금)

① 여행계약서의 여행요금에는 다음 각 호가 포함됩니다. 다만, 희망여행은 당사자간 합의에 따릅니다.

1. 항공기, 선박, 철도 등 이용운송기관의 운임(보통운임기준)
2. 공항, 역, 부두와 호텔사이 등 송영버스요금
3. 숙박요금 및 식사요금
4. 안내자경비
5. 여행 중 필요한 각종세금
6. 국내외 공항・항만세
7. 관광진흥개발기금

8. 일정표내 관광지 입장료

9. 기타 개별계약에 따른 비용

② 제1항에도 불구하고 반드시 현지에서 지불해야 하는 경비가 있는 경우 그 내역과 금액을 여행계약서에 별도로 구분하여 표시하고, 여행사는 그 사유를 안내하여야 합니다.

③ 여행자는 계약체결시 계약금(여행요금 중 10%이하 금액)을 여행사에게 지급하여야 하며, 계약금은 여행요금 또는 손해배상액의 전부 또는 일부로 취급합니다.

④ 여행자는 제1항의 여행요금 중 계약금을 제외한 잔금을 여행출발 7일전까지 여행사에게 지급하여야 합니다.

⑤ 여행자는 제1항의 여행요금을 당사자가 약정한 바에 따라 카드, 계좌이체 또는 무통장입금 등의 방법으로 지급하여야 합니다.

⑥ 희망여행요금에 여행자 보험료가 포함되는 경우 여행사는 보험회사명, 보상내용 등을 여행자에게 설명하여야 합니다.

제11조(여행요금의 변경)

① 국외여행을 실시함에 있어서 이용운송・숙박기관에 지급하여야 할 요금이 계약체결시보다 5%이상 증감하거나 여행요금에 적용된 외화환율이 계약체결시보다 2% 이상 증감한 경우 여행사 또는 여행자는 그 증감된 금액 범위 내에서 여행요금의 증감을 상대방에게 청구할 수 있습니다.

② 여행사는 제1항의 규정에 따라 여행요금을 증액하였을 때에는 여행출발일 15일전에 여행자에게 통지하여야 합니다.

제12조(여행조건의 변경요건 및 요금 등의 정산)

① 계약서 등에 명시된 여행조건은 다음 각 호의 1의 경우에 한하여 변경될 수 있습니다.

1. 여행자의 안전과 보호를 위하여 여행자의 요청 또는 현지사정에 의하여 부득이하다고 쌍방이 합의한 경우
2. 천재지변, 전란, 정부의 명령, 운송·숙박기관 등의 파업·휴업 등으로 여행

의 목적을 달성할 수 없는 경우
② 여행사가 계약서 등에 명시된 여행일정을 변경하는 경우에는 해당 날짜의 일정이 시작되기 전에 여행자의 서면 동의를 받아야 합니다. 이때 서면 동의서에는 변경일시, 변경내용, 변경으로 발생하는 비용이 포함되어야 합니다.
③ 천재지변, 사고, 납치 등 긴급한 사유가 발생하여 여행자로부터 여행일정 변경 동의를 받기 어렵다고 인정되는 경우에는 제2항에 따른 일정변경 동의서를 받지 아니할 수 있습니다. 다만, 여행사는 사후에 서면으로 그 변경 사유 및 비용 등을 설명하여야 합니다.
④ 제1항의 여행조건 변경 및 제11조의 여행요금 변경으로 인하여 제10조 제1항의 여행요금에 증감이 생기는 경우에는 여행출발 전 변경 분은 여행출발 이전에, 여행 중 변경 분은 여행종료 후 10일 이내에 각각 정산(환급)하여야 합니다.
⑤ 제1항의 규정에 의하지 아니하고 여행조건이 변경되거나 제16조 내지 제18조의 규정에 의한 계약의 해제・해지로 인하여 손해배상액이 발생한 경우에는 여행출발 전 발생 분은 여행출발이전에, 여행 중 발생 분은 여행종료 후 10일 이내에 각각 정산(환급)하여야 합니다.
⑥ 여행자는 여행출발 후 자기의 사정으로 숙박, 식사, 관광 등 여행요금에 포함된 서비스를 제공받지 못한 경우 여행사에게 그에 상응하는 요금의 환급을 청구할 수 없습니다. 다만, 여행이 중도에 종료된 경우에는 제18조에 준하여 처리합니다.

제13조(여행자 지위의 양도)

① 여행자가 개인사정 등으로 여행자의 지위를 양도하기 위해서는 여행사의 승낙을 받아야 합니다. 이때 여행사는 여행자 또는 여행자의 지위를 양도받으려는 자가 양도로 발생하는 비용을 지급할 것을 조건으로 양도를 승낙할 수 있습니다.
② 전항의 양도로 발생하는 비용이 있을 경우 여행사는 기한을 정하여 그 비용의 지급을 청구하여야 합니다.

③ 여행사는 계약조건 또는 양도하기 어려운 불가피한 사정 등을 이유로 제1항의 양도를 승낙하지 않을 수 있습니다.
④ 제1항의 양도는 여행사가 승낙한 때 효력이 발생합니다. 다만, 여행사가 양도로 인해 발생한 비용의 지급을 조건으로 승낙한 경우에는 정해진 기한 내에 비용이 지급되는 즉시 효력이 발생합니다.
⑤ 여행자의 지위가 양도되면, 여행계약과 관련한 여행자의 모든 권리 및 의무도 그 지위를 양도 받는 자에게 승계됩니다.

제14조(여행사의 하자담보 책임)

① 여행자는 여행에 하자가 있는 경우에 여행사에게 하자의 시정 또는 대금의 감액을 청구할 수 있습니다. 다만, 그 시정에 지나치게 많은 비용이 들거나 그 밖에 시정을 합리적으로 기대할 수 없는 경우에는 시정을 청구할 수 없습니다.
② 여행자는 시정 청구, 감액 청구를 갈음하여 손해배상을 청구하거나 시정 청구, 감액 청구와 함께 손해배상을 청구 할 수 있습니다.
③ 제1항 및 제2항의 권리는 여행기간 중에도 행사할 수 있으며, 여행종료일부터 6개월 내에 행사하여야 합니다.

제15조(손해배상)

① 여행사는 현지여행사 등의 고의 또는 과실로 여행자에게 손해를 가한 경우 여행사는 여행자에게 손해를 배상하여야 합니다.
② 여행사의 귀책사유로 여행자의 국외여행에 필요한 사증, 재입국 허가 또는 각종 증명서 등을 취득하지 못하여 여행자의 여행일정에 차질이 생긴 경우 여행사는 여행자로부터 절차대행을 위하여 받은 금액 전부 및 그 금액의 100% 상당액을 여행자에게 배상하여야 합니다.
③ 여행사는 항공기, 기차, 선박 등 교통기관의 연발착 또는 교통체증 등으로 인하여 여행자가 입은 손해를 배상하여야 합니다. 다만, 여행사가 고의 또는 과실이 없음을 입증한 때에는 그러하지 아니합니다.
④ 여행사는 자기나 그 사용인이 여행자의 수하물 수령, 인도, 보관 등에 관

하여 주의를 해태(懈怠)하지 아니하였음을 증명하지 아니하면 여행자의 수하물 멸실, 훼손 또는 연착으로 인한 손해를 배상할 책임을 면하지 못합니다.

제16조(여행출발 전 계약해제)

① 여행사 또는 여행자는 여행출발전 이 여행계약을 해제할 수 있습니다. 이 경우 발생하는 손해액은 '소비자분쟁해결기준'(공정거래위원회 고시)에 따라 배상합니다.

② 여행사 또는 여행자는 여행출발 전에 다음 각 호의 1에 해당하는 사유가 있는 경우 상대방에게 제1항의 손해배상액을 지급하지 아니하고 이 여행계약을 해제할 수 있습니다.

1. 여행사가 해제할 수 있는 경우
   가. 제12조 제1항 제1호 및 제2호 사유의 경우
   나. 여행자가 다른 여행자에게 폐를 끼치거나 여행의 원활한 실시에 현저한 지장이 있다고 인정될 때
   다. 질병 등 여행자의 신체에 이상이 발생하여 여행에의 참가가 불가능한 경우
   라. 여행자가 계약서에 기재된 기일까지 여행요금을 납입하지 아니한 경우
2. 여행자가 해제할 수 있는 경우
   가. 제12조 제1항 제1호 및 제2호의 사유가 있는 경우
   나. 여행사가 제21조에 따른 공제 또는 보증보험에 가입하지 아니 하였거나 영업보증금을 예치하지 않은 경우
   다. 여행자의 3촌 이내 친족이 사망한 경우
   라. 질병 등 여행자의 신체에 이상이 발생하여 여행에의 참가가 불가능한 경우
   마. 배우자 또는 직계존비속이 신체이상으로 3일 이상 병원(의원)에 입원하여 여행 출발 전까지 퇴원이 곤란한 경우 그 배우자 또는 보호자 1인

바. 여행사의 귀책사유로 계약서 또는 여행일정표(여행설명서)에 기재된 여행일정대로의 여행실시가 불가능해진 경우
사. 제10조제1항의 규정에 의한 여행요금의 증액으로 인하여 여행 계속이 어렵다고 인정될 경우

제17조(최저행사인원 미 충족시 계약해제)

① 여행사는 최저행사인원이 충족되지 아니하여 여행계약을 해제하는 경우 여행출발 7일전까지 여행자에게 통지하여야 합니다.
② 여행사가 여행참가자 수 미달로 전항의 기일내 통지를 하지 아니하고 계약을 해제하는 경우 이미 지급받은 계약금 환급 외에 다음 각 목의 1의 금액을 여행자에게 배상하여야 합니다.
가. 여행출발 1일전까지 통지시 : 여행요금의 30%
나. 여행출발 당일 통지시 : 여행요금의 50%

제18조(여행출발 후 계약해지)

① 여행사 또는 여행자는 여행출발 후 부득이한 사유가 있는 경우 각 당사자는 여행계약을 해지할 수 있습니다. 다만, 그 사유가 당사자 한쪽의 과실로 인하여 생긴 경우에는 상대방에게 손해를 배상하여야 합니다.
② 제1항에 따라 여행계약이 해지된 경우 귀환운송 의무가 있는 여행사는 여행자를 귀환운송 할 의무가 있습니다.
③ 제1항의 계약해지로 인하여 발생하는 추가 비용은 그 해지사유가 어느 당사자의 사정에 속하는 경우에는 그 당사자가 부담하고, 양 당사자 누구의 사정에도 속하지 아니하는 경우에는 각 당사자가 추가 비용의 50%씩을 부담합니다.
④ 여행자는 여행에 중대한 하자가 있는 경우에 그 시정이 이루어지지 아니하거나 계약의 내용에 따른 이행을 기대할 수 없는 경우에는 계약을 해지할 수 있습니다.
⑤ 제4항에 따라 계약이 해지된 경우 여행사는 대금청구권을 상실합니다. 다만, 여행자가 실행된 여행으로 이익을 얻은 경우에는 그 이익을 여행사에

게 상환하여야 합니다.

⑥ 제4항에 따라 계약이 해지된 경우 여행사는 계약의 해지로 인하여 필요하게 된 조치를 할 의무를 지며, 계약상 귀환운송 의무가 있으면 여행자를 귀환운송하여야 합니다. 이 경우 귀환운송비용은 원칙적으로 여행사가 부담하여야 하나, 상당한 이유가 있는 때에는 여행사는 여행자에게 그 비용의 일부를 청구할 수 있습니다.

제19조(여행의 시작과 종료) 여행의 시작은 탑승수속(선박인 경우 승선수속)을 마친 시점으로 하며, 여행의 종료는 여행자가 입국장 보세구역을 벗어나는 시점으로 합니다. 다만, 계약내용상 국내이동이 있을 경우에는 최초 출발지에서 이용하는 운송수단의 출발시각과 도착시각으로 합니다.

제20조(설명의무) 여행사는 계약서에 정하여져 있는 중요한 내용 및 그 변경사항을 여행자가 이해할 수 있도록 설명하여야 합니다.

제21조(보험가입 등) 여행사는 이 여행과 관련하여 여행자에게 손해가 발생한 경우 여행자에게 보험금을 지급하기 위한 보험 또는 공제에 가입하거나 영업보증금을 예치하여야 합니다.

제22조(기타사항)

① 이 계약에 명시되지 아니한 사항 또는 이 계약의 해석에 관하여 다툼이 있는 경우에는 여행사 또는 여행자가 합의하여 결정하되, 합의가 이루어지지 아니한 경우에는 관계법령 및 일반관례에 따릅니다.

② 특수지역에의 여행으로서 정당한 사유가 있는 경우에는 이 표준약관의 내용과 달리 정할 수 있습니다.

2) 국외여행 표준약관의 개정내용

2019년 8월 30일 개정된 최신 국외여행 표준약관의 내용은 기존의 약관과 비교하여, 여행자 지위의 양도와 여행사의 하자담보 책임 조항의 신설과 함께 계약의 구성, 계약체결의 거절, 특약, 계약서 등 교부 및 안전정보 제공, 여행요금, 여행조건의 변경요건 및 요금 등의 정산, 여행출발 전 계약해제, 여행출발 후 계약해지 관련 규정이 개정되었다. 개정된 약관의 구체적인 내용을 살펴보면 [표 4.1]과 같다.

[표 4.1] 국외여행 표준약관의 개정 내용

조항	개정 내용	비고
제4조(계약의 구성)	② 여행계약서에는 여행사의 상호, 소재지 및 관광진흥법 제9조에 따른 보증보험 등의 가입(또는 영업보증금의 예치 현황) 내용이 포함되어야 합니다.	여행계약서 포함내용 추가
제5조(계약체결의 거절)	1. 질병, 신체이상 등의 사유로 개별관리가 필요하거나, 단체여행(다른 여행자의 여행에 지장을 초래하는 등)의 원활한 실시에 지장이 있다고 인정되는 경우	여행자와의 계약체결 거절의 사유 개정
제6조(특약)	여행사와 여행자는 관련법규에 위반되지 않는 범위 내에서 서면(전자문서를 포함한다. 이하 같다)으로 특약을 맺을 수 있습니다. 이 경우 여행사는 특약의 내용이 표준약관과 다르고 표준약관보다 우선 적용됨을 여행자에게 설명하고 별도의 확인을 받아야 합니다.	특약에 관한 설명과 별도 확인 의무 추가
제7조(계약서 등 교부 및 안전정보 제공)	여행사는 여행자와 여행계약을 체결한 경우 계약서와 약관 및 여행일정표(또는 여행설명서)를 각 1부씩 여행자에게 교부하고, 여행목적지에 관한 안전정보를 제공하여야 합니다. 또한 여행 출발 전 해당 여행지에 대한 안전정보가 변경된 경우에도 변경된 안전정보를 제공하여야 합니다.	여행지 안전정보 변경시 정보 제공 의무 추가
제10조(여행요금)	② 제1항에도 불구하고 반드시 현지에서 지불해야 하는 경비가 있는 경우 그 내역과 금액을 여행계약서에 별도로 구분하여 표시하고, 여행사는 그 사유를 안내하여야 합니다.	계약서에 현지 지불 경비의 표시 및 안내 의무 추가
제12조(여행조건의 변경요건 및 요금 등의 정산)	② 여행사가 계약서 등에 명시된 여행일정을 변경하는 경우에는 해당 날짜의 일정이 시작되기 전에 여행자의 서면 동의를 받아야 합니다. 이때 서면동의서에는 변경일시, 변경내용, 변경으로 발생하는 비용이 포함되어야 합니다. ③ 천재지변, 사고, 납치 등 긴급한 사유가 발생하여 여행자로부터 여행일정 변경 동의를 받기 어렵다고 인정되는 경우에는 제2항에 따른 일정변경 동의서를 받지 아니할 수 있습니다. 다만, 여행사는 사후에 서면으로 그 변경 사유 및 비용 등을 설명하여야 합니다.	계약서 등에 명시된 여행일정 변경시 서면 동의 의무 및 예외 사항 추가

조항	개정 내용	비고
제13조(여행자 지위의 양도)	① 여행자가 개인사정 등으로 여행자의 지위를 양도하기 위해서는 여행사의 승낙을 받아야 합니다. 이때 여행사는 여행자 또는 여행자의 지위를 양도받으려는 자가 양도로 발생하는 비용을 지급할 것을 조건으로 양도를 승낙할 수 있습니다. ② 전항의 양도로 발생하는 비용이 있을 경우 여행사는 기한을 정하여 그 비용의 지급을 청구하여야 합니다. ③ 여행사는 계약조건 또는 양도하기 어려운 불가피한 사정 등을 이유로 제1항의 양도를 승낙하지 않을 수 있습니다. ④ 제1항의 양도는 여행사가 승낙한 때 효력이 발생합니다. 다만, 여행사가 양도로 인해 발생한 비용의 지급을 조건으로 승낙한 경우에는 정해진 기한 내에 비용이 지급되는 즉시 효력이 발생합니다. ⑤ 여행자의 지위가 양도되면, 여행계약과 관련한 여행자의 모든 권리 및 의무도 그 지위를 양도 받는 자에게 승계됩니다.	전체 조항 신설
제14조(여행사의 하자담보 책임)	① 여행자는 여행에 하자가 있는 경우에 여행사에게 하자의 시정 또는 대금의 감액을 청구할 수 있습니다. 다만, 그 시정에 지나치게 많은 비용이 들거나 그 밖에 시정을 합리적으로 기대할 수 없는 경우에는 시정을 청구할 수 없습니다. ② 여행자는 시정 청구, 감액 청구를 갈음하여 손해배상을 청구하거나 시정 청구, 감액 청구와 함께 손해배상을 청구 할 수 있습니다. ③ 제1항 및 제2항의 권리는 여행기간 중에도 행사할 수 있으며, 여행종료일부터 6개월 내에 행사하여야 합니다.	전체 조항 신설
제16조(여행출발 전 계약해제)	나. 여행사가 제21조에 따른 공제 또는 보증보험에 가입하지 아니 하였거나 영업보증금을 예치하지 않은 경우	여행자가 계약해제할 수 있는 경우 추가
제18조(여행출발 후 계약해지)	① 여행사 또는 여행자는 여행출발 후 부득이한 사유가 있는 경우 각 당사자는 여행계약을 해지할 수 있습니다. 다만, 그 사유가 당사자 한쪽의 과실로 인하여 생긴 경우에는 상대방에게 손해를 배상하여야 합니다. ② 제1항에 따라 여행계약이 해지된 경우 귀환운송 의무가 있는 여행사는 여행자를 귀환운송 할 의무가 있습니다. ③ 제1항의 계약해지로 인하여 발생하는 추가 비용은 그 해지사유가 어느 당사자의 사정에 속하는 경우에는 그 당사자가 부담하고, 양 당사자 누구의 사정에도 속하지 아니하는 경우에는 각 당사자가 추가 비용의 50%씩을 부담합니다. ④ 여행자는 여행에 중대한 하자가 있는 경우에 그 시정이 이루어지지 아니하거나 계약의 내용에 따른 이행을 기대할 수 없는 경우에는 계약을 해지할 수 있습니다. ⑤ 제4항에 따라 계약이 해지된 경우 여행사는 대금청구권을 상실합니다. 다만, 여행자가 실행된 여행으로 이익을 얻은 경우에는 그 이익을 여행사에게 상환하여야 합니다. ⑥ 제4항에 따라 계약이 해지된 경우 여행사는 계약의 해지로 인하여 필요하게 된 조치를 할 의무를 지며, 계약상 귀환운송 의무가 있으면 여행자를 귀환운송하여야 합니다. 이 경우 귀환운송비용은 원칙적으로 여행사가 부담하여야 하나, 상당한 이유가 있는 때에는 여행사는 여행자에게 그 비용의 일부를 청구할 수 있습니다.	여행출발 후 계약해지 관련 사유, 내용, 의무, 발생비용 부담 등의 구체화 및 명확화

제5장

여권 수속

1. 여권의 개요
2. 여권발급신청 구비서류 및 유의사항
3. 여권발급신청 관련 제양식

제5장 여권 수속

1. 여권의 개요

1) 여권의 개념

여권(passport)이란 국외여행을 하고자 하는 사람이 구비하여야 할 가장 기본적이고 필수적인 여행서류로서, 각국 정부가 자국민 또는 국적이 없는 외국인에게 국외여행을 할 수 있도록 발급해 주는 공식적 서류(official documentation)이다. 즉 여권이란 한마디로 국가에서 발급하는 출국허가증이라 할 수 있는 것으로서, 각국이 여권을 소지한 여행자에 대하여 자국민임을 증명하고 국외여행을 하는 동안 방문국의 편의와 보호에 대한 협조를 받을 수 있도록 하기 위해 발급하는 일종의 공문서이다.

따라서 여권은 국외여행을 할 때 반드시 필요한 것이며, 해외에서 유일하게 자신의 신원을 보증해 주고 여러 가지 용도로 유용하게 사용되므로 반드시 휴대하여야 하고, 분실하지 않도록 그 보관에 철저를 기해야 한다.

여권의 쓰임새

- 환전할 때, 출국 수속과 항공기에 탈 때, 현지 입국과 귀국 수속 때
- 비자 신청과 발급 때
- 국제운전면허증을 만들 때, 여행 관련 단체회원 카드[예를 들어, 회원제로 운영되며 젊은이들의

여행에 각종 편의를 제공하는 국제청소년여행연맹카드(FIYTO : The Federation of International Youth Travel Organizations)]를 만들 때

- 면세점에서 면세상품을 구입할 때
- 여행자 수표로 지불할 때, 여행자 수표의 도난이나 분실 시 재발급 신청할 때
- 국외여행 중 한국으로부터 송금된 돈을 찾을 때

2) 여권의 종류

현재 우리나라 여권의 종류는 여권발급대상자에 따라 일반여권, 관용여권, 외교관여권으로 구분할 수 있다(〈보기 5.1〉 참조).[1]

(1) 일반여권

여권발급 거부 또는 제한대상이 아닌 자로서[2] 대한민국 국적을 보유하고 있는 국민 누구나 발급받을 수 있는 여권이다. 즉 관용여권과 외교관여권 발급대상자가 아닌 대부분의 국민들을 대상으로 하는 여권으로, 이는 사용횟수에 따라 다음과 같이 구분된다.

① 단수여권(Single Passport)

1회에 한해 국외여행을 할 수 있는 여권으로 1년 이내의 유효기간이 부여되어 있다. 발급요건은 특별히 여권발급신청인이 요청하는 경우와 병역법에 따라 국외여행의 허가를 받아야 하는 사람의 여권발급의 경우 등이다.

② 복수여권(Multiple Passport)

유효기간 만료일까지 횟수에 제한 없이 국외여행을 할 수 있는 여권으로 현행 유효기간은 10년이다.

---

1) 여권법 제4조 참조

2) 여권법 제12조 참조

여행증명서(Travel Certificate)

출국하는 무국적자, 해외 입양자, 대한민국 밖으로 강제 퇴거되는 외국인으로서 그가 국적을 가지는 국가의 여권 또는 여권을 갈음하는 증명서를 발급받을 수 없는 사람 등에게 발급하는 여권에 갈음하는 증명서로서, 1년 이내의 유효기간이 부여되며 발행 목적이 성취된 때 그 효력이 상실된다.

(2) 관용여권

공무로 국외에 여행하는 공무원에게 발급되는 여권이다. 구체적인 발급대상은 다음과 같다.

- 공무원과 공공기관, 한국은행 및 한국수출입은행의 임원 및 직원으로서 공무로 국외에 여행하는 자와 관계기관이 추천하는 그 배우자, 27세 미만의 미혼인 자녀 및 생활능력이 없는 부모
- 공공기관, 한국은행 및 한국수출입은행의 국외주재원과 그 배우자 및 27세 미만의 미혼인 자녀
- 정부에서 파견하는 의료요원, 태권도 사범 및 재외동포 교육을 위한 교사와 그 배우자 및 27세 미만의 미혼인 자녀
- 대한민국 재외공관 업무보조원과 그 배우자 및 27세 미만의 미혼인 자녀
- 외교부 소속 공무원 또는 외무공무원법 제31조의 규정에 의하여 재외공관에 근무하는 공무원이나 현역군인이 그 가사보조를 위하여 동반하는 자

(3) 외교관여권

외교관의 신분인 자에게 국외여행시 발급되는 여권으로, 구체적인 발급대상은 다음과 같다.

- 전현직 대통령, 국회의장, 대법원장, 헌법재판소장, 국무총리, 외교부장관 본인과 그 배우자 및 27세 미만의 미혼인 자녀
- 특명 전권대사, 국제올림픽위원회위원 본인, 그 배우자 및 27세 미만의 미혼인 자녀, 생활능력이 없는 부모
- 외교부 소속 공무원 및 그 배우자, 27세 미만의 미혼인 자녀, 생활능력이 없는 부모(단, 가족의 경우에는 외교부 소속 공무원이 공무로 국외여행을 하는 경우에 한하여 외교관여권 발급 가능)

관용 · 외교관여권 신청시 유의사항

- 관용 · 외교관여권은 공무상 국외여행의 경우에 발급되며, 발급대상자의 가족의 경우에는 공무상 동반시에만 발급받을 수 있으므로 가족에 대한 관용 · 외교관여권 발급 요청시 관계부처에서는 그 필요성을 상세히 소명하여야 한다.
- 관용 · 외교관여권 신청시 소지하고 있는 유효한 일반여권은 반납 또는 보관을 하여야 신청이 가능하다.
- 외교관여권은 외교부 여권과에서 관용여권은 전국 여권사무 대행기관에서 신청할 수 있다.
- 관용 · 외교관여권의 유효기간은 5년 이내이다.

보기 5.1 ▶ 발급 목적에 따른 여권의 종류

일반여권(남색) 관용여권(진회색) 외교관여권(적색)

자료 : 외교부

3) 전자여권(e-Passport, Electronic Passport)

(1) 전자여권의 개념

전자여권이란 국제민간항공기구(ICAO)의 권고에 따라 여권 내에 전자칩과 안테나를 추가하고, 내장된 전자칩에 개인정보 및 바이오인식정보(얼굴사진)를 저장한 여권을 말한다. 우리나라는 2008.3.31.부터 관용 및 외교관여권을, 2008.8.25.부터 일반여권을 전자여권 형태로 발급하고 있다.

전자여권에는 여권번호, 성명, 생년월일 등 개인정보가 개인정보면, 기계판독영역 및 전자칩에 총 3중으로 저장되어 여권의 위·변조가 어려우며 특히 전자칩 판독을 통하여 개인정보면 기계판독영역 조작 여부를 손쉽게 식별 가능하다.

전자여권의 형태는 기존 여권과 마찬가지로 종이재질의 책자형태로 제작된다. 다만 앞표지에는 국제민간항공기구(ICAO)의 표준을 준수하는 전자여권임을 나타내는 로고가 삽입되어 있으며[3], 뒤표지에는 칩과 안테나가 내장되어 있다. 따라서 비전자여권에 비해 표지 두께가 더 두꺼우며, 표지를 심하게 휘거나 스테이플러를 찍을 경우 내장된 칩과 안테나가가 훼손될 수 있으므로 취급에 주의해야 한다.

보기 5.2 ▶ **ICAO 표준 전자여권 로고 및 전자여권의 앞표지**

자료 : 외교부

(2) 전자여권의 도입취지

전자여권 도입의 기본 취지는 여권 위・변조 및 여권 도용 방지를 통해 여권의 보안성을 극대화하여, 궁극적으로 해외를 여행하는 우리 국민들의 편의를 증진시키는 데 그 목적이 있다.

전자여권에 내장되는 칩에는 기존 여권에 수록된 정보가 한 번 더 수록되며, 각종 보안 기술이 추가 적용된다. 따라서 신원정보면과 칩을 동시에 조작하는 것이 사실상 불가능해지며, 설사 조작된 경우라고 해도 출입국 과정에서 자동적으로 적발된다.

---

3) 일반 전자여권은 로고와 함께 여권번호가 M으로 시작한다.

보기 5.3 ▶ **여권의 변천과정**

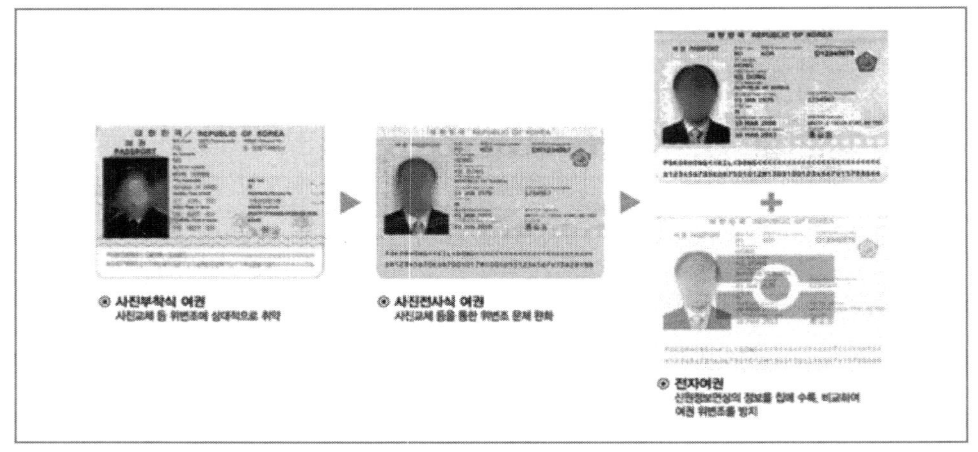

자료 : 외교부

특히 전자여권의 정보 이중 수록을 통해 가장 빈번한 여권 위·변조 형태인 사진 교체가 방지됨으로써 여권 도용 방지 기능이 한층 강화되었다.

(3) 전자여권 관련 제도

전자여권에는 개인 정보 보호 및 위·변조, 도용 방지를 위한 다양한 보안 기술들이 적용되어 있다. 이와 함께 전자여권 도입취지를 극대화하기 위해 다음과 같은 제도를 도입, 실행하게 되었다.

① 본인직접신청제

2008년 8월 25일부터 그동안 여행사가 대행하던 여권발급업무는 중지되었다. 즉 여권을 발급받기 위해서는 본인이 신분증을 소지하고 인근 지방자치단체를 방문해서 직접 신청해야만 한다. 이러한 제도를 도입하게 된 목적은 위·차명 여권발급 시도 등 여권제도의 악용 가능성을 원천적으로 최소화시켜 우리 여권에 대한 국제적 신뢰도를 제고하고, 각국 출입국 창구에서 우리 여권 소지자의 본인 여부를 둘러싼 논쟁발생 소지를 최대한 제거함으로써 궁극적으로 보다 편리한 국외여행을 할 수 있도록 하는 데 있다.

단, 여권법 시행규칙에서는 아래의 3가지 경우에 대해서는 본인직접신청제의 예외를 규정하고 있다.

- 의전상 사유 : 전 · 현직 대통령, 국회의장, 대법원장, 헌법재판소장 및 국무총리
- 의학적 사유 : 본인이 직접 신청할 수 없을 정도의 신체적 · 정신적 질병, 장애나 사고 등이 있는 경우
- 연령 : 18세 미만의 사람(단, 2010.1.1.부터는 12세 미만의 사람만이 대리신청할 수 있다.)

② 중앙집중발급제

여권의 중앙집중발급제는 여권을 여권 제조 전담기관에서 발급하여 지방자치단체로 배송하는 것을 말한다. 이 제도를 도입한 취지는 공백여권의 유통경로를 최소화하고, 지역별 · 시기별 수요에 효과적으로 대응하기 위함이다.

공백여권은 위조 여권의 소재가 될 수 있기 때문에 공백여권은 매우 엄격하게 관리될 필요가 있다. 이를 위한 가장 좋은 방법은 공백여권이 만들어지는 장소에서 여권을 발급하는 것이다. 이러한 맥락에서 외교부는 2007년 4/4분기 중 한국조폐공사 대전ID센터에 여권 발급기를 집결시켜, 공백여권이 제조되는 장소에서 여권이 발급되게 함으로써 공백여권 유통경로를 최소화하였다.

여권 발급기가 지역별로 분산 배치되어 있을 경우, 특정 지역에 수요가 집중되면 타 지역은 발급 능력에 여유가 있음에도 불구하고 해당 지역에서는 여권 신청 및 발급 적체 현상이 발생할 수 있다. 또한 여권 발급기는 고가의 특수장비이기 때문에 전문인력의 지속적인 사후관리를 통해서만 최고의 성능을 유지할 수 있게 되는데, 이러한 고려사항 또한 중앙집중발급제 도입의 한 배경이라고 할 수 있다.

외교부는 2008년 초 66개에 불과하던 여권사무 대행기관을 확대하고, 나머지 지방자치단체에서도 희망하는 경우 여권접수 및 교부를 실시할 수 있도록 하였다. 이러한 여권사무 대행기관의 대폭 확대는 중앙집중발급제 하에서만 가능할 수 있었다. 즉 이제는 대행기관을 확대해도 발급기를 추가 구입 및 비치할 필요 없이 중앙의 발급센터에서 일괄적으로 발급, 해당 지방자치단체로 여권을 배송하기만 하면 되기 때문이다.

(4) 차세대 전자여권

외교부는 고도화되는 위변조 기술에 대응하기 위하여 보안성이 대폭 강화된 폴리카보네이트 재질로 한국적 이미지와 문양을 적용하여 제작한 차세대 전자여권을 2021년 12월 21일부터 발급하였는데, 기존의 일반 전자여권과 비교하여 차세대 전자여권의 달라진 점은 〈표 5.1〉과 같다.

[표 5.1] 기존 여권과 차세대 전자여권의 차이

구분	기존 여권	차세대 전자여권
표지색상	녹색	남색
디자인	일반적인 디자인	• 한국의 상징적 이미지와 우리문화 유산 활용(전문가 심사 및 국민여론조사를 통하여 국민이 선택한 디자인) • 선사시대부터 조선시대까지 시대별 유물을 배경으로 한 사증면 디자인
사증 면수	• 복수여권 24면, 48면 • 단수여권 12면	• 복수여권 26면, 58면 • 단수여권 14면으로 사증면수 확대
개인정보면	• 종이재질 • 여권번호 체계가 숫자 조합(8자리) • 일자 표기 방식: 영문 월(月) • 주민번호(뒷자리) 표기	• 폴리카보네이트 재질[4] • 여권번호 체계가 숫자(7자리)와 영문자(1자) 조합[5] • 한국어/영문 월(月) 병기[6] • 주민번호 표기 제외(개인정보 보호 강화)

달라진 여권 행정 서비스

여권과 관련하여 기존과 달라진 행정 서비스에는 다음과 같은 것들이 있다.

- 사증란 추가 폐지: 차세대 전자여권의 여권면수가 증가됨에 따라 여권의 사증란이 부족할 때 추가하는 책자형 사증란 부착제도가 폐지되었다.
- 개별 우편 배송 서비스: 국내 민원 창구를 방문하여 여권을 신청한 경우, 여권 수령 방법으로 개별 우편 배송을 선택할 수 있으며, 이 경우 조폐공사에서 제작·발급된 여권은 우체국 택배로 발송된다.(비용 별도 부담)
- 출생지 기재: 민원인이 별도 신청시 여권 추가 기재란에 출생지(도시명) 표기(영문)가 가능하다.(비용 별도 부담)

---

4) 내구성, 내충격성 및 내열성 등을 갖춘 플라스틱의 일종으로, 가볍고 충격에 강하며 레이저로 각인하기 때문에 보안성이 강한 것이 특징

5) 조합 예: M12345678 → M123A4567

6) 예: 20 DEC 2021 → 20 12월/DEC 2021

4) 여권의 발급절차와 발급기관

여권의 발급신청은 주소지와 관계없이 전국의 도청, 광역시 및 일부 구청과 재외공관에서 가능한데, 2023년 기준 전국의 여권사무 대행기관은 254개이다.[7] 여권 발급시까지의 처리기간은 통상 1~2주 정도로 여행성수기와 비수기에 따라 처리기간에 차이가 있다.

여권발급은 여권발급신청 서류접수→신원조회→서류심사→여권의 제작 및 발급→여권의 교부 및 수령의 절차를 거치게 된다. 즉 여권신청서를 작성하여 여권과 민원실에 접수하면 우선 전산으로 각 지방경찰청에 신원조사 확인을 의뢰한 후 결과를 회보 받는데 신원상 문제에 따라 처리소요기간에 차이가 난다. 여권발급에 관한 진행상황은 개인이 조회할 경우 외교부 여권안내홈페이지에서 성명과 여권접수번호로 확인할 수 있다.

지방자치단체에서 접수된 여권신청 정보는 대전에 위치한 한국조폐공사 ID센터로 전송된다. ID센터에서는 동정보를 기반으로 여권을 발급하며 이를 특수운송차량(현금우송차량)편으로 각 지방자치단체로 배송한다. 지방자치단체로 배송된 여권은 직접 또는 우편으로 신청인에게 교부된다.

5) 여권의 구성 및 내용

우리나라 여권은 '8.8cm×12.5cm' 규격의[8] 소책자 형태로 발행되고 있으며, 여권 내부는 다음의 내용들로 구성되어 있다.

(1) 전자여권 주의사항

여권의 앞표지 이면에는 전자여권 관련 주의사항이 적혀 있다. 해당 면은 폴리카보네이트 재질로 되어 있는데, 표지 아래에 전자 칩이 내장되어 있으므로 취급 시에 주의하라는 내용과 함께 여권 소지인의 사진이 새겨져 있다.

---

7) 서울 시청에서는 여권발급신청을 받지 않는다.

8) 여권법 시행령 제2조 제1항 참조

보기 5.4 ▸ 여권의 앞표지 이면(전자여권 주의사항)

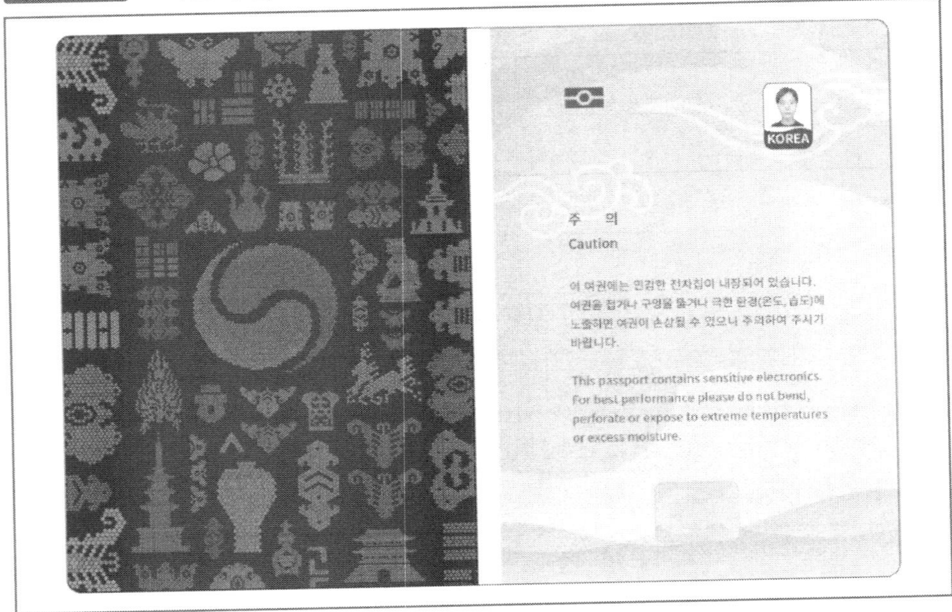

(2) 신원정보

여권의 두 번째 면은 여권 소지인의 신원정보면으로 폴리카보네이트 재질에 여권 소지인의 사진을 비롯하여 다음과 같은 내용들이 기재되어 있다.

보기 5.5 ▸ 여권의 신원정보면

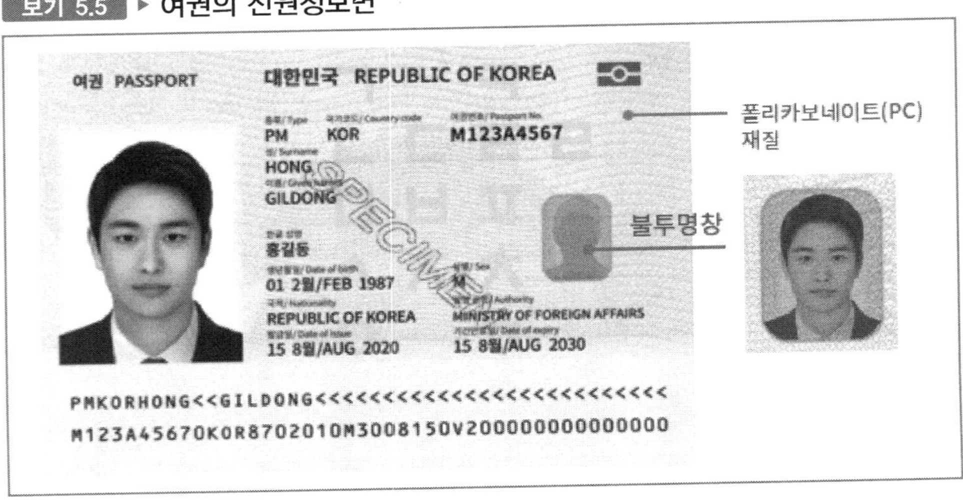

① 여권번호와 발행국 및 발행관청

각 여권에 대한 고유의 일련번호인 여권번호가 여권의 상단에 표기되는데, 이는 분실시의 재발급 및 조회 등을 위해서도 필요하다. 이와 함께 여권의 종류, 여권발행국, 발행관청 등이 영문으로 표기된다.

[표 5.2] 여권번호와 발행국 및 발행관청 표기내용

NO	영문표기	내용
1	Type of Passport	여권의 종류 : PM(multiple passport : 복수여권)
2	Country code	발행 국가코드 : KOR
3	Passport No.	여권번호
4	Authority	발행관청 : MINISTRY OF FOREIGN AFFAIRS(외교부)

② 인적사항

인적사항으로 한글 성명을 비롯 성별, 생년월일, 국적 등이 영문으로 표기되는데, 여권발급권자 이외에는 내용을 함부로 정정할 수 없기 때문에 여권을 수령했을 때에는 기재사항의 착오와 오기 등이 없는지 확인해야 한다.

[표 5.3] 여권 인적사항 표기내용

NO	영문표기	내용
1	Surname	성
2	Given names	이름
3	Nationality	국적 : Republic of Korea
4	Date of Birth	생년월일(일, 월, 년 순으로)
5	Sex	성별 : M(남), F(여)

③ 여권발급일과 기간만료일

여권의 효력이 발생하는 날인 발급일(Date of Issue)과 효력이 상실되는 유효기간 만료일(Date of Expiry)이 일, 월, 년의 순으로 표기된다.

(3) 외교부장관의 요청문과 소지인의 서명

여권의 세 번째 면에는 대한민국 국민인 여권소지자의 여행에 따른 편의 및 보호 제공을 요청하는 외교부장관의 요청문과 여권 소지인의 서명란이 있다. 여권의 소지자임을 증명하기 위한 서명란에는 비자신청, 출입국 관련 서류의 작성, 신용카드의 사용 등을 대비해 본인이 항시 사용하고 남이 모방할 수 없는 고유의 서명을 하는 것이 바람직하며, 여권 수령 즉시 직접 서명하도록 한다.

한편 기존 여권과 달리 차세대 전자여권에는 해당 면에도 여권 소지인의 사진이 실려 있다.

보기 5.6 ▸ **외교부장관의 요청문과 소지인의 서명란**

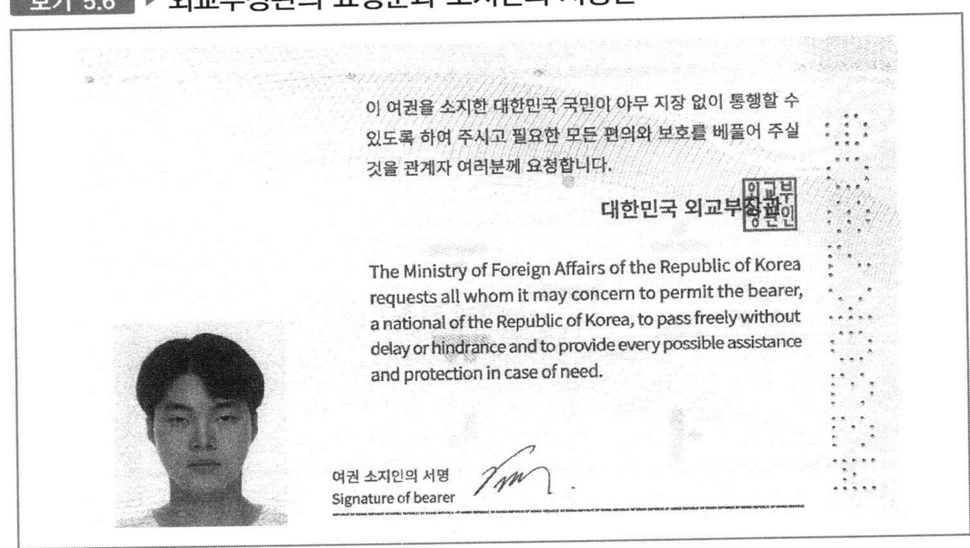

(4) 사증란

여권은 일반복수여권의 경우 총 26면 또는 58면으로 구성되어 있는데, 위에서 설명한 항목들을 제외한 나머지 부분은 모두 사증란으로 여행목적국의 비자와 각국 출입국시 검열 스탬프를 찍는 란으로 사용된다. 즉 사전에 대사관이나 영사관을 통해 비자를 발급받을 경우 스탬프나 스티커의 형태로 이 난에 발급해 준다. 또한 모든 국가의 입국과 출국 시에 출입국 심사관이 출국 또는 입국목적 및 기간 등에 대한 질문과 내용확인 등을 통해 출국 또는 입국을 허가하는 의미로 국가 또는 도시, 출입국 사실과 날짜가 기재된 스탬프를 찍어 출입국 사실을 표기할 때 이 난을 사용한다.

보기 5.7 ▸ **여권의 사증란 사용의 예**

(5) 소지인의 연락처와 여권 사용 안내

여권의 제일 마지막 면은 소지인의 연락처를 기재하는 난으로 여권을 분실하였을 경우를 대비하거나 기타의 목적을 위하여 국내외 주소와 전화번호, 연락가능한 사람의 이름, 관계, 전화번호를 쓰는 난이 있다. 이외에 여권 사용과 관련한 일반적 유의사항과 안전여행 관련 안내 사항 등이 기재되어 있다.

보기 5.8 ▸ **여권의 마지막 면(소지인 연락처와 여권 사용 안내)**

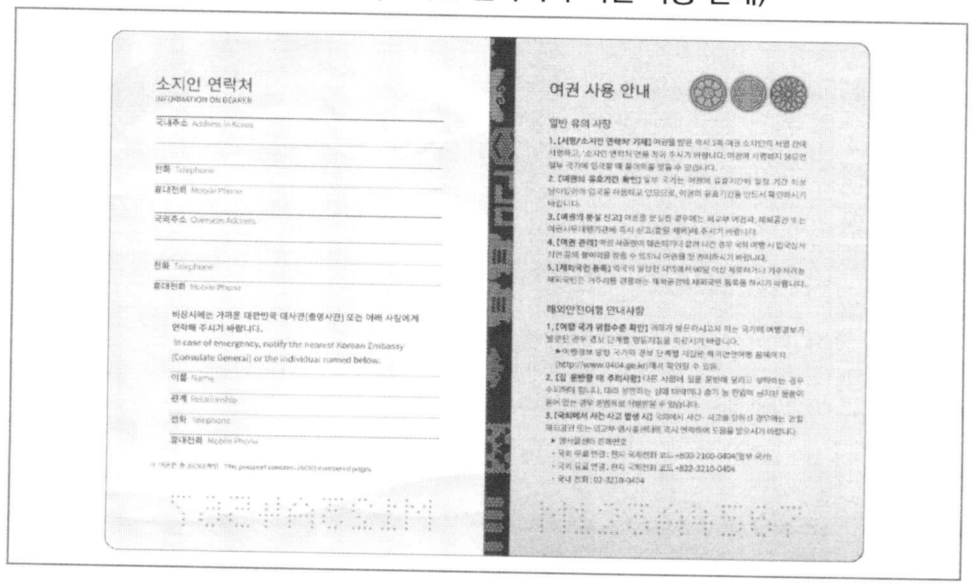

2. 여권발급신청 구비서류 및 유의사항[9)]

1) 최초 발급

(1) 일반인의 기본 구비서류

① 여권발급신청서(〈보기 5.9〉 참조)

② 여권용 사진 1매(6개월 이내 촬영한 사진)

③ 신분증(주민등록증 또는 운전면허증 등)

④ 여권발급 수수료[10)]

여권용 사진규정

- 사진의 크기는 가로 3.5cm, 세로 4.5cm이고 머리의 길이는 정수리(머리카락을 제외한 머리 최상부)부터 턱까지가 3.2cm ~ 3.6cm이어야 함
- 배경은 균일하고 잉크 자국이 없는 흰색이며, 테두리가 없어야 함
- 사진 편집 프로그램(예: 포토샵 등)을 사용하여 배경을 지우거나 흰색 배경에 인물을 임의로 합성한 사진은 제출 불가함
- 인물과 배경에 그림자 및 빛 반사가 없도록 적절한 조명을 사용하여 원래의 피부톤을 정확하게 표현해야 함
- 얼굴과 어깨는 정면을 향해야 하고(측면포즈 불가), 얼굴을 가까이 근접 촬영한 사진은 사용 불가함
- 입은 다물어야 하며(치아 노출 불가), 미소(예: 눈을 가늘게 뜨고 얼굴을 찡그리기)짓거나 눈썹을 올리지 않는 무표정이어야 함
- 얼굴 전체(이마~턱, 얼굴 윤곽 등)가 완전히 노출되어야 하며, 머리카락으로 눈썹 및 얼굴 윤곽(광대, 볼 등)을 가리는 사진은 제출 불가함
- 미용·컬러·서클렌즈, 렌즈에 색이 들어간 안경, 선글라스 등은 착용 불가함
- 안경에 빛이 반사되지 않아야 하며, 안경테가 눈을 가리면 안됨
- 모자, 머리띠, 머리 덮개 등으로 머리를 가리면 안됨
- 영·유아의 경우 모든 기준은 성인과 동일하며, 장난감 등 사물이나 보호자가 노출되지 않아야 함

---

9) 본 교재에서는 일반여권에 국한하여 내용설명을 하고자 함

10) 현재 전자여권의 발급수수료는 유효기간 10년인 복수여권인 경우 58면이 53,000원, 26면이 50,000원이며, 유효기간 1년인 단수여권은 20,000원이다.

(2) 대상자별 추가 구비서류

여권발급 신청시 일반인은 필요하지 않지만 해당자에 한해 기본 구비서류에 추가하여 제출하여야 하는 서류는 〈표 5.4〉와 같다.

[표 5.4] 여권발급 신청시 추가 구비서류

대상자			서류
병역의무자(18세 ~ 37세 남자)[11]	병역미필자[12]	18세 ~ 24세	없음
		25세 ~ 37세	국외여행허가서(※관할 병무청장 발행)
	병역필자	18세 ~ 37세	주민등록초본 또는 병적증명서(행정정보공동이용망으로 확인 가능시 제출 생략)
미성년자 (18세 미만)			❶ 법정대리인 동의서(보기 5.11 참조) ❷ 법정대리인 인감증명서[13](또는 본인서명확인서, 전자본인서명서) ❸ 신청자의 기본증명서 및 가족관계증명서(행정정보공동이용망으로 확인 가능시 제출 생략)

2) 기재사항 변경

(1) 구 여권번호 기재

여권발급신청자가 요청하는 경우 구여권번호를 8개까지 병기 가능한데, 구비서류는 다음과 같다.[14]

① 여권 기재사항변경 신청서(〈보기 5.13〉 참조)

② 유효한 여권

③ 수수료[15]

11) 병역의무 대상자는 연도의 변경을 기준으로 하는 '연 나이'를 사용함. 2002년 출생한 사람의 병역나이(연 나이) 산출 예: 2023(현재연도)-2002(출생연도)=21세

12) 국외여행허가 여부와 무관하게 5년 복수여권 발급, 병역미필자가 단수여권 발급을 원할 경우 단수여권 발급 가능

13) 법정대리인이란 친권자 또는 후견인을 말하며, 법정대리인 인감증명서는 법정대리인동의서에 서명(날인)한 법정대리인이 직접 방문하는 경우 생략된다.

14) 구여권번호 기재를 신청할 때는 가능한 한 여권을 교부받고 바로 요청하는 것이 좋고, 사증이 2장 이상 붙어 있는 경우는 처리가 불가능할 수도 있음을 유의해야 한다.

15) 여권 기재사항변경 수수료는 5,000원이다.

(2) 출생지 기재

여권을 발급받은 자가 여권에 출생지를 기재할 수 있는데, 제출서류는 다음과 같다.

① 여권 기재사항변경 신청서

② 유효한 여권

③ 수수료

출생지 기재방식은 〈표 5.5〉에서 보는 바와 같이 국내 출생자의 경우와 해외 출생자의 경우 다소 상이하다.

[표 5.5] 출생지 기재방식

국내 출생자	해외 출생자
도시명(영문)기재 서울, 부산, 대구 등 특별시, 광역시 지자체 지역: 시(市)명으로 기재 예) Seoul, Busan, Daegu 그 외 지역: 도(道) + 시/군명으로 기재 예) Gyunggi-do Gimpo-si	국가명 + 도시명(영문) 기재 예) 스페인 바로셀로나: SPAIN Barcelona

3) 재발급

여권 재발급은 기존에 한 번이라도 여권을 발급받은 적이 있는 사람이 새로운 여권을 발급받는 경우를 의미한다. 본인 희망에 따라 새롭게 유효기간을 부여받는 재발급과 기존 여권의 잔여 유효기간을 부여하는 재발급 중 선택하여 신청 가능하다. 재발급에 해당하는 사유는 아래와 같다.

- 유효기간이 만료되었거나, 만료되기 이전에 새로운 여권발급을 희망하는 경우
- 여권 수록정보의 정정, 변경(한글성명 변경, 주민등록번호 변경, 로마자성명 변경, 여권사진 변경)
- 여권 분실 및 훼손
- 행정기관 착오

여권 재발급을 위한 제출서류는 대부분 신규발급시의 기본서류에[16] 현재 소지한 여권과 관련 증빙서류를 추가로 제출하면 된다. 예컨대 여권 수록 정보의 정정 및 변경시에는 개명 또는 주민등록번호 변경 관련 법원 판결문, 로마자 성명 변경 관련 서류[17] 등을 제출하면 되고, 분실 재발급의 경우에는 여권 분실신고서를 추가로 제출하면 된다.

온라인 여권 재발급신청

기존에 전자여권을 한 번이라도 발급받은 사람인 경우 온라인 신청이 가능하다. 기존에는 여권을 발급받을 때 접수 및 수령을 위해 총 2회 창구를 방문해야 했으나 온라인 신청의 경우 여권 수령을 위해 1회 본인이 직접 창구를 방문하면 된다. 즉 여권 재발급을 인터넷을 통해 신청하고(정부24, http://www.gov.kr), 본인이 지정한 여권 사무대행기관에서 교부 받는 서비스이다. 단, 아래 사유에 해당하는 경우 신청이 불가하다.

- 만 18세 미만 미성년자
- 생애 최초 전자여권 신청자
- 외교관·관용·긴급 여권 신청자
- 로마자 성명(배우자의 로마자 성 포함) 변경 희망자
- 개명 및 주민등록정보 정정자(개명 및 주민등록정보 정정 후 여권발급이력 존재시 신청가능)
- 행정 제재자, 상습 분실자
- 여권 신청일 기준 5년 이내 분실신고 이력 1회 이상자로 직전 여권의 유효기간이 남아 있는 자

4) 기타 여권발급 관련 유의사항

(1) 영문성명의 표기와 변경

① 여권상 영문성명 표기방법

- 여권상 영문성명은 한글성명을 로마자(영어 알파벳)로 음역 표기한다.
- 한글성명의 로마자 표기는 국어의 로마자 표기법에 따라 적는 것을 원칙으로 한다.
- 영문이름은 붙여 쓰는 것을 원칙으로 하되, 음절 사이에 붙임표(-)를 쓰는 것을 허용한다.(예 : GILDONG, GIL-DONG)

---

16) 단, 여권발급수수료는 신규발급인 경우 신규발급 수수료와 동일하나 현 소지여권의 잔여유효기간을 부여받는 재발급의 경우는 25,000원임

17) 배우자의 로마자 성 추가 및 변경 시에는 주민등록등본 또는 가족관계등록부 상 관련 증명서를 제출하면 된다.

- 종전 여권의 띄어 쓴 영문이름은 계속 쓰는 것을 허용한다.
- 기타 영문성명 변경에 관한 사항은 여권발급대행기관에 직접 문의한다.

② 최초 여권발급 신청시 확인사항

- 여권상 영문성명은 해외에서 신원확인의 기준이 되며 변경이 엄격히 제한되므로 특별히 신중을 기하여 정확하게 기재하여야 한다.
- 가족간 영문 성(姓)은 특별한 사유가 없는 경우 이미 발급받은 가족구성원의 영문 성을 확인하여 일치시킨다.
- 가족관계등록부상 등록된 한글성명을 영어로 표기시 한글이름 음역을 벗어난 영어이름은 표기할 수 없으며, 반드시 음역을 정확하게 표기하여야 한다.(예 : 요셉 → JOSEPH(X))
- 대리인이 영문성명을 잘못 기재하여 여권이 발급된 경우에도 영문성명의 변경은 엄격하게 제한되며 이로 인한 불이익은 여권명의인이 감수해야 한다.

③ 여권의 영문성명 변경이 허용되는 경우[18)]

- 여권의 영문성명이 한글성명의 발음과 명백하게 일치하지 않는 경우
- 국외에서 여권의 영문성명과 다른 영문성명을 취업이나 유학 등을 이유로 장기간 사용하여 그 영문성명을 계속 사용하려고 할 경우
- 국외여행, 이민, 유학 등의 이유로 가족구성원이 함께 출국하게 되어 여권에 영문으로 표기한 성을 다른 가족구성원의 여권에 쓰인 영문 성과 일치시킬 필요가 있는 경우
- 여권의 영문 성에 배우자의 영문 성을 추가 · 변경 또는 삭제하려고 할 경우
- 여권의 영문성명의 철자가 명백하게 부정적인 의미를 갖는 경우
- 개명된 한글성명에 따라 영문성명을 변경하려는 경우
- 최초 발급한 여권의 사용 전에 영문성명을 변경하려는 경우
- 그 밖에 외교부장관이 인도적인 사유를 고려하여 특별히 필요하다고 인정하는 경우

---

18) 여권법 시행령 제3조 2 참조

(2) 여권분실시의 유의사항

여권은 본인의 신분을 증명하는 신분증명서로서의 중요한 기능을 가지므로 철저한 관리가 필요하다. 분실된 여권을 제3자가 습득하여 위변조 등 나쁜 목적으로 사용할 경우 본인에게 막대한 피해가 돌아갈 수 있으므로 보관에 철저를 기하여야 한다. 여권분실시의 유의사항을 정리하면 다음과 같다.

- 여권을 분실하였을 경우는 즉시 가까운 여권발급기관에 여권분실 사실을 신고하고 새로운 여권을 재발급 받는다. 해외여행 중 여권을 분실하였을 경우는 가까운 대사관 또는 총영사관에 여권분실신고를 하고 여행증명서나 단수여권을 발급받도록 한다.
- 분실로 신고된 여권은 즉시 효력정지 처리되어 회수신고를 하지 않는 한 사용할 수 없으며, 해당 여권의 위변조 및 부정사용 방지 등을 위해 분실신고 시 재발급을 신청하는 것이 가장 바람직하다.
- 분실신고된 여권상에 있는 사증을 재사용하고자 할 경우에는 사증발급 국가의 기관에 사전 확인이 필요하다. 특히 미국의 경우는 이를 인정하지 않으며 분실신고된 후 다시 찾은 여권에 사증이 있을 경우 동 여권을 첨부하여 신규로 사증을 신청하면 상대적으로 더 짧은 시간 내에 사증을 재발급하여 주고 있다.
- 여권을 분실하면 유효기간이 제한된다. 즉 여권을 최근 5년 이내에 2회 분실하면 재발급시 유효기간이 5년으로 제한된다. 또한 여권을 최근 5년 이내에 3회 이상 혹은 최근 1년 이내에 2회 이상 분실하면 유효기간이 2년으로 제한되므로 여권을 잘 관리하여야만 한다.

문자알림 서비스

외교부에서는 여권발급과 관련한 불편함을 덜어 주기 위하여 다음과 같은 문자알림 서비스를 실시하고 있다.

- 여권발급 진행상황 알림: 여권 발급 신청을 한 사람들에게 여권 발급 신청부터 여권 수령까지의 여권 발급 진행 상황을 카카오톡이나 문자메시지로 알려주는 서비스이다.
- 여권 유효기간 만료일 알림: 많은 국가들이 입국 시 여권 유효기간 6개월 이상을 요구한다. 유효기간이 만료되었거나 임박한 사실을 모르고 해외여행을 준비하지 않도록, 여권 유효기간 만료 6개월 전에 카카오톡이나 문자메시지로 여권 유효기간 만료일을 알려 주는 서비스이다.

• 습득여권 수령안내 알림: 분실된 여권이 여권사무 대행기관에 습득되면 여권 명의인에게 카카오톡이나 문자메시지로 알려 주는 서비스이다.

(3) 긴급여권의 신청 · 발급

긴급여권이란 긴급한 사유로 인하여 발급하는 비전자여권을 말하는데, 유의사항을 정리하면 다음과 같다.

- 발급대상 : 전자여권을 발급(재발급) 받을 시간적 여유가 없는 경우로서 여권의 긴급한 발급이 필요하다고 인정되는 경우 신청가능하다.
- 발급 여권의 종류 및 유효기간 : 단수여권, 유효기간 1년
- 기본 구비서류 : 신규 발급시의 일반인의 기본 구비서류 외에 '긴급여권 사유서'를 제출하여야 한다.
- 수수료 : 53,000원(미화 53달러)[19)]
- 발급 불가 대상 : 본인 여부 확인이 불가능한 사람과 여권 신청인이 1년 이내에 2회, 5년 이내에 3회 이상 분실자에 해당하는 경우
- 유의사항 : 방문하려는 국가의 비전자여권(긴급여권) 인정여부 및 입국 시 제한 사항을 반드시 사전에 확인하여야 한다.

3. 여권발급신청 관련 제양식

본 장에서 전술한 여권발급 신청과 관련된 여러 양식을 제시하면 다음과 같은데, 이에 대한 이해도의 제고를 위해서는 실제로 직접 작성해 보는 것이 바람직하다.

---

19) 친족 사망 또는 위독 관련 증빙서류 제출시 20,000원(미화 20달러)

보기 5.9 ▸ 여권발급신청서

■ 여권법 시행규칙 제3조 [별지 제1호서식] <개정 2021. 12. 21.>

여 권 발 급 신 청 서

※ 뒤쪽의 유의사항을 반드시 읽고 검은색 펜으로 작성하시기 바랍니다. (앞쪽)

여권 선택란	※ 아래 여권 종류, 여권 기간, 여권 면수를 선택하여 해당란에 [√] 표시하시기 바랍니다. 표시가 없으면 일반여권의 경우 10년 유효기간의 58면 여권이 발급되며, 자세한 사항은 접수 담당자의 안내를 받으시기 바랍니다.		
여 권 종 류	□ 일반 □ 관용 □ 외교관 □ 긴급 □ 여행증명서(□ 왕복 □ 편도)	여 권 면 수	□ 26 □ 58
여 권 기 간	□ 10년 □ 단수(1년) □ 잔여기간	담당자 문의 후 선택	□ 5년 □ 5년 미만

필수 기재란	※ 뒤쪽의 기재방법을 읽고 신중히 기재하여 주시기 바랍니다.		
사 진 • 신청일 전 6개월 이내 촬영한 천연색 상반신 정면 사진 • 흰색 바탕의 무배경 사진 • 색안경과 모자 착용 금지 • 가로 3.5cm x 세로 4.5cm • 머리(정부터 정수리까지) 길이 3.2cm~3.6cm	한글성명		
	주민번호	-	
	본인연락처		※'-' 없이 숫자만 기재
	※ 긴급연락처는 다른 사람의 연락처를 기재하십시오.(해외여행 중 사고발생시 지원을 위하여 필요)		
	긴급연락처	성명 / 관계 / 전화번호	

추가 기재란		※ 로마자성명은 여권을 처음 신청하거나 기존의 로마자성명을 변경하는 경우에만 기재하시고, 뒤쪽 아래의 로마자성명 기재방법을 읽고 신중히 기재하여 주시기 바랍니다.
로마자 (대문자)	성	
	이름	
등 록 기 준 지		담당공무원의 요청이 있을 경우 기재합니다.

선택 기재란	※ 원하는 경우에만 기재합니다.	
배우자의 로마자 성(姓)		※ 기재하는 경우 여권에 'spouse of 배우자의 로마자 성' 의 형태로 표기되며, 대문자로 기재해 주시기 바랍니다.
점자여권	□ 희망 □ 희망 안 함	※ 시각장애인일 경우에만 네모 칸 안에 [√] 표시하시기 바랍니다.
우편배송 서비스	□ 희망 □ 희망 안 함	(상세주소 기재)
문자알림 서비스	□ 동의 □ 동의 안 함	※ 동의하는 경우, 「여권법 시행령」 제45조 및 제46조에 근거하여 고유식별정보가 통신사에 제공되며, 국내 휴대전화로 여권 유효기간 만료일자 및 발급진행상황 등을 알리는 문자메시지가 발송됩니다.

1. 뒤쪽의 유의사항을 확인하고 위의 내용을 작성하였으며, 기재한 내용이 사실임을 확인합니다.
2. 「여권법」 제9조 또는 제11조에 따라 여권의 발급을 신청합니다.

년 월 일

신청인(여권명의인) 성명 (서명 또는 인)

외 교 부 장 관 귀 하

행정정보 공동이용 동의서

본인은 여권 발급 신청과 관련하여 담당 공무원이 「전자정부법」 제36조에 따른 행정정보 공동이용 등을 통하여 본인의 아래 정보를 확인하는 것에 동의합니다. (※ 동의하지 않는 경우에는 신청인 또는 위임받은 사람이 해당 서류를 직접 제출해야 합니다.)

년 월 일

신청인(여권명의인) 성명 (서명 또는 인)

※ **담당공무원 확인사항** : ① 「병역법」에 따른 병역관계 서류, ② 「가족관계의 등록 등에 관한 법률」에 따른 가족관계등록전산정보자료, ③ 「주민등록법」에 따른 주민등록전산정보자료, ④ 「출입국관리법」에 따른 출입국전산정보자료, ⑤ 장애인증명서

접수 담당자 기재란

접수번호				(영수확인)
특이사항				
심 사 란	접 수 자	심 사 자	발 급 자	

210mm×297mm[백상지 120g/㎡]

(뒤쪽)

유의사항

1. 이 신청서의 기재사항에 오류가 있을 경우 신청인(여권명의인)에게 불이익이 있을 수 있으므로 정확하게 기재하시기 바랍니다.
2. 이 신청서는 기계로 읽혀지므로 접거나 찢는 등 훼손되지 않도록 주의하시기 바랍니다.
3. 유효기간이 남아있는 여권이 있는 상태에서 새로운 여권을 발급받으려면 유효기간이 남아있는 기존 여권을 반드시 반납해야 합니다. 새로운 여권이 발급되면 여권번호는 바뀝니다.
4. 사진은 여권 사진 규정에 부합해야 하며, 여권용 사진 기준에 맞지 않는 사진에 대해서는 보완을 요구할 수 있습니다.
5. 긴급연락처는 해외에서 사고 발생 시 지원을 위하여 필요하오니, 본인이 아닌 가족 등의 연락처를 기재하시기 바랍니다.
6. 로마자성명 기재방법은 아래 별도 설명을 참고하시기 바랍니다.
7. 등록기준지는 담당공무원의 요청이 있을 경우 기재하시기 바랍니다.
8. 여권 유효기간 만료일자 및 발급진행상황 알림 서비스는 국내 휴대전화만 가능합니다.
9. 무단으로 다른 사람의 서명을 하거나 거짓된 내용을 기재할 경우 「여권법」 등 관련 규정에 따라 처벌을 받게 되며, 여권명의인도 불이익을 받을 수 있습니다.
10. 여권발급을 위해 담당 공무원이 신청인의 병역관계 정보, 가족관계등록정보, 주민등록정보, 출입국정보, 장애인증명서 등을 확인해야 하는 경우 신청인은 관련 서류를 제출해야 하며, 담당 공무원이 행정정보 공동이용을 통해 이러한 정보를 확인하는 것에 동의하는 경우에는 해당 서류를 제출할 필요가 없습니다.
11. 단수여권과 여행증명서는 유효기간이 1년 이내로 제한됩니다. 단수여권으로는 발급지 기준 1회만 출・입국할 수 있으며, 여행증명서로는 표기된 국가만 여행할 수 있습니다.
12. 18세 미만인 사람은 법정대리인 동의서를 제출해야 하며, 유효기간 5년 이하의 여권만 발급받을 수 있습니다.
13. 여권 발급을 신청한 날부터 수령까지 처리기간은 근무일 기준 8일(국내 기준)입니다.
14. 발급된 지 6개월이 지나도록 찾아가지 않는 여권은 「여권법」에 따라 효력이 상실되며 발급 수수료도 반환되지 않습니다.
15. 여권은 해외에서 신원확인을 위해 매우 중요한 신분증이므로 이를 잘 보관하시기 바랍니다.
16. 여권을 잃어버린 경우에는 여권의 부정사용과 국제적 유통을 방지하기 위하여 여권사무 대행기관이나 재외공관에서, 또는 온라인으로 분실신고를 하시기 바랍니다. 분실신고가 된 여권은 되찾았다 하더라도 다시 사용할 수 없습니다.

로마자성명 기재 유의사항

1. 여권의 로마자성명은 해외에서 신원확인의 기준이 되며, 「여권법 시행령」에 따라 정정 또는 변경이 엄격히 제한되므로 신중하고 정확하게 기재해야 합니다.
2. 여권의 로마자성명은 가족관계등록부에 등록된 한글성명을 문화체육관광부장관이 정하여 고시하는 표기 방법에 따라 음절 단위로 음역(音譯)에 맞게 표기하며, 이름은 각 음절을 붙여서 표기하는 것을 원칙으로 하되 음절 사이에 붙임표(-)를 쓸 수 있습니다.
3. 여권을 처음 발급받는 경우 특별한 사유가 없을 때에는 이미 여권을 발급받아 사용 중인 가족(예:아버지)의 로마자 성(姓)과 일치시키기를

   권장합니다.
4. 여권의 로마자성명은 여권을 재발급받는 경우에도 동일하게 표기되며[배우자 성(姓) 표기 및 로마자성명 띄어쓰기 포함], 「여권법 시행령」 제3조의2제1항에 규정된 사유에 한정하여 예외적으로 정정 또는 변경할 수 있습니다.

처리절차

접 수	➔	심 사	➔	발 급	➔	여권 교부

210㎜×297㎜[백상지 120g/㎡]

보기 5.10 ▶ 법정대리인 동의서

■ 여권법 시행규칙 [별지 제1호의2서식] <개정 2020. 12. 21.>

법정대리인 동의서

신청인 (신고인) ※ 여권 명의인을 말합니다.	성명	주민등록번호
	주소	
동의 구분 ※ 해당하는 곳에 ☑표를 합니다	□ 여권발급 신청(「여권법 시행규칙」 제4조제5항)에 대한 동의	
	□ 여권 분실 신고(「여권법 시행규칙」 제11조제2항)에 대한 동의	
법정대리인 1	성명	주민등록번호
	주소	신청인(신고인)과의 관계
법정대리인 2	성명	주민등록번호
	주소	신청인(신고인)과의 관계

본인(들)은 신청인(신고인)의 법정대리인으로서 위의 동의 구분에 따른 신청(신고)에 동의합니다.

년 월 일

법정대리인(부모가 공동친권자인 경우는 공동친권자 중 대표자) (서명 날인)

외교부장관 귀하

유 의 사 항

법정대리인이 공동친권자인 경우 공동친권자인 부모 모두의 동의가 필요합니다. 동의 내용이 사실과 다를 경우 이에 대한 민・형사상 및 행정상 책임은 작성자에게 있음을 알려드립니다.

210㎜× 297㎜[백상지 80g/㎡]

보기 5.11 ▶ 국외여행 허가 신청서

■ 병역법 시행규칙 [별지 제132호서식] <개정 2021. 10. 14.>

병역의무자 국외여행(기간연장) 허가(취소) 신청서

※ 유의사항과 첨부서류를 확인하시고 작성하여 주시기 바랍니다. (앞쪽)

접수번호	접수일자	처리기간	국외여행허가 2일 국외여행기간연장허가 10일 국외여행(기간연장)허가 취소 1일

병역 의무자	성명		생년월일
	집 전화번호		휴대전화번호
	전자우편주소		
	주소	국내	
		국외	
병역사항 (허가기관 작성 사항)			대조
			확인
최초 허가 신청	당초 허가번호	제 호	
	여행기간	. . . ~ . . .(년 월 일간)	
	여행국명		여행목적
국외체류 중인 사람 기간연장 허가 신청	재외공관장 확인 : (인)		접수 및 확인번호
	최초 허가사항	여행 목적	여행국명
		병무청 허가번호	출국 연월일
		병무청 허가기간 20 . . . ~ 20 . . . (일간)	
	기간연장 허가 신청	체재목적	체재국명
		기간연장 요청기간 20 . . . ~ 20 . . . (일간)	
허가 취소	취소 사유(필요한 경우 작성):		

국내 가족사항 [(기간연장) 허가 신청하는 경우에만 작성]	성명	관계	주소	전화번호	전자우편주소

「병역법」 제70조제1항·제3항, 같은 법 시행령 제145조부터 제147조까지 및 제147조의2에 따라 위와 같이 [ ] 국외여행(기간연장)허가·[ ] 국외여행(기간연장)허가 취소를 신청합니다.

년 월 일

신청인 (서명 또는 인)

의무자와의 관계 :

○○지방병무청(병무지청)장 귀하

신청서 제출 시 별도의 수수료는 없습니다.

210㎜×297㎜[백상지 80g/㎡]

(뒤쪽)

첨부서류

구분	신청인 제출서류	담당 공무원 확인사항
국제경기(전지훈련을 포함한다) 및 해외공연에 참가하는 경우	문화체육관광부장관, 학교장, 대한체육회장 또는 소속 프로경기단체 법인의 추천서	없음
연수·견학 및 문화교류의 경우	해당 기관의 계획서 또는 허가서	없음
국외파견 및 국외출장의 경우	소속기관 또는 병역지정업체의 장의 국외출장 증명서 또는 파견명령서	없음
국외를 왕래하는 선박의 선원 및 항공기의 승무원의 경우	근로계약서	없음
국외취업의 경우	재외공관의 장이 확인한 취업증명서	없음
질병치료의 경우	병무용 진단서	없음
유학의 경우	입학허가서 또는 재학증명서	없음
국외이주의 경우	가족 거주사실 확인서	해외이주신고 확인서
그 밖에 병무청장이 필요하다고 인정하는 경우	출국목적을 확인할 수 있는 서류	없음

행정정보 공동이용 동의서

본인은 이 건 업무처리와 관련하여 담당 공무원이 「전자정부법」 제36조제1항에 따른 행정정보의 공동이용을 통하여 위의 담당 공무원 확인사항을 확인하는 것에 동의합니다. * 이용수수료는 없으며 동의하지 않는 경우 신청인이 직접 관련 서류를 제출해야 합니다.

신청인 (서명 또는 인)

유의사항

□ 국외여행허가 의무 위반자에 대한 조치

◦ 「병역법」 제70조에 따라 국외여행(기간연장) 허가를 받아야 하는 사람이 이를 위반한 경우 같은 법 제76조제5항 및 제94조, 같은 법 시행령 제145조제4항제3호에 따라 다음과 같이 형사처벌 및 제재를 받게 됩니다.

◦ 형사처벌

- 병역의무를 기피하거나 감면받을 목적으로 「병역법」 제70조제1항 또는 제3항에 따른 허가를 받지 않고 출국한 사람 또는 국외에 체류하고 있는 사람은 1년 이상 5년 이하의 징역에 처함.
- 「병역법」 제70조제1항 또는 제3항에 따른 허가를 받지 아니하고 출국한 사람, 국외에 체류하고 있는 사람 또는 정당한 사유 없이 허가된 기간에 귀국하지 않은 사람은 3년 이하의 징역에 처함.

◦ 제재내역

- 공무원 및 임직원의 임용 및 관허업의 인허가 등 제한(40세까지)
- 국외여행허가의 제한

◦ 인적사항 등의 공개

- 「병역법」 제81조의2에 따라 인적사항과 병역의무 미이행 사항 등을 병무청 누리집(홈페이지)에 공개함.

신청서 처리 절차

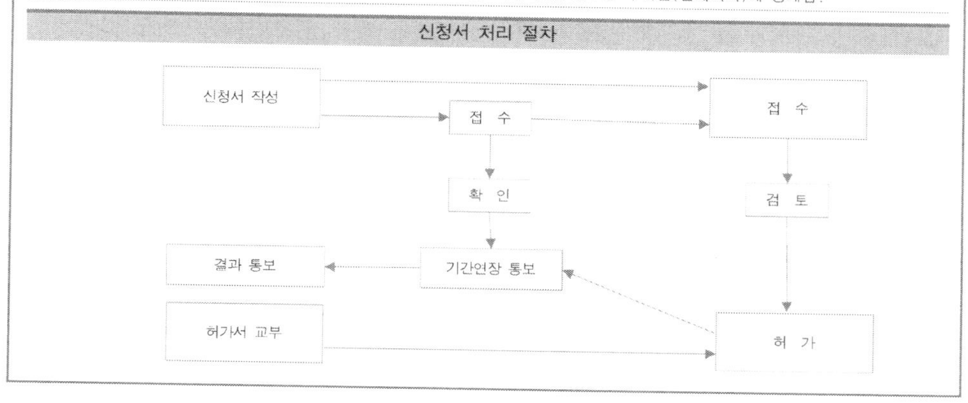

보기 5.12 ▸ **국외여행허가서**

★란 여행기간은 기록하지 마세요

허가번호		국외여행허가서			
성 명	(한자)			주민등록 번 호	
주 소					
역 종		계급		군번	
여행목적					
★ 여행기간	200 년 월 일 부터 200 년 월 일 까지 (년 월 일간)				
여행목적지					
비 고					

병역법 제70조 규정에 의하여 위와 같이 허가합니다.

200 . . .

대구 · 경북지방병무청장

보기 5.13 ▶ 여권 기재사항변경 신청서

■ 여권법 시행규칙 [별지 제5호서식] <개정 2023. 2. 28.>

전자여권용

여권 기재사항변경 신청서

※ 검은색 펜으로 색깔있는 부분에만 적습니다.

신청종류		□ 구 여권번호 기재 □ 출생지 기재 ※ 해당란에 [√] 표시를 합니다.
신청자 정보	한글성명	
	여권번호	
	발급일자	년 월 일
	주 소	
	전화번호	
신청 내용	구 여권번호	
	출 생 지	(시/군 단위)

위의 기재한 내용은 사실과 다름이 없으며, 「여권법」 제15조 및 같은 법 시행령 제22조에 따라 여권 기재사항 변경을 신청합니다.

년 월 일

신청인(여권 명의인) (서명 또는 인)

외 교 부 장 관 귀 하

행정정보 공동이용 동의서

본인은 이 건의 업무처리와 관련하여 담당 공무원이 「전자정부법」 제36조제1항에 따른 행정정보의 공동이용 등을 통하여 주민등록 등·초본 또는 가족관계등록부를 확인하는 것에 동의합니다.

* 동의하지 않는 경우에는 신청인이 직접 관련 서류(가족관계등록부를 확인해야 하는 경우에는 기본증명서를 말합니다)를 제출해야 합니다.

년 월 일

신청인(여권 명의인) (서명 또는 인)

제 출 서 류	기재사항변경 신청인 본인의 유효한 여권을 제출해주시기 바랍니다.

접수 담당자 기재란	접수번호				(영수확인)
	특이사항				
	심 사 란	접 수 자	심 사 자	발 급 자	

처 리 절 차

접 수 → 심 사 → 처 리 → 여권 교부

210mm×297mm[백상지 80g/㎡]

보기 5.14 ▸ 여권 로마자성명 변경 신청서

여권 로마자성명 변경 신청서

【기존여권 정보】 ※ 정확한 정보를 알 수 없는 경우, 접수담당자에게 문의하시기 바랍니다.

여권번호		발 급 일	
성명(한글)		기간만료일	
로마자성명			

【로마자성명 변경 정보】

변경 로마자성명	
변경사유 (상세기술)	※ (예시) 배우자의 로마자 성 삭제 희망

본인은 상기와 같은 사유로 「여권법 시행령」 제3조의2에 따른 여권 로마자성명 변경을 신청합니다.

<행정정보 공동이용 동의> 본인은 로마자성명 변경 심사 등 업무 처리를 위해 담당공무원이 행정정보 공동이용을 통해 「출입국관리법」에 따른 출입국전산정보자료를 확인하는 것에 동의합니다. ⇨ □ 동의함 □ 동의하지 않음 (해당사항에 √ 표시)

※ 동의하지 않는 경우에는 신청인이 출입국사실증명서를 제출해야 합니다.

년 월 일

신청인 ____________ (서명 또는 날인)

외 교 부 장 관 귀하

[제출서류] 로마자성명 변경사유를 증명하는 서류

보기 5.15 ▶ 여권 분실 신고서

■ 여권법 시행규칙[별지 제2호서식] <개정 2019. 6. 12.>

여권 분실 신고서

※ 색상이 어두운 칸은 신고인이 적지 않으며, [ ]에는 해당되는 곳에 √표를 합니다.
※ 뒤쪽 유의사항을 확인하시고 작성하여 주시기 바랍니다. (앞쪽)

접수번호	접수일시	처리기간 즉시	
신고인	성명(한글)	주민등록번호	
	주소		
	전화번호	휴대전화	
대리인 (대리 신고의 경우에만 작성합니다)	성명(한글)	주민등록번호	
	신고인과의 관계		
여권 정보	여권 번호	발급일	기간 만료일

분실경위	일시(추정)	년 월 일 시		
	장소(추정)	국가		
		도시		
		세부주소		
		건물 등 세부장소		
	분실 사유	[ ] 본인 분실	[ ] 절도·강도 등 범죄피해	
	상세내용			
	분실 후 조치사항			
	당시 목격자 (목격자가 있는 경우에만 적습니다)	이름	관계	연락처
	분실 사유에 대한 증명자료	※ 제출 가능한 자료가 있는 경우에만 적습니다.		
	최근 5년간 여권 분실 횟수 및 경위	[ ] 1회	[ ] 2회	[ ] 기타(회)
		첫 번째 분실		
		두 번째 분실		
		그 밖의 추가 분실		

210㎜× 297㎜[백상지 80g/㎡]

(뒤쪽)

이 신고서에 기재한 내용은 사실이며, 「여권법 시행령」 제20조제1항에 따라 여권의 분실을 신고합니다.

년 월 일

신고인(대리인) (서명 또는 인)

외교부장관 귀하

신고인 제출서류	1. 법정대리인 동의서(18세 미만인 사람이 여권 분실 신고를 할 경우에만 제출합니다) 2. 분실 사유를 증명할 수 있는 자료(해당 자료가 있는 경우에만 제출합니다)	수수료 없음
대리인 제출서류	1. 신고인의 신분증 사본 1부 2. 위임장 1부 3. 다음 각 목의 서류 중에서 대리관계 및 그 사유를 증명할 수 있는 서류 1부 가. 「가족관계의 등록 등에 관한 법률」에 따른 가족관계기록사항에 관한 증명서(담당 공무원이 행정정보의 공동이용을 통하여 해당 서류에 관한 정보를 확인하는 데 동의하지 않는 경우에만 제출합니다) 나. 친족관계에 관한 법원의 결정문 다. 전문의의 진단서나 소견서(본인이 직접 신고할 수 없을 정도의 신체적·정신적 질병, 장애나 사고 등으로 인하여 외교부장관이 대리인에 의한 여권 분실 신고가 특별히 필요하다고 인정하는 경우에만 제출합니다)	
담당공무원 확인사항	가족관계기록사항에 관한 증명서	

행정정보 공동이용 동의서

본인은 이 건 업무 처리와 관련하여 담당 공무원이 「전자정부법」 제36조제1항에 따른 행정정보의 공동이용을 통하여 「가족관계의 등록 등에 관한 법률」에 따른 가족관계기록사항에 관한 증명서를 확인하는 것에 동의합니다.

* 동의하지 않는 경우에는 관련 서류를 직접 제출해야 합니다.

신고인(대리인) (서명 또는 인)

유의사항

1. 이번 여권 분실 신고는 "최근 5년간 여권 분실 횟수 및 경위"란의 분실 횟수 및 경위에 포함하지 않습니다.
2. 「여권법」 제13조제1항제3호에 따라 분실을 신고한 시점부터 여권의 효력이 상실되어 추후에 다시 찾게 되더라도 사용할 수 없으며, 분실신고 또한 취소되지 않음을 유의하기 바랍니다.
3. 「여권법 시행령」 제6조제2항제6호에 따라 여권 분실 후 재발급 신청 시 분실 횟수에 따른 유효기간의 제한(2년 또는 5년)이 있을 수 있습니다.
4. 「여권법」 제11조제2항제1호 및 제2호에 따라 여권 분실 후 재발급을 신청하는 경우로서 재발급 신청일 전 5년 이내에 2회 이상 여권을 분실한 경우 또는 여권을 잃어버리게 된 경위를 정확하게 기재하지 않거나 그 경위를 의심할 만한 상당한 이유가 있는 경우에는 관계 기관을 통해 여권을 잃어버리게 된 경위 등에 대한 확인이 있을 수 있습니다.

처 리 절 차

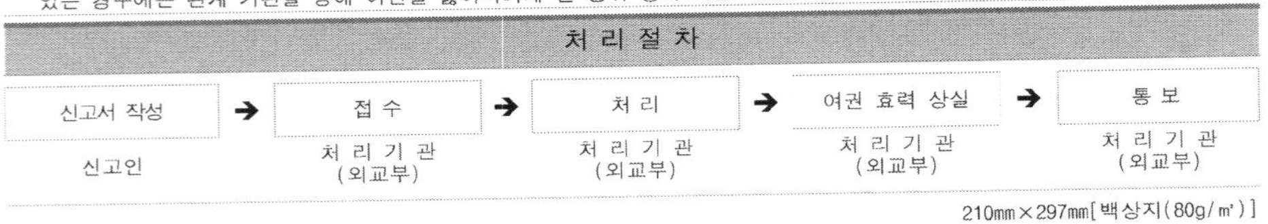

210mm×297mm[백상지(80g/㎡)]

보기 5.16 ▶ 긴급여권 발급신청 사유서

■ 여권법 시행규칙 [별지 제1호의3서식]

긴급여권 발급신청 사유서

※ [ ]에는 해당되는 곳에 √표시를 합니다.

성명	
여행목적	[ ] 친족의 사망/질병/부상 등 인도적 사유 [ ] 출장 [ ] 여행 [ ] 기타
발급사유	[ ] 여권 유효기간 만료 [ ] 여권 유효기간 부족 [ ] 여권 분실·도난 [ ] 여권 미소지 [ ] 여권 훼손 [ ] 여권 신규발급 [ ] 행정 착오로 인한 여권 재발급 [ ] 기타
여행 국가 또는 지역	
여행기간	년 월 일 ~ 년 월 일
긴급한 사유 (상세기술)	

「여권법 시행령」 제14조제2호 및 같은 법 시행규칙 제4조제7항에 따라 위와 같이 긴급여권 신청 사유를 제출하며, 기재한 내용이 사실과 다름이 없음을 확인합니다.

※ 「여권법」 제24조(벌칙): 이 법 제16조제1호를 위반하여 여권 등의 발급이나 재발급을 받기 위하여 제출한 서류에 거짓된 사실을 적은 사람, 그 밖의 부정한 방법으로 여권 등의 발급, 재발급을 받은 사람이나 이를 알선한 사람은 3년 이하의 징역 또는 3천만원 이하의 벌금에 처한다.

년 월 일

신청인(또는 대리인) ____________ (서명 또는 날인)

외교부장관 귀하

처리절차						
작 성	→	접 수	→	처 리	→	발 급

210㎜ × 297㎜[백상지 80g/㎡]

제6장 비자 수속

1. 비자의 개요
2. 국가별 비자 수속의 실제

제6장 비자(VISA) 수속

1. 비자의 개요

1) 비자의 개념

국가간의 이동에 있어서 가장 필수적인 서류는 여권과 비자(사증)이다. 여권이 어느 국적을 보유하고 있는지를 증명하는 일종의 신분증명서라면, 비자란 다른 국적의 국민에 대해 자국에 입국할 수 있도록 허가해 주는 일종의 입국허가서를 말한다.

즉 비자(사증)는 방문국 해외공관(대사관 또는 영사관)이 방문자가 소지한 여권의 유효성과 방문자의 자국에의 입국 및 체재에 대한 타당성을 심사하여 발급하는 자국 입국허가증으로, 통상 여권의 비자란에 스탬프를 찍거나 스티커를 부착하는 형태로 발급받게 된다.

비자 관련 유의사항!

일반적으로 비자가 발급되면 입국이 허가되나, 비자의 발급이 방문국 입국을 절대적으로 보증하는 것은 아니라는 점에 유의해야 한다. 즉 비자는 발급국이 여행자를 일단 입국 내지 통과시켜도 좋다고 인정한 사실에 지나지 않고 최종 입국의 허가여부는 입국시 출입국 담당심사관이 결정하기 때문에 비자소지자라 하더라도 자국에 피해를 입힐 경우라고 판단되면 입국을 거부하거나 비자기간과 동일한 체류기간을 허가하지 않을 수 있음을 유의해야 한다.

2) 비자의 종류

비자의 종류는 국가에 따라 다소의 차이가 있지만 일반적인 기준에 의한 분류는 다음과 같다.

(1) 입국목적에 따른 분류

① 입국비자(Entry Visa)

상대국을 여행목적지로 하여 입국하는 경우 교부되는 비자로서 구체적인 방문목적에 따라 대체로 다음과 같이 구분할 수 있다.

- **관광비자**(tourist visa) : 관광이나 친지방문 등 사업활동을 하지 않는 단순목적의 여행자에게 발급하는 비자
- **상용비자**(commercial visa) : 사업차 일시적으로 방문하는 상용목적의 입국자에게 발급하는 비자
- **유학비자**(study visa) : 수학이나 연구의 목적으로 장기체류를 요구하는 입국자에게 발급하는 비자로 수학이나 연구 이외의 활동을 할 수 없다.
- **취업비자**(employment visa) : 단기 또는 장기 취업목적으로 입국하는 자에게 발급하는 비자
- **이민비자**(emigration visa) : 영주를 목적으로 입국하는 자에게 발급하는 비자

② 통과 또는 경유비자(Transit Visa)

제3국으로 향하는 과정에서 경유 또는 통과의 목적으로 도중 경유지에 들리는 경우 해당 경유국에서 단기간 또는 72시간 이내의 체류를 허락하여 발급해주는 비자이다. 통과비자는 방문지의 공항에 있는 Transit Visa Counter에서 발급한다.

(2) 사용횟수에 따른 분류

① 단수비자(Single Visa)

유효기간 내에서 단 1회에 한하여 입국이 허가되는 비자이다. 다음에 다시 해당 국가를 방문할 경우 비자도 다시 발급받아야 한다.

② **복수비자**(Multiple Visa)

유효기간 동안 횟수에 관계없이 입국할 수 있는 비자이다. 즉 한 번 비자를 발급받으면 유한기간까지는 입국횟수에 상관없이 계속 사용이 가능한 비자를 말한다. 세계 각국들은 자국의 관광산업 활성화를 위해 복수비자 발급대상 국가를 확대하고 있는 추세이다.

(3) 소지하고 있는 여권유형에 따른 분류

① **일반비자**(General Visa)

일반비자는 개인적 여행의 일반여권 소지자에게 발급하는 비자이다.

② **공용비자**(Official Visa)

공용비자는 공무로 여행하는 관용여권 소지자에게 발급하는 비자이다.

③ **외교비자**(Diplomatic Visa)

외교비자는 외교업무 목적의 외교관여권 소지자에게 발급하는 비자이다.

3) 비자면제제도

국가간 이동을 위해서는 원칙적으로 비자(입국허가)가 필요하다. 비자를 받기 위해서는 상대국 대사관이나 영사관을 방문하여 방문국가가 요청하는 서류 및 비자 수수료를 지불해야 하며, 경우에 따라서는 인터뷰도 거쳐야 한다. 비자면제제도란 이런 번거로움을 없애기 위해 국가간 협정이나 일방 혹은 상호 조치에 의해 비자 없이 상대국에 입국할 수 있는 제도로, 관광, 방문, 경유 등 비영리적 목적일 때 적용된다. 즉 비자는 입국허가의 기본요건으로 입국하고자 하는 외국인은 원칙적으로 비자를 소지하여야 하지만, 자국민의 여행편의를 도모하고 자국의 관광산업을 확대 발전시키기 위해 순수 관광목적의 여행자에 대하여 국가간 상호 비자의 발급을 면제하는 것이다.

세계 각국은 자국 국민들의 여행편의를 도모하기 위해 국가간 비자면제제도를 통해 직업에 관련된 자나 영리활동에 종사하는 자 등을 제외한 일반 여행자에 대해서는 비자 없이도 자유로운 입국을 허용하고 있으며, 우리나라의 경우에도 비자 없이 입국할 수 있는 국가가 확산 추세에 있다. 그렇지만 외교관계의 변화에 따라 다시 비자를 발급받아야 하는 경우도 있고, 비자면제는 체제기간을 제한하기 때문에 방문국의 최신 동향과 입국절차에 관련한 정보 등을 항상 사전에 반드시 확인하여야 한다.[1]

TWOV(Transit Without Visa)

모든 국가들은 자국민 외 외국인에 대해서는 자국 입국 시 허가를 받도록 하고 있고, 이 허가의 표시가 바로 비자이다. 하지만 해당 국가를 방문하려는 것이 아닌 제 3국으로 가기 위한 단순 통과(환승)인 경우 입국허가, 즉 비자를 요구하지 않는 경우가 있는데 이 형태를 TWOV(무비자 통과)라고 한다. 즉 목적지가 제3국인 통과여행자의 항공기 연결 등을 위해 정식 비자를 받지 않았더라도 여행자가 일정한 조건을 갖추고 있으면 입국 및 일시적 체류를 허가하는 제도인데, 그 조건으로는 제3국(최종 목적지)으로 가는 항공권을 소지해야 한다.

헨리 여권 지수(Henley passport index)

헨리 여권 지수란 국제교류 전문업체 헨리&파트너스가 국제항공운송협회(IATA)의 글로벌 여행 정보 자료를 바탕으로 특정 국가의 여권 소지자가 무비자로 방문할 수 있는 국가가 얼마나 되는지 합산해 2006년부터 산출하고 있는 지수를 말한다. 즉 특정 국가의 여권을 소지했을 때 무비자로 쉽게 입국이 가능한 국가의 개수를 합산해 산출한 여권 파워 지수 순위이다. 우리나라는 수년째 최상위권에 포진해 있는데, 2024년 1분기 기준 2위로 강력한 여권 파워 국가의 위상을 갖고 있다. (자국을 제외한 전 세계 226개 목적지 중 2022년 192개국, 2023년 193개국을 비자 없이 입국 가능함)

4) 셍겐협약

셍겐협약(Schengen Agreement)은 유럽지역 27개 국가들이 여행과 통행의 편의를 위해 체결한 협약으로서, 셍겐협약 가입국을 여행할 때는 마치 국경이 없는 한 국가를 여행하는 것처럼 자유로이 이동할 수 있다.

셍겐협약에 가입한 27개 국가는 그리스, 네덜란드, 노르웨이, 덴마크, 독일, 라트비아, 룩셈부르크, 리투아니아, 리히텐슈타인, 몰타, 벨기에, 스위스, 스웨덴, 스페인, 슬로바키아, 슬로베니아, 아이슬란드, 에스토니아, 오스트리아, 이탈리아, 체코, 포르투갈, 폴란드, 프랑스, 핀란드, 크로아티아, 헝가리이다.

1) 기본적으로 개인의 비자취득은 각 나라의 주권사항이므로 반드시 해당 주한대사관에 직접 문의해 보아야 한다.

셍겐협약에 가입국가에서 비셍겐국가 국민이 체류할 수 있는 기간은 셍겐국가 최종 출국일(단속일) 기준으로 이전 180일 이내 90일간 셍겐국 내 무비자 여행이 가능하다. 최장 체류 가능일 수인 90일은 셍겐국 내에서 여행하였던 모든 기간(이전 출국일과 입국일 포함)을 합산하며, 출국 시 마다 이전 180일 기간 중 체류일을 출국일을 기준으로 출국심사관이 계산한다. 예를 들면 1월 1일부터 6월 29일까지 180일 기간 중 90일간 체류하고, 6월 30일 재입국하여 9월 27일에 셍겐국을 출국하는 경우(90일 체류), 출국일 9월 27일 기준 역산하여 이전 180일(3월 31일~9월 27일) 기간 동안 체류일수를 계산하게 되므로 3월 31일~6월 29일 사이의 체류시 셍겐협정 위반이다. 또한 출국 예상일을 기준으로 여권의 유효기간이 3개월 이상 남아 있어야 한다.

셍겐협약 가입국 여행 시 유의사항은 유럽지역 내에서는 별도의 출입국 심사가 없기 때문에 체류사실이 여권상에 표기되지 않는다는 것이다. 따라서 체류사실 증명자료인 체류허가서/교통/숙박/신용카드 영수증 및 관련 서류 등을 반드시 여행이 끝날 때까지 보관하고 여행 중 및 출국 시 휴대해야 한다. 셍겐협약 내 규정된 기간(최종 출국일(단속일)로부터 이전 180일 이내 90일)보다 체류기간이 초과된 경우, 향후 셍겐국가 입국 시 불이익을 받을 수 있다. 따라서 허용기간 안에 여행을 마칠 수 있도록 적절히 계획을 세우는 게 좋다.

요컨대 셍겐 회원국 외의 국민은 셍겐조약 가입국에 입국하고자 할 경우 처음 입국한 국가에서만 심사를 받고, 일단 역내에 들어서면 6개월 이내 최대 90일까지 회원국의 국경을 자유롭게 넘나들 수 있다. 따라서 첫 입국일을 기준으로 하여 6개월(180일) 이내 최대 90일을 초과하면 셍겐 조약국 내의 입국이 허용되지 않으므로, 해당 국가의 비자를 받아야 한다.

5) 워킹홀리데이

워킹홀리데이(Working Holiday)는 협정 체결국 청년들이 상대방 체결국을 방문하여 일정기간 동안 여행, 어학연수, 취업 등을 하면서 그 나라의 문화와 생활을 체험할 수 있는 제도이다. 즉 워킹홀리데이 비자는 해당 국가 및 지역에 체류하는 동안 여행과 일을 할 수 있는 '관광취업비자'로서 현지에서 관광 경비 조달을 위해 합법적으로 임시 취업을 할 수 있도록 허용하는 비자이다.

우리나라는 현재 23개 국가와 워킹홀리데이 협정을 체결하고 있고 영국과는 청년교류제도(YMS) 협정을 체결하고 있다. 워킹홀리데이 협정을 맺은 국가는 네덜란드, 뉴질랜드, 대만, 덴마크, 독일, 벨기에, 스웨덴, 아일랜드, 오스트리아, 이스라엘, 이탈리아, 일본, 체코, 칠레, 캐나다, 포르투갈, 프랑스, 헝가리, 호주, 홍콩, 스페인, 아르헨티아, 폴란드이다.

워킹홀리데이 비자를 통해 상대방 국가 및 지역 방문시 통상 12개월 동안 체류가 가능하고, 호주 같은 경우 특정 업무에 일정기간 동안 종사할 경우 추가로 12개월 연장해서 체류할 수 있는 비자를 발급해 준다. 참가자 쿼터는 우리나라와 협정을 맺은 국가별로 차이가 있다. 참가자가 무제한인 국가도 있지만 최대 100명만 참가할 수 있는 국가도 있다.

워킹홀리데이 참가자격은 대부분 18~30세의 청년, 부양가족이 없고, 신체가 건강하며, 범죄경력이 없어야 하는 것 등을 자격조건으로 두고 있지만, 언어 능력으로 참가자격의 제한을 두고 있지는 않다.

워킹홀리데이 비자와 여타 비자와의 차이점은 워킹홀리데이 비자는 각 국가별로 평생 단 한번만 받을 수 있는 비자라는 것이며, 학생비자나 관광비자와 같이 어학연수와 관광도 할 수 있으면서 합법적으로 단기취업 가능한 비자이다.

6) 비자신청의 전제

비자는 유효한 여권을 소지한 여행자에게 교부되므로 비자신청은 당연히 여권취득이 전제조건이 된다.

또한 입국시는 물론 비자신청시에 일정기간(국가별로 통상 3~6개월) 이상의 유효기간이 남아있는 여권을 요구하는 국가들이 많으므로, 비자신청시 또는 입국시 해당국가별로 요구하는 여권의 잔여 유효기간을 반드시 확인해야만 한다.

7) 비자의 기재사항

비자의 양식은 국가별로 차이가 있지만, 일반적인 기재내용은 다음과 같다.

- 비자번호

- 발급국가의 고유한 문장표시
- 비자 발급 대상자의 인적사항(성명, 성별, 생년월일, 국적 등)
- 비자의 종류(관광, 상용, 취업 등의 입국목적)
- 비자의 발급일 및 만료일(유효기간)
- 단수 또는 복수의 구분
- 체재기간

보기 6.1 ▶ **중국 비자의 실례**

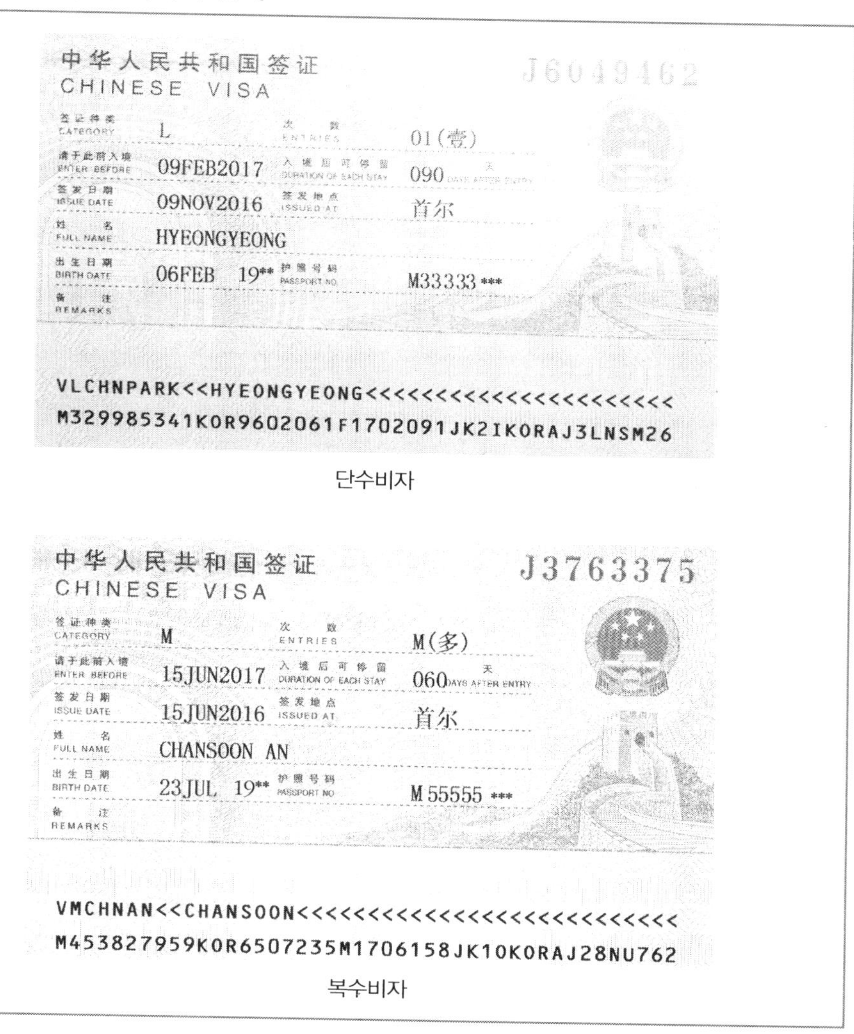

中华人民共和国签证
CHINESE VISA
J6049462

签证种类 CATEGORY L
次数 ENTRIES 01(壹)
请于此前入境 ENTER BEFORE 09FEB2017
入境后可停留 DURATION OF EACH STAY 090 天 DAYS AFTER ENTRY
签发日期 ISSUE DATE 09NOV2016
签发地点 ISSUED AT 首尔
姓名 FULL NAME HYEONGYEONG
出生日期 BIRTH DATE 06FEB 19**
护照号码 PASSPORT NO M33333 ***
备注 REMARKS

VLCHNPARK<<HYEONGYEONG<<<<<<<<<<<<<<<<<<<<<<<<
M329985341KOR9602061F1702091JK2IKORAJ3LNSM26

단수비자

中华人民共和国签证
CHINESE VISA
J3763375

签证种类 CATEGORY M
次数 ENTRIES M(多)
请于此前入境 ENTER BEFORE 15JUN2017
入境后可停留 DURATION OF EACH STAY 060 天 DAYS AFTER ENTRY
签发日期 ISSUE DATE 15JUN2016
签发地点 ISSUED AT 首尔
姓名 FULL NAME CHANSOON AN
出生日期 BIRTH DATE 23JUL 19**
护照号码 PASSPORT NO M 55555 ***
备注 REMARKS

VMCHNAN<<CHANSOON<<<<<<<<<<<<<<<<<<<<<<<<<<<<<
M453827959KOR6507235M1706158JK10KORAJ28NU762

복수비자

보기 6.2 ▶ **미국 비자의 예 및 읽는 법**

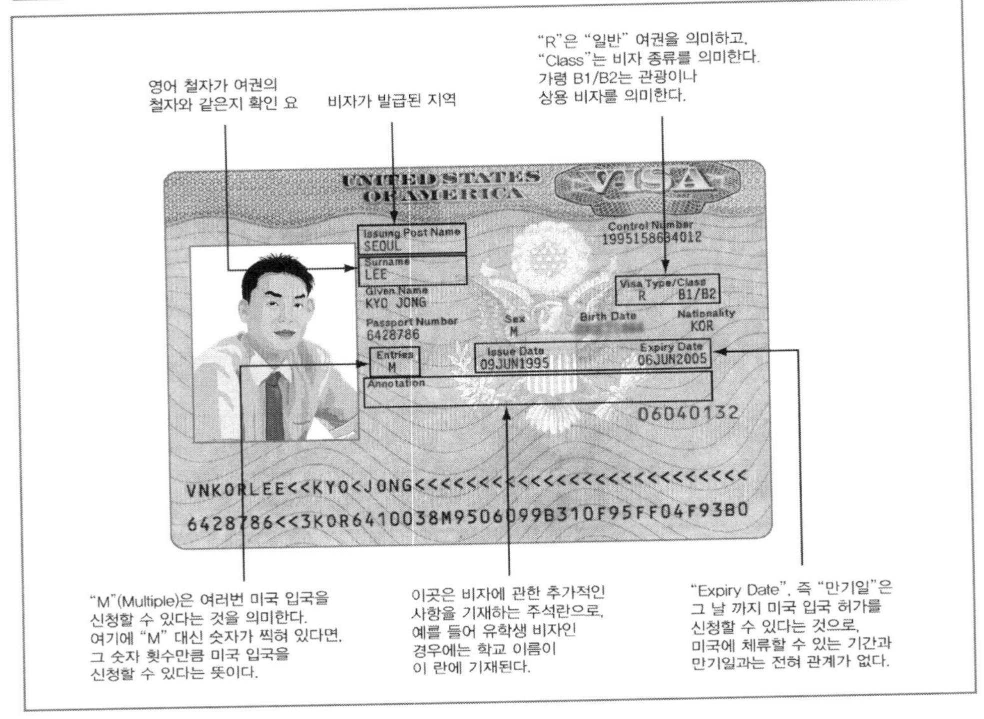

자료 : 미국대사관 홈페이지 참조

2. 국가별 비자 수속의 실제

방문하는 국가의 비자가 필요한 경우에는 주한영사관(대사관 · 공사관 포함)에 신청을 하면 되고, 영사관이 개설되어 있지 않은 경우에는 인접지역 국가의 자국 영사업무를 관할하는 공관에 신청하면 된다.

비자의 신청수속에 필요한 서류는 국가마다 천차만별이고, 비자의 종류에 따라서도 다르다. 게다가 같은 나라의 영사관이라 해도 소재지에 따라 다를 경우도 있다.

비자신청시에 일반적으로 필요한 서류는 비자발급신청서와 사진이다. 비자신청서의 경우에 각국이 독자적 양식을 정해 사용하고 있으며, 동일국가라 하더라도 여행목적, 체재기간 등에 따라 양식과 종이색깔이 다른 경우도 있다. 이외에도 나라에 따라 초청장, 이력서, 항공권원본, 재직증명서, 갑근세 납세증명원, 소득금액증명(세무서), 직장의료보험증사본 또는 확인원(직장의료보험증이 없을 경우 국민연금가입내역서), 사업자등록증명원, 성적증명서, 에이즈미감염증명서 등을 요구하기도 한다.

아래에서는 중국을 비롯해 우리나라 여행자의 방문율이 높은 주요 국가들의 비자수속과 관련된 내용을 국가별로 살펴보고자 한다.

1) 중국

(1) 중국 비자의 종류

우리나라는 아직까지 중국과 비자면제협정을 체결하지 않아 관광목적으로도 입국하기 위해서는 비자가 필요하다. 중국 비자는 방문목적에 따라 〈표 6.1〉과 같이 나누어진다.

[표 6.1] 중국 비자의 종류

비자 종류		신청인의 범위
C		승무, 항공, 해운업에 종사하는 국제열차 승무원, 국제항공기 직원, 국제항해선박 선원 및 선원과 동반한 가족, 국제도로운송업에 종사하는 운전기사
D		중국에서 영구 거류하고자 하는 자
F		중국에서 교류, 방문, 답사 활동 등을 하려는 자
G		중국을 경유하려는 자
J	J1	중국에서 상주(180일 이상 체류)하는 외국 언론기관의 특파원
	J2	취재 · 보도를 목적으로 단기 입국(180일 이내 체류)하는 외국 언론기관의 기자
L		중국에서 여행을 하려는 자
M		중국에서 상업무역활동을 하려는 자
Q	Q1	가족과 동거하기 위해 중국에서의 거류를 신청하려는 - 중국국민의 가족 구성원 - 중국 영구거류자격을 보유한 외국인 가족 구성원 - 위탁양육 등의 사유로 거류하고자 하는 자
	Q2	중국에서 단기간(180일 이하) 친지를 방문하고자 하는 자 - 중국 국내에서 거주하는 중국 국민을 방문하려는 가족 - 중국 영주권을 보유한 외국인을 방문하려는 가족
R		중국 정부가 필요로 하는 외국 고급 인재 및 인재 충원을 위해 초빙하는 전문가
S	S1	취업, 유학 등의 사유로 중국에 거류 중인 외국인의 가족 구성원 및 기타 개인 사정으로 중국에서의 거류가 필요한 자로서 중국에 장기간(180일 초과) 방문하려는 자
	S2	취업, 유학 등의 사유로 중국에 거류 중인 외국인의 가족 구성원 및 기타 개인 사정으로 중국에서의 체류가 필요한 자로서 중국에 단기간(180일 이내) 방문하려는 자
X	X1	중국에서 장기간(180일 초과) 유학하려는 자
	X2	중국에서 단기간(180일 이하) 유학하려는 자
Z		중국에서 취업하려는 자

자료: 주한 중국대사관 홈페이지

관광으로 중국을 방문하고자 하는 사람에게 적용되는 비자는 'L'비자이다. 여행을 중국어로 하면 'LU XIING(뤼싱)'이라 하는데, 이 한어 병음의 앞 글자 'L'을 따서 관광비자를 중국에서는 'L'비자라고 부른다. 'L'비자의 종류는 입국가능 횟수, 체재기간, 유효기간 등에 따라 〈표 6.2〉와 같이 여러 가지 종류로 나누어진다.

[표 6.2] L비자의 종류

구분	체류기간	유효기간
1회에 한하여 사용(단수비자)	30일, 60일, 90일	3개월
두 번 입국 가능(더블비자)	1회 입국시 30일	6개월
복수비자[2]	1회 입국시 30일	1년

(2) 비자 신청 절차

중국비자는 2014년 1월부터 그동안 중국대사관 영사부에서 맡아 처리한 비자 업무를 중국비자신청센터에서 대행하여 운영하게 되었다. 그 결과 이제는 모든 여행사를 통해 비자신청이 가능할 뿐만 아니라 비자신청센터에 개인이 직접 방문해서 신청해도 된다.

비자신청센터가 설립된 배경은 중국 방문 비자의 신청량이 급속히 증가하여 업무가 폭주됨에 따라 양국간의 왕래를 편리하게 하고 비자 서비스의 질을 개선하기 위함이라 할 수 있다. 비자신청센터는 중국 대사관 및 영사관의 하부 기관이 아니며, 공공기관도 아니다. 비자신청센터는 주재국의 법률에 따라 등록하고 운영되는 서비스성 상업 기관이며, 중국 대사관 및 영사관의 허가를 받아 중국 비자신청과 관련된 사무를 보는 서비스 기관이다. 현재 우리나라에 위치한 중국 비자신청센터는 총 5곳으로 서울(2곳), 부산, 광주, 제주에 개설되어 있다.

한편 중국 비자의 경우 2020년 8월 1일부터 온라인 비자신청서와 온라인 예약 시스템을 도입하였다. 이에 따른 중국 비자의 신청 절차는 다음과 같다.

① 중국 비자신청 서비스센터의 웹사이트(https://www.visaforchina.org)에 접속하여 온라인 신청서를 작성하고, 확인페이지와 신청서를 출력한 다음 확인페이지와 신청서 9번째 항목에 모두 서명을 한다.

2) 2회 이상 중국 다녀온 기록 있을 경우 신청 가능

② 비자신청센터에 신청서류 제출 시간을 온라인으로 예약하고, 비자예약 확인서를 출력한다.

③ 예약 시간에 본인이 직접 중국 비자신청센터를 방문하여 지문등록 및 서류를 제출한다.

④ 심사 후 발급된 여권을 신청센터를 방문하여 직접 수령 또는 우편으로 수령한다.

다만, 다음과 같은 경우 온라인 신청서만 작성하고 출력한 후 예약 없이 직접 주한중국대사관이나 총영사관에 신청 서류를 제출하면 된다.

- 한국 외교관여권 및 관용여권 소지자
- 한국 일반여권 소지자로 한국 외교부에서 발급한 비자노트를 소지한 자
- 주한 외국공관, 한국 주재 국제기구 대표처 직원과 가족
- 한국 국회의원
- 긴급한 상황에 처한 자(예: 상을 당했거나 중환자를 방문하기 위한 경우 등)

(3) 비자 신청 서류

중국 관광비자 신청 구비서류는 다음과 같다.

① 여권

- 신청일로부터 유효기간이 6개월 이상 남아 있고, 빈 사증면이 있는 여권 원본
- 여권사진과 인적 사항을 확인할 수 있는 여권 정보면 복사본 1부

② 온라인으로 작성한 비자신청서[3] 및 비자예약확인서

- 신청서 작성시 증명사진이 통과되지 않은 경우 종이사진 1장 제출

③ 다음 a, b 중 하나 제출

a. 왕복비행기표 예약확인서 및 호텔예약확인서 등 관광스케줄 관련 서류

b. 중국 국내 기관 혹은 개인이 작성한 초청장[4]: 초청장은 반드시 아래 사항 포함

- 피초청인의 개인정보 : 성명, 성별, 생년월일 등

---

3) 온라인 비자신청서와 온라인 예약시스템 도입 후 원칙상 이전과 같은 수기 신청서는 더 이상 받지 않음

4) 개인이 작성한 초청장은 초청인의 신분증 사본을 첨부해야 함

- 피초청인의 관광스케줄 정보 : 중국 입 · 출국 예정일, 방문지역 등
- 초청기관 및 초청인 정보 : 초청기관 명칭 또는 초청인의 성명, 연락처, 주소, 기관 도장, 법정대표 혹은 초청인의 서명 등

(4) 비자 발급비용 및 처리기간

중국 비자의 경우 처리기간에 따라 발급비용이 달라지는데, 그 종류는 아래 〈표 6.3〉과 같다.

[표 6.3] 비자발급 처리기간

구분	처리기간
보통 서비스	주중업무일 기준으로 4일
급행 서비스	주중업무일 기준으로 3일
특급 서비스	주중업무일 기준으로 2일

처리기간별 중국 비자발급 수수료는 아래 〈표 6.4〉와 같다. 비자신청센터에 신청할 경우 신청인이 납부하는 총비용은 아래 중국대사관의 비자수수료에 비자신청센터의 신청서비스 수수료가 더해진 비용이다.

[표 6.4] 중국 비자발급 수수료

(단위 : 원)

비자 종류	보통신청	급행신청	특급신청
1차	35,000	59,000	70,000
2차	53,000	77,000	88,000
6개월 복수	70,000	94,000	105,000
1년 및 1년 이상복수	100,000	124,000	135,000
단체비자	15,000	27,000	32,500

*중국 비자신청서비스센터의 서비스 수수료는 보통 20,000원, 급행 30,000원, 특급 40,000 추가 지불
자료 : 주한 중국대사관 홈페이지

(5) 단체비자

단체비자는 개인이 아닌 단체에게 발급하는 비자로서, 일반적으로 5명 이상인 경우에 적용된다. 단체비자는 여행사를 통해서만 대리 신청할 수 있다.

단체비자는 여권에 비자를 부착하는 것이 아니고, 비자가 승인되면 A4 용지 크기의 일반 종이에 모든 비자신청자 명단이 적혀 있는 단체비자가 2매 일괄적으로 발급되며 1매는 입국용, 1매는 출국용이다.

단체비자는 동일한 항공편 및 동일한 숙박으로 출입국 할 경우에만 발급가능하다. 즉 항상 일행과 일정을 같이 해야 하며, 하나의 비자에 단체의 명단이 모두 기재되어 있으므로 입·출국시에는 비자 구성원 전원이 반드시 한 줄로 서서 입·출국 수속을 해야 한다. 또한 비자 발급이 완료된 후 일행 한명이라도 취소자가 발생하면 입국이 거부될 수 있다.

단체비자의 장점으로는 별도의 중국 출입국신고서를 작성할 필요가 없이 단체비자 뒷면에 현지 체류지(호텔명만 기재)와 탑승 항공기의 편명(flight number)을 기재하면 된다. 또한 비자발급수수료가 개인비자에 비해 저렴하다.

단체비자로 입·출국시 유의사항

- 단체비자 입국시 현지공항에 도착하면 고객들에게 각자의 여권을 소지하게 한 후 비자리스트 순서대로 줄을 세워서 입국한다.
- 비자의 여권번호가 틀렸을 경우 팀 전체가 입국이 불가능하므로 사전에 철저히 확인해야 한다. (사유서를 첨부할 경우 현지공항에서 입국 가능)
- 입국용과 출국용 총 2부로 구성되어 있으며, 입국시 1부를 제출하고 투어 중 1부를 소요하고 있게 되므로 절대 단체비자가 훼손되거나 분실되는 상황이 생기지 않도록 해야 한다.
- 고객들 스스로 자신의 순번을 알기 쉽게 하기 위하여 고객들의 여권에 번호 스티커를 부착하면 좋다.
- 공항과 호텔에서의 체크인 등에서도 단체비자가 요구되므로 복사본을 넉넉히 준비해 가는 것이 좋다.(원본에 낙서가 되거나 훼손되지 않도록 유의해야 함)

(6) 온라인 비자신청서의 작성

중국 비자신청 서비스센터의 웹사이트(https://www.visaforchina.org)에 접속하여 중국비자 신청서 양식을 열고 신청서 작성을 하면 된다. 신청서는 홈페이지 첫 화면에서 비자빠른창구-비자 버튼을 누른 다음, 새 신청서 양식(New Application Form) 버튼을 누른다. 그러면 동의절차를 거친 다음 '신청 프로세스'(Application Process) 페이지가 나오게 되는데, 여기서 왼쪽 메뉴의 첫 번째 '신청서 소개'(Form Introduction)를 클릭하고 오른쪽 페이지에서 '새 신청서 작성'(Start a new application)을 선택하면 본격적으로 개인정보 입력하는 페이지가 나오게 된다.(〈보기 6.3〉 참조) 여기서 왼쪽 메뉴 맨 위에 신청번호(Application No.) 옆으로 나오는 번호가 신청번호이다.[5] 예약 확인이나 신청서 내용을 수정할 때 필요하기 때문에 메

5) 〈보기 6.3〉에서는 실제 승인된 신청서가 아니어서 '신청번호'가 아닌 '신청 아니오'로 나타나 있음.

모해두면 좋다. 신청서의 영역은 섹션 1부터 섹션 10까지 총 10개의 영역이 있는데, 영역별 주요 항목과 작성방법 및 유의사항을 설명하면 다음과 같다.

① 섹션 1 - 개인정보

섹션 1은 개인정보에 대해 작성하는 항목으로 이름, 생년월일, 성별, 출생지(국가, 도, 시), 결혼상태, 국적 등에 대한 질문과 소지하고 있는 여권 관련 질문들로 구성되어 있다.

- 1.1F 사진 업로드: 중국 비자용 사진은 일반 여권사진과 조금 다르기 때문에 규격에 맞는 사진을 업로드해야 업로드 진행이 가능하다.[6)]
- 1.4A 출생국가: 한국이면 ROK(Republic of Korea)를 입력하면 바로 검색된다.
- 1.5A 결혼상태: Married(결혼), Divorced(이혼), Single(미혼), Widowed(사별), Other(기타)에서 선택하면 된다.
- 1.7A 여권종류: 일반(Ordinary)을 선택하면 된다.
- 1.7E 여권발급처: MOFA(Ministry of Foreign Affairs: 대한민국 외교부)

② 섹션 2 - 신청정보

섹션 2에서는 신청하는 비자 타입에 맞게 작성하면 되는데, 비자 유효기간, 최대 체류기간과 비자발급을 급행으로 선택할 것인지 일반으로 선택할 것인지에 대해 선택하는 부분이다. 관광비자의 경우 'L'을 선택하면 된다.

- 2.2C 입국차수(Entries): 단수 비자의 경우 단수여권(Single)을 선택한다.
- 2.3A: 급행(Express)/일반(Normal) 중에 희망하는 서비스를 신청하면 된다.

③ 섹션 3 - 직업 정보

직장 정보에 대해 작성하는 항목으로 현재 다니고 있는 직장과 직업, 연봉에 대한 정보를 작성하면 된다. 이전 직장에 대해서는 작성하지 않아도 통과가 된다고 하는데, 이전 직장 정보 입력에 대해 궁금한 점은 신청하려는 비자센터 지역으로 문의 메일을 보내면 답변을 받을 수 있다. 비자 신청시 정보를 저장하면

---

6) 3.3x4.8cm 크기의 컬러 사진이고 머리 위쪽에서 턱 아래쪽까지가 2.8cm~3.3cm여야 함.

서 작성하는 것이 좋다. 기존의 입력했던 정보가 저장되고 처음에 적어두었던 신청번호를 입력하면 이전 정보를 불러와서 이어서 작성이 가능하다.

④ 섹션 4 - 교육

학력 정보에 대해 입력하는 항목으로 최근 순서부터 적으면 되고, 대학원/대학교/고등학교 순서대로 학교 이름, 입학년도, 졸업년도, 전공, 학교가 있는 소재지까지 모두 기재해야 한다.

⑤ 섹션 5 - 가족 정보

가족 정보에 대해 입력하는 곳으로 현재 사는 국가, 현재 사는 지역(도), 현재 사는 도시, 우편번호, 거주지 주소, 전화번호 등을 기재한다.

⑥ 섹션 6 - 여행 정보

여행 정보에 대해 작성하는 부분으로 여행일정부터 도착일자, 비행기편명, 도착하는 지역(시), 도착지역(구), 최종 목적지의 시, 구, 목적지 상세주소, 도착일자, 출발일자 모두 적어주면 된다. 항공편명은 센터접수 시 수기로 기재 가능하니 예약전이라면 작성시 참고하도록 한다.

- 6.2는 초청비자로 간다면 작성하는 곳이다.
- 6.3은 비상 연락망에 대한 정보를 작성하는 곳으로 이름, 관계, 연락처, 이메일, 나라(대한민국 ROK), 지역(도), 우편번호 순서대로 작성하면 된다.
- 6.4 누가 비용을 지불하는가?(Who will pay for travel?)에서는 관광비자의 경우 Self/비지니스는 Organization을 선택하면 된다.
- 6.5 국내와 외국에 스폰서가 있는지에 관한 질문으로 관광비자는 해당없음(Not Applicable)에 체크하면 된다.
- 6.6 동반여행자 여부를 묻는 질문으로 Yes와 No 중 선택하면 된다.

⑦ 섹션 7 - 과거의 여행정보

과거 중국 비자를 받은 적이 있는지 작성하는 곳으로 과거 중국 입국 정보에 대해 기재하면 된다.

- 7.1A는 최근 3년간 중국의 출입국 여부에 대해 선택하는 곳으로 입국 경험

이 없다면 No 선택하고, 있다면 7.1B~E의 항목(방문지역/입국일/출국일)을 차례대로 작성하면 된다.

- 7.2A에는 최근 중국 비자를 받은 적이 있다면 이전 비자의 비자타입, 비자번호, 발급지역, 발급날짜의 정보를 입력하면 된다.
- 7.3에는 다른 나라에서 발급받은 유효한 비자가 있다면 Yes를 선택하면 된다.
- 7.4에는 최근 5년 다른 나라를 방문한 적이 있는지 있다면 Yes 선택하고 방문국가를 모두 선택하면 된다.

⑧ 섹션 8 - 기타 정보

중국 비자를 거절당하거나 중국 입국이 거부된 적이 있는지, 중국 비자가 취소된 적이 있는지, 중국에 불법 입국하거나 불법적으로 일한 적이 있는지, 중국이나 다른 나라에서 범죄기록이 있는지, 정신질환이나 감염성 질병이 있는지, 최근 30일 동안 전염병이 유행한 나라나 장소에 방문한 적이 있는지, 총기, 폭발물, 핵장치, 생물학적 또는 화학적 제품 분야에서 훈련을 받은 적이 있는지, 군사 조직, 게릴라군, 반란조직에서 활동한 적이 있는지 등에 대한 질문으로 없으면 No를 선택하면 된다. 여기에서는 대부분 No를 선택하면 되는데, 단지 8.8에 군대 갔다 왔는지에 대한 질문에서는 한국 남성은 대부분 군대를 다녀왔으니 다녀왔다면 Yes를 선택하면 된다.

⑨ 섹션 9 - 메일링 정보

비자 수령 방법에 관한 항목으로, 비자센터를 방문할 건지 우편으로 받을 건지를 결정해서 선택하면 된다. 방문으로 선택 시 나중에 우편으로 수령할 수 없으니 참고해서 선택하면 되고, 시간적인 여유가 없고 재방문이 번거롭다면 우편으로 신청하면 된다.

⑩ 섹션 10 - 선언/검토

섹션 10에서는 비자를 직접 접수할 것인지 대리인을 통해 접수할 것인지를 선택하고, 지금까지 작성한 내용을 확인하는 부분으로 여기서 수정해야 할 부분을 수정하면 된다. 천천히 검토하고 수정할 사항을 수정하고 제출(Submit)하면 온라인으로 중국 비자 신청하기가 완료된다. 신청서 제출이 끝났으면 신청서 다운로드(Downloading the Application)를 눌러 서류를 다운로드 받을 수 있다.

마지막으로 서류접수를 위해 센터 방문일자 예약하기를 해야 하는데 홈페이지 첫 화면으로 돌아가서 비자빠른창구-비자 버튼을 클릭하고 약속(Appoinment)-예약(신청)을 클릭하면 센터 방문 날짜를 예약할 수 있는 창이 나오게 된다. 예약 필수기 때문에 꼭 예약하고, 예약확인은 신청하기 첫 페이지에서 적어두었던 신청번호와 휴대폰 번호를 입력하면 된다.

보기 6.3 ▸ **중국 온라인 비자신청서 첫 화면**

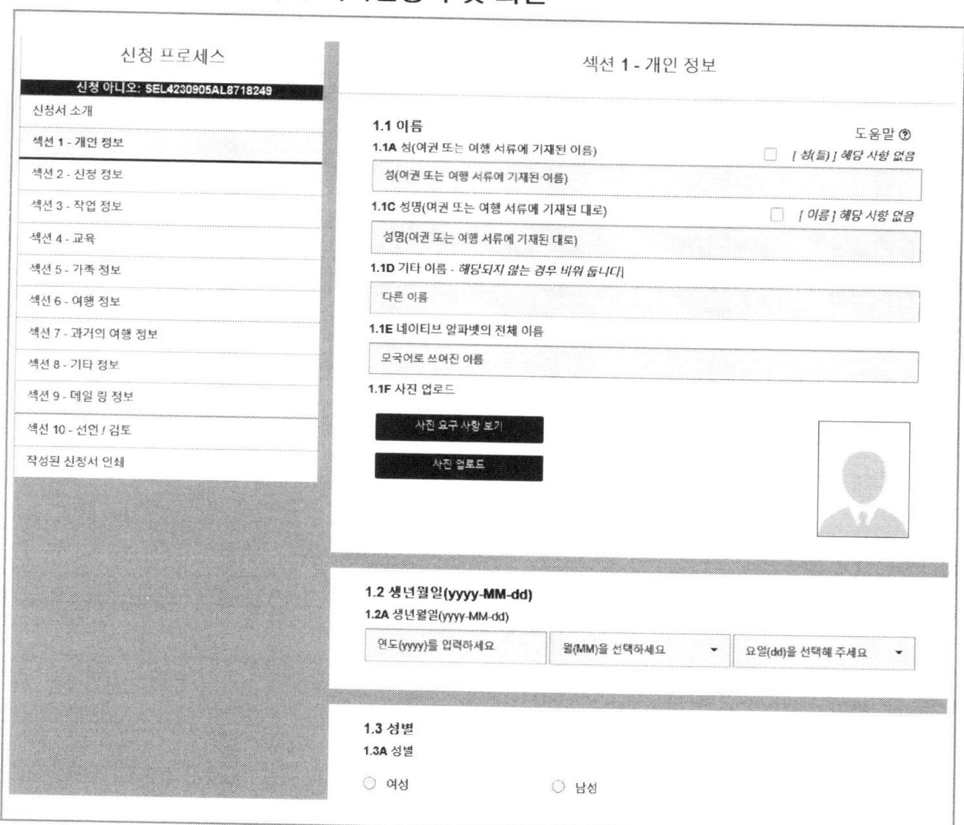

자료: 중국 비자신청 서비스센터

2) 미국

(1) 미국 비자의 이해

미국 비자는 우리나라에서 취득하기가 가장 까다로운 비자 중에 하나였는데, 2008년 11월 17일부터 우리나라도 비자면제프로그램(VWP : Visa Waiver Program)에 가입되었으므로 사실상 관광목적을 위해 미국비자를 받을 필요는 없어졌다. 하지만 비자면제프로그램을 이용할 수 없거나 또는 학업, 업무, 교환 프로그램 참가 등 관광 및 상용 목적 비자로 가능한 여행목적에 해당하지 않는 경우 비자를 취득해야만 한다.

미국 비자는 한 번 거부되면 다시 신청해도 거부될 가능성이 높기 때문에 구비서류 하나하나를 확실하고 정확하게 기록하고 객관적으로 타당성 있는 서류를 갖추어서 처음 비자신청시 통과될 수 있도록 유의해야 한다. 반면에 미국 비자는 한 번 취득하면 연장하기는 매우 쉬우므로 여행사를 통해 본인이 자격이 되는지 아닌지 상담한 후 조건이 될 때 미리 받아두는 것도 좋다.

미국 비자거부 이유의 대부분은 신청자의 전반적인 상황이 이민의향이 있다는 전제를 반증할 만큼 충분한 구속력이 없다는데 있다.[7] 즉 미국 비자를 받기 위해서 가장 중요한 것은 심사관(면담관)이 모든 증거자료를 종합적으로 고려할 때 신청자가 '사회적 관계와 여건상' 미국에 일정기간 체류한 후 반드시 한국으로 귀국할 수밖에 없다는 사실을 납득시키는 것이다. 이러한 사회적 관계와 여건에는 가족관계, 직장, 재산 등이 가장 중요한 요소이며, 연령이 적은 탓에 아직 구속력 있는 사회적 관계가 충분히 형성되지 않은 경우 교육수준, 성적, 한국에서의 장기적 계획 및 전망 등이 고려될 수도 있다.

미국 비자의 취득이 미국에 입국하는 것을 보장하고 있는 것은 아니며, 비자 소지자는 입국을 거부할 권한을 가진 이민국 관리에 의해 입국항에서 검열을 받아야 한다. 이때 비자를 받은 사람은 이민국 검열관이 제시하기를 요구할 수도 있으므로 비자를 받을 때 영사에게 제시한 증거서류를 가지고 가야 하는 경우도 있다.

---

7) 미국의 이민귀화법 214조(b항)에서는 "모든 외국인은 비자신청 당시 본인이 비이민 지위를 누릴 권리가 있음을 심사관에게 납득시키기 전까지는 이민으로 간주된다"고 규정함으로써 비자 신청자가 심사관에게 반증을 제시하기 전까지는 일단 모든 신청자가 이민할 의향을 가지고 있다고 간주하도록 하고 있다.
- 미국대사관 제공자료

비자의 유효기간(최장 10년까지 유효함)과 실제로 미국에 머무를 수 있는 기간과는 무관한데, 이 기간도 미국에 입국할 때 이민국 관리에 의해 결정되어진다.

(2) 미국 비자의 종류

미국 비자는 이민비자(immigrant visa)와 일시방문비자인 비이민비자(nonimmigrant visa)로 대별되며, 비이민비자는 다시 방문목적에 따라 〈표 6.5〉와 같이 세분된다.

〈표 6.5〉에서와 같은 특정한 종류의 비이민비자는 그 비자가 처음 발급될 때의 목적으로 입국하는 경우에만 유효하며(예 : 관광비자를 유학목적으로 사용할 수 없음), B1/B2 비자를 제외하고는 대부분 미국 내 해당관청에서 발급되는 특별한 서류를 필요로 한다(예 : 유학비자인 경우 입학허가서 원본인 I-20 Form).

[표 6.5] 미국 비자의 종류

비자의 종류	발급대상
A, G	관용, 국제기구
B(B1/B2)	단기 상용 방문 또는 관광
C	미국을 단지 경유(통과)하는 경우
CW	CNMI 단기 취업
D	항공기 및 선박 승무원
E	국제무역인/투자자
F	유학(학생)
H	단기 전문직 종사자, 임시 고용인, 연수생
I	언론인 및 미디어
J	교환방문자
K	미국시민권자의 약혼자
L	주재원
M	직업적 또는 비학구적인 교육계획에 참여하는 학생(직업 학교)
O	특수 재능 소유자
P	운동선수 및 연예인
Q	국제문화교류 행사 참가자
R	종교인
T	인신매매 피해자
U	범죄 피해자
TN/TD	NAFTA 전문직 종사자

자료 : 미국대사관

I-20 Form

- 유학 가는 미국의 학교에서 발급한 입학허가서
- 최초로 F1 비자를 발급받는 경우 제출한 I-20 Form이 봉투에 봉해져 여권 뒤에 철한 상태로 반환되는데, 봉투는 미국 입국시 이민국에서 개봉하도록 처리된 것으로 절대로 본인이 임의로 개봉하면 안 되며(이를 개봉하면 비자는 무효처리 됨), 미국에 입국하는 경우 반드시 소지하여야 함

(3) 비자면제프로그램(VWP)

① 개념

비자면제프로그램(VWP : Visa Waiver Program)은 미국 정부가 지정한 국민에게 관광 및 상용 목적으로 여행하는 경우에 최대 90일간 비자 없이 미국을 여행할 수 있게 해 주는 제도이다. 한국은 2008년 11월 17일부터 VWP에 가입이 되었기 때문에 이 제도를 이용할 수 있다.[8)]비자면제프로그램은 미국여행에 걸림돌이 되는 불필요한 요소의 해소 및 여행산업 활성화 그리고 미국무부 영사 자원을 다른 분야에 투자할 목적으로 1986년에 시행되었다.

② 자격요건

a. 전자여권 소지 : 전자칩이 내장된 전자여권을 소지하여야 한다.

b. 전자여행허가(ESTA) 승인 : 미국으로 입국하기 전에 전자여행허가(ESTA : Electronic System for Travel Authorization, http://esta.cbp.dhs.gov/esta)를 자국에서 신청하여 승인을 받아야 한다.

c. 왕복항공권 소지 : 왕복항공권 또는 다음 목적지가 명기된 항공권을 소지하여야 한다. 전자항공권(E-ticket)을 가지고 여행할 경우, 입국심사관에게 보여주기 위해 여행일정표 사본을 지참하여야 한다.

(4) 전자여행허가(ESTA) 신청

비자면제프로그램(VWP)을 이용하기 위한 전자여행허가(ESTA) 승인을 신청하기 위해서는 전자여행허가제 홈페이지(http://esta.cbp.dhs.gov/esta)에 접속하여 전자신청서를 작성하여야 한다.

8) 2023년 12월 기준 VWP에 한국을 포함한 41개국이 가입되어 있다.

그 내용은 현행 미국 출입국신고서(I-94W) 양식에 요구되는 신상정보와 적격 여부를 판단할 수 있는 정보를 제공하는 것이다. 영어로 이름, 생년월일, 여권정보와 같은 개인정보와 미국 체류지 주소를 기입한다. 또한 비자면제프로그램 이용 가능 여부를 판단하는데 필요한 전염병 여부, 체포 여부, 특정 범죄에 대한 유죄판결 여부, 과거에 비자가 취소되었거나 추방당한 경우는 없는지 등의 질문에 대해 답하도록 되어 있다. 출입국신고서(I-94W)를 반드시 영어로 작성해야 하는 것처럼 전자여행허가 신청서 작성도 반드시 영어로 기입해야 한다.

보기 6.4 ▶ **승인된 미국 ESTA 출력화면 첫 페이지**

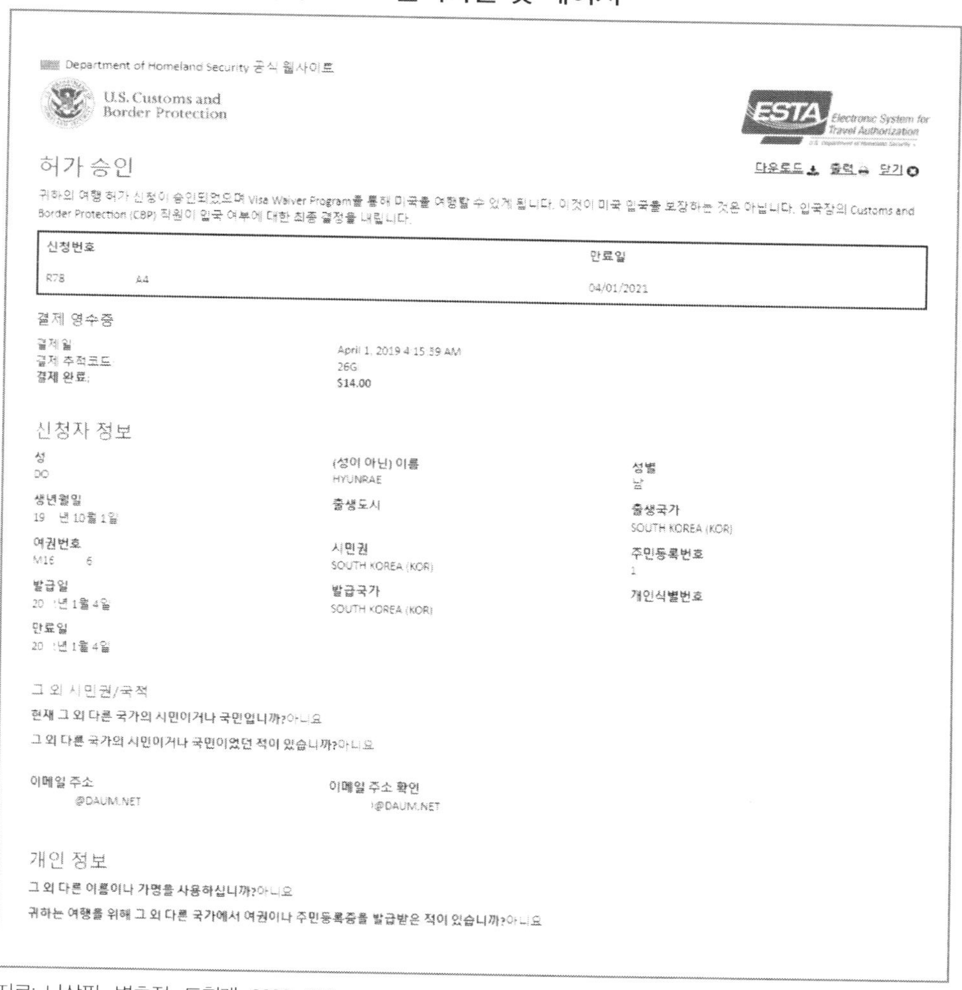

Department of Homeland Security 공식 웹사이트

U.S. Customs and Border Protection

ESTA Electronic System for Travel Authorization

허가 승인

다운로드 출력 닫기

귀하의 여행 허가 신청이 승인되었으며 Visa Waiver Program를 통해 미국을 여행할 수 있게 됩니다. 이것이 미국 입국을 보장하는 것은 아닙니다. 입국장의 Customs and Border Protection (CBP) 직원이 입국 여부에 대한 최종 결정을 내립니다.

신청번호	만료일
R78 A4	04/01/2021

결제 영수증

결제일: April 1, 2019 4:15:39 AM
결제 추적코드: 26G
결제 완료: $14.00

신청자 정보

성 DO	(성이 아닌) 이름 HYUNRAE	성별 남
생년월일 19 년 10월 1일	출생도시	출생국가 SOUTH KOREA (KOR)
여권번호 M16 6	시민권 SOUTH KOREA (KOR)	주민등록번호 1
발급일 20 년 1월 4일	발급국가 SOUTH KOREA (KOR)	개인식별번호
만료일 20 년 1월 4일		

그 외 시민권/국적

현재 그 외 다른 국가의 시민이거나 국민입니까?아니요

그 외 다른 국가의 시민이거나 국민이었던 적이 있습니까?아니요

이메일 주소: @DAUM.NET
이메일 주소 확인: @DAUM.NET

개인 정보

그 외 다른 이름이나 가명을 사용하십니까?아니요

귀하는 여행를 위해 그 외 다른 국가에서 여권이나 주민등록증를 발급받은 적이 있습니까?아니요

자료: 나상필·변효정·도현래, 2020: 239

전자여행허가(ESTA) 신청서 작성 중 실수로 여권번호, 유효기간 같은 정보를 잘못 입력한 후라도 승인이 거절된 경우가 아니라면 바로 다시 새로운 전자여행허가를 신청할 수 있다. 그러나 잘못된 정보로 인해 전자여행허가 승인이 거절된 경우는 24시간 후에 다시 새로운 내용으로 재신청을 해야 한다. 다만, 허위로 작성된 경우에는 입국이 거절될 수 있다.

또한 친구, 친척 또는 여행사 직원 또는 제3자가 신청자 본인을 대신해 인터넷에 접속하여 전자여행허가 신청서를 작성할 수 있다. 하지만 대리작성된 내용도 법적으로는 신청자 본인에게 책임이 있다.

미국 국토안보부는 전자여행허가 승인신청을 여행 전 적어도 72시간 전에 하도록 권장하고 있으며, 도중에 취소하지 않는 한 여행허가는 허가 날짜로부터 대부분 2년의 기간 혹은 여권 만료일 중 먼저 다가오는 날까지 유효하다.

(5) 비자를 받아야 하는 경우

비자면제프로그램(VWP)을 이용하지 않고 비자를 신청해야 하는 경우는 다음과 같다.

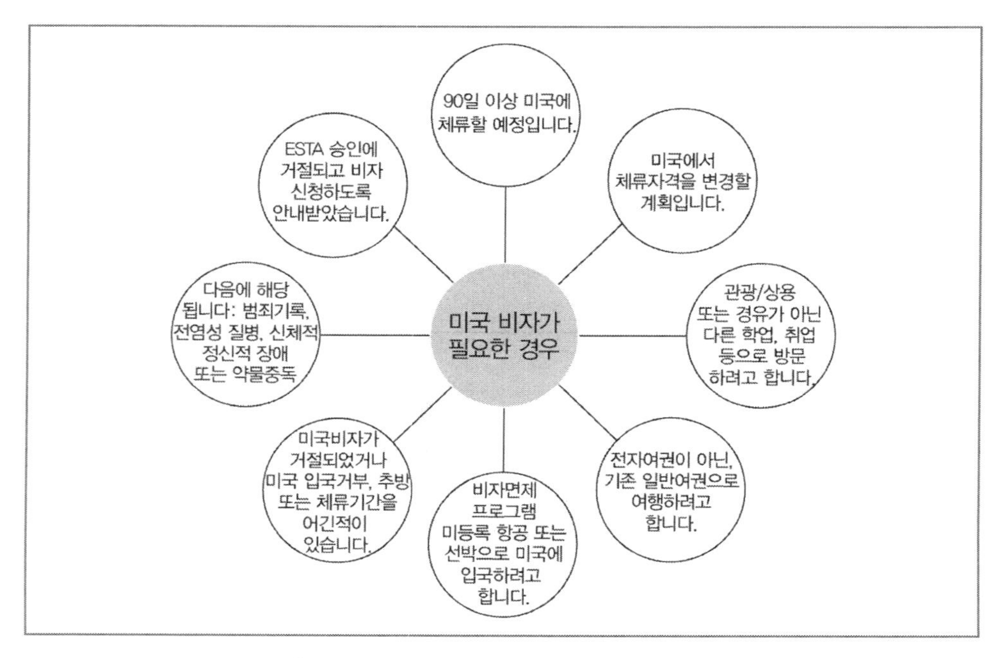

[그림 6.1] 미국 비자를 받아야 하는 경우

① 체류기간 및 자격 불일치

비자면제프로그램(VWP)을 이용하여 입국한 경우 비자의 변경이 되지 않는다. 미국 내에서 90일 체류허가를 연장하거나, 미국 입국 후 체류자격을 변경할 수 없다. 만일 이러한 조항을 어길 것이라고 판단되면 입국이 거절될 것이며, 재심 요청도 불가능하다. 체류허가 90일 이내에 반드시 미국, 캐나다, 멕시코와 인접 섬들을 떠나야 하고, 새로운 상황에 맞는 비자를 신청하도록 한다.

② 허가 거절

전자여행허가(ESTA)를 신청하였지만 승인을 받지 못하고 미국 비자를 신청하라는 안내를 받은 경우에는 목적에 맞는 비자를 신청해야 한다.

③ 전자여권이 아닌 경우

칩이 내장된 유효한 개인 전자여권을 소지하고 있지 않은 경우에는 비자를 신청해야 한다.

④ 건강 및 입국목적 위반

심각한 전염병을 앓고 있거나 약물남용자 및 중독자인 경우는 비자를 신청해야 한다. 또한 관광이나 상용비자로 허락되지 않는 미국 내에서 학업수행이나 취업을 희망하는 경우에는 비자를 별도로 신청해야 한다. 다른 목적으로 입국하는 경우, 미국으로 이민할 의사가 있는 경우 등에는 목적에 맞는 비자를 신청해야 한다.

⑤ 기타

범죄기록이 있는 경우(예컨대, 미국 혹은 다른 나라에서 범죄로 체포되거나 유죄판결을 받은 적이 있는 경우), 독일 나치정부 주도 아래 인권박해에 해당하는 행위에 참여한 적이 있는 경우, 테러집단의 일원이나 간부로 일한 적이 있는 경우, 비자가 거절된 적이 있는 경우, 미국에서 입국이 거부되거나 강제 추방된 적이 있는 경우, 비자면제프로그램을 이용하면서 체류자격을 위반한 적이 있는 경우, 어떤 이유로든지 미국 내에서 허가된 체류기간 만기일을 초과한 적이 있는 경우, 미국 이민국 심사관에 의해서 미국 입국이 거절되거나 과거에 미국 내 불법체류를 한 적이 있는 경우 등은 비자를 신청해야 한다.

(6) 비자를 받아야 하는 경우의 비자신청의 절차 및 방법

미국 여행시 비자면제프로그램을 이용할 수 없다고 통보 받은 경우, 출국 예정일자로부터 최소 3개월 이전에 비이민비자를 신청해야 한다. 비이민비자 신청의 구체적인 절차와 방법을 설명하면 다음과 같다.

① 각자의 상황에 맞는 적합한 비자종류를 선택한다.

먼저 미국비자정보서비스 웹사이트(http://www.ustraveldocs.com/kr_kr)에서 비이민비자의 종류와 각 비자종류에 따른 자격요건과 필수 구비서류를 확인한 후, 각자의 상황에 맞는 적합한 비자종류를 선택한다.

② 선택한 비자종류에 해당하는 비자수수료를 납부한다.

비자신청 수수료는 비자 발급여부와 관계없이 모두 지불해야 한다. 수수료는 미 달러로 표시되어 있지만 지불은 한화로 하게 되는데, 수수료는 인터넷뱅킹을 이용하여 온라인 이체로 납부하거나 시티은행 전국 지점에서 현금으로 납부할 수 있다. 추후 비자 인터뷰 날짜를 예약하기 위해서 입금계좌번호 또는 영수증에 기재된 거래번호를 보관하여야 한다. 상용/관광(B1/B2)의 경우 비자신청 수수료는 US$160이다.

③ 비이민비자 온라인 신청서(DS-160)를 작성한다.

모든 정보는 정확하게 기입하여야 하며 신청서를 접수한 후에는 정보를 수정할 수 없다. DS-160 번호는 인터뷰 예약을 진행하기 위하여 필요하므로 보관하여야 한다. 그리고 인터뷰 참석시 DS-160 확인 페이지를 출력하여 다른 구비서류와 함께 반드시 지참하여야 한다. 서류 전형에 해당되어 서류만 접수할 경우에도 DS-160 확인 페이지를 첨부하여야 한다. DS-160 확인 페이지는 DS-160 양식을 온라인상에서 작성하여 완료하면 출력할 수 있다.

④ 인터뷰 날짜를 예약한다.

해당 웹사이트에서 비자수수료를 지불하기 위해 이전에 등록한 ID와 패스워드로 로그인한다. 로그인하면 대시보드가 나타나는데 여기에서 예약하기를 진행하면 된다. 인터뷰 예약에 필요한 정보는 다음과 같다.

- 여권번호
- 비자수수료를 인터넷뱅킹을 통해 이체할 때 사용한 입금계좌번호 또는 시티은행에서 비자수수료 납부 후 받은 영수증에 기재된 거래번호
- DS-160 확인 페이지의 열(10)자리 바코드 번호
- 본인의 이메일 주소

인터뷰 예약의 진행은 절차에 따라 비자종류와 개인정보를 입력하고 동반자(가족) 추가, 서류 배송방법 선정, 비자수수료 납부 현황 등을 확인한 후에 마지막 단계에서 인터뷰 날짜를 예약할 수 있다.

⑤ 필요한 구비서류를 준비하여 인터뷰 절차를 거친다.

필요한 구비서류를 준비하여 예약된 날짜에 미국대사관을 방문, 인터뷰 절차를 거친다.

상용/관광(B1/B2)비자 신청시의 일반적인 구비서류는 〈표 6.6〉과 같다.

[표 6.6] 상용/관광(B1/B2)비자 신청시의 구비서류

구분	서류	비고
기본 공통서류	유효한 여권	미국에 실제 체류할 기간보다 최소 6개월 이상의 유효기간이 남아 있어야 함
	인터뷰 예약확인서	
	DS-160 확인 페이지	
	사진 1매	최근 6개월 이내에 촬영한 2″ x 2″ (5cm x 5cm) 크기의 사진
	비자신청 수수료 납부영수증	
보조서류	재정증명서류	❶ 직장인 : 재직증명서, 급여명세서(또는 원천징수확인서), 소득금액증명원, 통장원본 및 기타 재정잔고를 증명할 수 있는 서류 등 ❷ 사업자 : 사업자등록증, 납세사실증명원, 소득금액증명원, 통장원본 및 기타 재정잔고를 증명할 수 있는 서류 등
	여행일정표	계획한 여행일정표 또는 여행일정에 관한 설명서
	기타 (해당자)	❶ 출장인 경우 : 출장증명서 ❷ 예전에 미국 비자를 받은 경우 : 예전 미국 비자가 있는 여권 ❸ 학생인 경우 : 최근 학교생활기록부, 성적증명서 및 학위증명서

⑥ 지정한 배송 주소로 비자가 발송된다.

비자가 승인되었을 경우, 신청자가 인터뷰 예약 시에 지정한 배송 주소로 비자가 발송된다.

3) 일본

(1) 일본 비자의 이해

일본 비자는 체재가능기간에 따라 단기비자(체재기간 90일 이내)와 장기비자로 대별할 수 있으며, 이는 다시 입국목적에 따라 몇 가지 종류로 구분되므로 신청자의 입국목적에 맞게 취득을 해야만 한다.

단기비자의 발급대상은 일본에 단기체재하며 관광, 휴양, 스포츠, 친족방문, 견학, 강습 또는 회의참가, 업무연락, 기타 이와 유사한 활동을 하는 경우로, 수입을 동반하는 사업을 운영하는 활동 및 보수를 받는 활동은 대상에서 제외된다.

한국에서 일본으로 입국할 때 이러한 단기체재 비자의 경우에 예전에는 비자를 취득해야만 하였으나, 일본 정부는 2005년 3월부터 90일 이내의 단기체재를 목적으로 일본에 입국하기를 희망하는 한국인(취직 또는 취업할 의도를 갖고 입국하는 자는 제외)에 대해서는 비자를 취득하지 않고 입국을 인정하는 무기한 비자면제조치를 실시하고 있다.[9] 따라서 단기체재를 목적으로 하는 경우 비자를 취득할 필요가 없으며, 장기체재를 목적으로 하는 경우만 비자를 취득하면 된다.

(2) 장기체재 비자 신청시의 구비서류

① 여권(유효기간 3개월 이상)

② 비자신청서

③ 사진 1매 : 가로 4.5cm × 세로 4.5cm(신청 당일 기준으로 6개월 이내 촬영한 것)

④ 한자명 및 거주지를 확인할 수 있는 서류로 다음 세 가지 중 하나
- 주민등록증 양면 복사
- 주민등록등본
- 주민등록초본

⑤ 재류자격인정증명서(원본 및 양면 복사)
- 재류자격인정증명서는 외국인을 받아들이려고 하는 일본 측의 회사나 학교의 직원 등의 대리인이 일본의 지방입국관리국에서 신청해서 교부받을 수 있음
- 원본은 비자 발급 후 여권에 붙여서 돌려줌(※일본에 입국할 때 일본공항에 제출)
- 유효기간은 교부 후 3개월(※교부 후 3개월 이내에 일본에 입국해야 함)

---

9) 2020년 3월 코로나19의 영향으로 바이러스의 확산 방지를 위해 무사증입국이 이루어진 이래 14년 만에 처음으로 비자면제가 일시 중단되며 관광목적으로 갈 때도 비자를 반드시 받아야 했지만, 2022년 10월부터 무비자(사증면제) 입국을 재개함

(3) 비자신청서의 작성

보기 6.5 ▸ 일본 비자신청서

일본국 입국 사증(VISA) 신청서

*관용란

(여기에 사진을 붙이세요)
약 45mm X 45mm
또는 2in X 2in

성 (여권에 기재된 대로)________ 한자 - 성________

명 (여권에 기재된 대로)________ 한자 - 명________

다른 이름(본명 이외의 평소 사용하는 이름)

________ 한자________

생년월일________ (일)/(월)/(년) 출생지________ (구/시) (시/도) (국)

성별 : 남 ☐ 여 ☐ 혼인여부 : 미혼 ☐ 기혼 ☐ 사별 ☐ 이혼 ☐

국적 또는 시민권 ________

원국적 / 또는 다른 국적 또는 시민권 ________

국가에서 발급한 신분증 번호 (주민등록번호)________

여권종류 : 외교 ☐ 관용 ☐ 일반 ☐ 기타 ☐

여권번호________

발행지________ 발행일________ (일)/(월)/(년)

발행기관________ 만기일________ (일)/(월)/(년)

방일목적________

일본체류예정기간________

일본입국예정일________

입국항________ 이용선박 또는 항공편명________

숙박 호텔 또는 지인의 이름과 주소

이름________ 전화번호________

주소________

이전에 일본에 체재한 날짜 및 기간________

현주소(만약 한군데 이상 주소가 있는 경우, 모두 기재해 주십시오.)

주소________

전화번호________ 휴대전화번호________

현 직업 및 직위________

고용주의 이름 및 주소

이름________ 전화번호________

주소________

* 배우자의 직업 (신청자가 미성년자인 경우, 부모의 직업)

____

일본 내 신원보증인 (일본 내 보증인 또는 방문자에 관하여 자세히 기재해 주십시오.)

이름______________________________ 전화번호______________

주소______________________________

생년월일 ______________ 성별 : 남 ☐ 여 ☐
(일)/(월)/(년)

신청인과의 관계______________________________

현 직업 및 직위______________________________

국적 및 체류자격______________________________

일본 내 초청인 (초청인이 보증인과 동일한 경우 "상동"으로 표시해 주십시오.)

이름______________________________ 전화번호______________

주소______________________________

생년월일______________ 성별 : 남 ☐ 여 ☐
(일)/(월)/(년)

신청인과의 관계______________________________

현 직업 및 직위______________________________

국적 및 체류자격______________________________

* 비고/특기사항______________________________

해당하는 곳에 표시해 주십시오

- 어떤 국가에서든 법률위반 또는 범죄행위를 한 적이 있습니까? 예 ☐ 아니오 ☐
- 어떤 국가에서든 1년 이상의 형을 선고 받은 적이 있습니까?** 예 ☐ 아니오 ☐
- 일본이나 다른 나라에서 불법행위나 불법장기체재 등으로 강제퇴거 당한 적이 있습니까? 예 ☐ 아니오 ☐
- 마약, 대마초, 아편, 흥분제, 향정신성 의약품 사용과 관련된 법률을 위반하여 형을 선고 받은 적이 있습니까?** 예 ☐ 아니오 ☐
- 매춘행위, 타인을 위한 매춘부 중개 및 알선, 매춘행위를 위한 장소제공 또는 매춘행위와 직접적으로관련된 행위에 연루된 적이 있습니까? 예 ☐ 아니오 ☐
- 인신매매 범죄를 저지르거나, 그러한 범죄를 저지르도록 타인을 선동하거나 도운 적이 있습니까? 예 ☐ 아니오 ☐

** 형을 선고 받은 적이 있다면, 그 형이 보류중이라도 "예"에 표시하십시오.

만약 "예"에 표시했다면, 죄명이나 위반사항을 명시하고 관련서류를 첨부하십시오.

상기의 진술은 사실입니다. 그리고 본인은 입국항에서 입국심사관이 부여하는 재류자격 및 재류기간에 이의 없이 따르겠습니다. 본인은 사증을 가지고 있어도, 일본에 도착한 시점에서 입국자격이 없다고 판명되면 일본에 입국할 수 없다는데 동의합니다.

본인은(또는 본인의 사증 신청을 대신한 권한 내에서 공인된 여행사가) 상기의 개인 정보를 일본대사관 / 총영사관에 제공하고, 필요한 경우(여행사에 위임하여) 일본대사관/총영사관에서 사증 비용을 지불하는데 동의합니다.

신청일______________ 신청인 서명 ______________
(일)/(월)/(년)

* 항목은 반드시 기재하지 않아도 됩니다.

신청인의 개인정보(이하 "보유개인정보")와 이 신청서에서 설명한 개인과 관련된 정보는 행정기관에서 보관하는 개인정보의 보호와 관련된일본 법률(이하 "법률")에 따라 적절하게 관리 및 감독될 것입니다. 보유개인정보는 신청자의 사증 신청을 위한 목적으로만(단, 조사 과정의일부로서 관련 개인이나 기관으로부터 정보를 요청할 수 있음). 그리고 법률 8조에서 명시된 특별한 목적으로만 사용될 것이며, 관련된 개인의 동의 없이 다른 목적으로 사용되거나 제3자에게 제공되지 않을 것입니다.

4) 호주

호주를 여행하기 위해서는 비자가 있어야만 입국이 가능하다. 호주는 세계 최초로 ETA(Electronic Travel Authority)를 통해 관광이나 업무 방문 목적으로 최장 3개월 이내의 체류를 위해 방문하는 여행객들을 위해 전자비자를 발급해 주고 있다. ETA는 전자 관광비자로 여권에 비자 스탬프나 스티커를 붙이지 않고 온라인으로 비자를 발급해 주는 시스템이다.

ETA 비자의 유효기간은 12개월로 ETA 발급일로부터 12개월 이내에 호주에 입국할 수 있다. 만일 유효기간이 12개월 미만인 경우에는 여권 만료일까지 호주에 입국할 수 있다.[10] 호주에 입국해서는 입국한 날로부터 최장 3개월까지 체류할 수 있으며, ETA 입국 유효기간 동안에는 복수여행이 가능하다.

ETA 비자를 신청하기 위해서는 반드시 핸드폰에서 호주 ETA(Australian ETA) 앱을 사용해 ETA를 신청해야 한다. 신청절차는 대행사가 도와줄 수 있지만 실제 얼굴 이미지가 필요하기 때문에 반드시 본인이 그 자리에 있어야 하고, 신청비로 호주 달러 20불을 결제해야 한다. ETA 비자 신청이 완료되면 신청 시 입력했던 메일주소로 영수증과 확인 메일이 PDF로 오는데, 전자여권에 자동 등록되므로 크게 신경 쓰지 않아도 된다.

ETA와 관련해서 주의해야 할 사항은 ETA로 일을 하는 것은 엄격히 금지되어 있다는 것이다. 호주 입국심사 과정에서 일을 할 목적이 있는 것으로 심사된 승객은 ETA가 취소되고 입국이 거부될 수도 있다. 호주에서 단기간의 일시적인 일을 수행하려는 사람은 반드시 Temporary Work(Short stay activity)(subclass 400) 비자를 신청해야 한다.

5) 러시아

2013년 11월 블라디미르 푸틴 러시아 대통령 방한시 서울에서 서명된 한-러 일반여권 사증면제협정이 2014년 1월 1일부터 발효됨으로써, 기존의 관광비자를 받는 절차가 없어졌다.

10) ETA를 받은 후에 새로 여권을 발급받은 경우, 새 여권으로 ETA를 다시 받아야 한다.

협정에 따르면 일반여권이나 여행증명서를 소지한 양국 국민은 근로활동이나 장기유학, 상주 목적이 아닌 관광 혹은 방문 등의 목적으로 상대국을 방문할 경우 비자 없이 60일까지 체류할 수 있다. 60일 동안 체류 후 잠깐 출국했다가 재입국하면 30일을 더 머무를 수 있다. 즉 첫 입국일로부터 180일 기간 내 최대 90일을 비자 없이 체류할 수 있게 되었다. 기존에 관광비자로 체류할 수 있는 기간이 30일 이내였던 것에 비하면 두 배로 기간이 늘어났다.

그러나 무비자 입국 시에도 7일(근무일 기준) 이상 러시아에 체류할 경우에는 입국일로부터 7일 이내에 거주등록신고를 해야 한다. 러시아는 자국을 방문하는 모든 외국인에 대해 입국일로부터 일주일 안에 체류지역 이민국에 거주등록 신고를 하도록 요구하고 있다.[11]

한편 근로활동과 장기유학, 상주 등의 목적으로 상대국을 방문하는 경우에는 여전히 비자가 필요하다. 이 중 근로활동은 취업, 영리활동을 뜻하며 취재와 공연도 포함된다.

6) 기타 국가

지금까지 설명한 국가 이외에 한국인이 관광 목적으로 입국할 때 현재 비자 취득이 필요한 국가들을 정리하면 다음과 같다.[12] 단, 세계 각국의 입국허가 요건은 해당국의 사정에 따라 사전 고지 없이 변경될 수 있으므로, 해당 국가로 여행하고자 하는 사람들은 반드시 여행 전 우리나라에 주재하고 있는 해당 국가 공관 웹사이트 등을 통해 보다 정확한 내용을 확인하는 것이 필요하다.

11) 러시아는 구CIS권 국가로부터 유입되는 불법이민자를 막기 위해 거주등록제도를 실시하고 있다. 최근에는 단속이 약화되어 문제가 거의 발생하고 있지 않지만, 원칙적으로는 거주등록을 해야 한다. 통상 호텔에 투숙할 경우에는 호텔에서 거주등록을 자동으로 해주며 민박집의 경우 약 50불의 비용을 내면 민박집에서 대행을 해준다. 만약 개인 집에 투숙할 경우에는 러시아 내 소재 한국여행사를 통해 거주등록을 할 수 있다.

12) 외교부 사이트 참조(2023.8월 기준)

[표 6.7] 비자 필요 국가

구분	국가명
아시아태평양지역	나우루, 네팔, 동티모르, 몰디브, 몽골[13], 미얀마, 방글라데시, 부탄, 스리랑카, 아프가니스탄, 인도, 인도네시아[14], 캄보디아, 파키스탄, 파푸아뉴기니
미주지역	볼리비아
유럽지역	아제르바이잔, 투르크메니스탄
중동지역	레바논, 리비아, 모리타니아, 바레인, 사우디아라비아, 시리아, 예멘, 요르단, 이라크, 이란, 쿠웨이트
아프리카지역	가나, 가봉, 감비아, 기니, 기니비사우, 나미비아, 나이지리아, 남수단, 니제르, 라이베리아, 르완다, 마다가스카르, 말라위, 말리, 베냉, 부룬디, 부르기나파소, 세네갈, 소말리아, 수단, 시에라리온, 알제리, 앙골라, 에리트레아, 우간다, 에티오피아, 이집트, 적도기니, 중앙아프리카공화국, 지부티, 짐바브웨, 차드, 카메룬, 카보베르데, 케냐, 코모로, 코트디부아르, 콩고공화국, 콩고민주공화국, 탄자니아, 토고

자료 : 외교부

13) 2022.6.1.~2024.12.31.까지 한시적 면제

14) 무사증 입국 정지중. 도착비자 발급 필요

제 7 장

항공예약과 항공권의 이해

1. 항공예약의 개념

2. CRS(컴퓨터예약시스템)

3. 항공예약 관련 유의사항 및 주요 용어

4. 항공권의 이해

제 7 장 항공예약과 항공권의 이해

1. 항공예약의 개념

1) 항공예약의 기능

항공예약의 의의는 고객 측면에서 보면 항공좌석의 확보를 위한 기본적인 좌석예약과 함께 여행에 수반되는 각종 부대서비스의 예약 및 편의를 제공받음으로써 여행의 편의성이 증대되는데 있고, 동시에 항공사 측면에서 보면 제한된 좌석공급량의 범위 내에서 항공좌석의 정확한 운용관리 및 효율적인 판매와 이용률의 극대화를 통해 항공사의 수입을 제고하는데 있다. 고객서비스 측면에서 항공예약의 기능 및 내용을 보다 구체적으로 살펴보면 다음과 같다.

(1) 항공여정의 작성과 좌석예약

여행계획에 필요한 비행편, 일정 등의 정보를 제공하여 여행객이 원하는 시간대로 편리하게 여행할 수 있도록 항공여행일정을 작성해 주며, 이에 따른 예약을 통해 항공좌석을 확보해 준다.

(2) 부대 서비스의 예약 및 편의의 제공

항공좌석 이외에도 여행객이 여행하면서 필요로 하는 각종 서비스를 예약해

주거나 편의를 제공하여 안락하고 편리한 여행이 될 수 있도록 도와주는데, 구체적으로는 다음과 같은 것들이 있다.

① 호텔, 투어수배, 렌터카 및 기타 교통편 등에 대한 예약

여행객이 원하는 호텔예약, 경유 및 목적지에서의 투어수배 등의 예약, 렌터카 및 기타 항공여행과 연결되는 기타 교통편(선박, 육로교통) 등의 예약도 해준다.

② 특별 기내식(special meal) 예약

여행객 중 종교, 건강, 취향 등으로 기내식사에 특별음식을 원하는 경우는 사전(항공사마다 상이하나 늦어도 출발 1일 전까지)에 예약을 받아 별도로 제공해 준다.

특별 기내식

기내에서 제공되는 특별음식에는 일반적으로 BBML(Baby meal : 유아용), HNML(Hindu meal : 힌두교인용), KSML(Kosher meal : 유대교신자용), MOML(Moslem meal : 이슬람교인용), NSML(No salt added meal : 당뇨환자용), VGML(Vegetarian meal : 채식주의자용) 등의 음식이 있다.

③ 제한여객의 운송예약

stretcher(들 것)나 wheel chair 환자, 비동반소아(12세 미만), 임신부(8개월 이상) 등 여행 중 특별한 주의가 필요한 여행객은 소정서류(의사의 건강진단서, 서약서 등)를 예약시 접수하면 운송에 필요한 사전조치를 강구해 준다.

④ 도착 Information의 제공

여행객이 목적지에 있는 친지 등에게 도착을 알리기를 원하는 경우 전화번호, 성명, 전달내용 등을 접수하면 해당지점에 전문을 발송하여 신속히 전달해 준다.

⑤ 기타 여행정보의 제공

여행객이 필요로 하는 각종 여행정보(항공요금, 출입국절차, 관광지 및 쇼핑 소개, 세계 유명도시의 월별 온도와 습도 등)를 제공해 준다.

2) 항공예약의 경로

(1) 직접 예약

여행객이 해당 항공사 및 해당 항공사의 지점을 방문하거나 전화, FAX, 인터넷 등을 통해 직접 예약을 하는 경우이다.

(2) 간접 예약

① 여행사

항공권 판매의 가장 중요한 유통경로 가운데 하나로, 항공사는 자사의 지점과 영업소만으로는 판매망이 불충분하므로 여행사를 판매대리점으로 지정하여 고객 유치 활동을 하고 있다. 대개의 경우 여행사는 어느 특정 항공사의 판매대리점으로만 영업활동을 하는 것이 아니고 여러 항공사의 판매대리점을 동시에 겸하고 있다.

② 총판 대리점(GSA : general sales agent)

해당 지역에 항공사의 지점이나 영업소가 없는 경우 그 업무를 대행하도록 지정된 제3자를 말하는데, 대개 여행사 또는 그 지역의 항공사가 총판 대리점으로 위임되어진다.

③ 타항공사

항공사 상호간에 상대방의 항공권을 가지고 자사의 항공기에 탑승할 수 있도록 협정(interline agreement)을 맺은 경우에는 협정 당사자가 상대방 항공사의 대리인으로서 좌석을 판매하는 것을 서로 인정하고 있다.

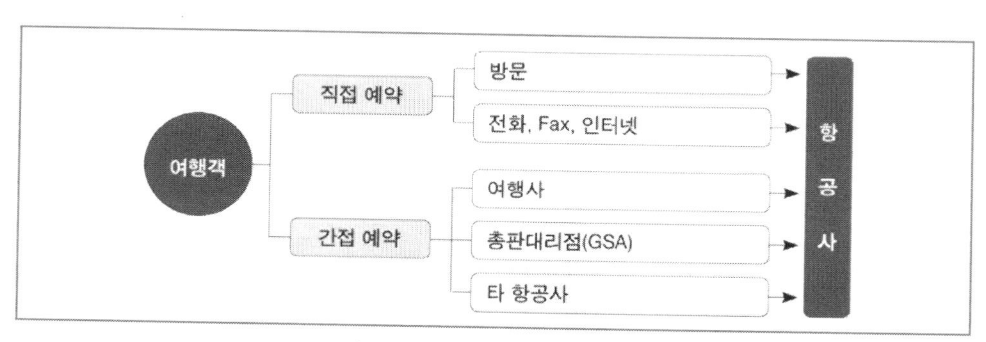

[그림 7.1] 항공예약의 경로

2. CRS(Computer Reservation System : 컴퓨터예약시스템)

1) CRS의 정의 및 기능

CRS란 컴퓨터를 통한 전산예약시스템으로 컴퓨터를 통해 항공편의 예약과 발권은 물론 항공운임 및 기타 여행에 관한 종합적인 서비스를 제공하는 시스템을 말한다. 과학 · 기술 환경의 발달, 특히 통신기술과 컴퓨터의 발달로 출현하게 된 CRS를 이용하면서 여행사에서는 이전에 일일이 수작업을 통해 항공스케줄 및 항공운임을 찾거나 항공권을 발권하는 번거로움에서 벗어날 수 있었으며, 고객들도 여행정보를 얻기 위해서 동분서주하거나 항공예약과 호텔예약을 별도로 하는 번거로움을 겪지 않게 되었다.

CRS란 물론 항공업무의 자동화를 위해 개발되었지만 그러한 고유업무에만 국한되지 않고 그 영역을 넓혀 왔는데, 그 주요 기능으로는 다음을 들 수 있다(한국여행발전연구회, 2012 : 394).

- 좌석예약 관리기능 : 항공스케줄, 운항정보, 잔여좌석상태, 항공운임조회 및 좌석예약 · 발권 등 가장 필수적인 예약업무 관리기능
- 수익관리기능 : 고객에 대한 세부정보내역을 저장 · 관리하고 과거실적 분석과 미래예약 추세를 예측하여 예약통제를 실시하며, 효과적인 초과예약 활용을 통해 수익을 극대화하려는 관리기능
- 업무 · 정보지원기능 : 여행사의 고객관리, 회계 및 발권 데이터 관리기능, 관광정보, 각국 입국정보와 여행지 정보 등 다양한 정보를 사용자에게 제공하는 기능 및 제휴업체(철도 · 선박 · 호텔 등)의 서비스 예약지원기능

2) CRS의 기원 및 현황

(1) 국외

CRS가 항공업계에 최초로 선보인 것은 1962년 미국의 AA(아메리칸 항공)가 사내 예약업무 전산화를 위해 SABRE(Semi Automated Business Research Environment)를 개발한 것이 첫 출발이었다. 1975년에는 SABRE를 미국 내 여행사에 최초로 보급하기 시작하였으며, 이러한 새로운 판매망의 덕분으로 AA는 세계 최대의

항공사로 도약할 수 있었다.

그 후 SABRE의 성공에 자극받아 UA(유나이티드 항공)의 APOLLO를 시작으로 SYSTEM-ONE, PARS, DATAS 등 주요 CRS들이 잇달아 개발되면서 본격적인 CRS 경쟁체제로 돌입하게 되었다(한진정보통신, 1998 : 7).

미국 항공사들의 CRS가 초대형화되고 네트워크의 확장이 격화되면서 이들은 미국 국내에만 그치지 않고 유럽 및 아시아 각 지역으로의 진출과 확대를 꾀하였다. 유럽과 아시아 지역에 있는 중소규모의 항공사로는 이러한 미국 항공사에 필적할 수 있는 대형 시스템을 단독으로 개발·확보하는 것이 불가능하기 때문에 다자간 협력을 통해 지역연합 컴퓨터예약시스템을 구성하게 되었는데, 이를 GDS(Global Distribution System)라고 한다.

이러한 GDS로 유럽지역에서는 AF(에어 프랑스), LH(루프탄자), IB(이베리아 항공) 등을 중심으로 한 AMADEUS와 BA(영국 항공), SR(스위스 항공), AZ(알리탈리아 항공) 등을 중심으로 한 GALILEO가 구성되었다. 동남아지역에서는 SQ(싱가포르 항공), CX(케세이퍼시픽 항공), MH(말레이시아 항공) 등을 중심으로 한 ABACUS라는 연합 컴퓨터예약시스템이 구축되었다.

시간을 거치면서 각 CRS 및 GDS들은 서로의 시장확대와 경쟁력 강화를 위해 협력을 강화해 왔다. 예컨대 1990년 미국의 PARS와 DATAS Ⅱ, 1993년 유럽의 GALILEO와 미국의 APOLLO, 1995년 유럽의 AMADEUS와 미국의 SYSTEM ONE의 합병 등 컴퓨터예약시스템 업계는 새로운 질서를 창출하고 있다.

(2) 국내

국내에 CRS가 처음 등장한 것은 1975년 대한항공이 사내 업무 전산화를 위해 KALCOS를 개발하면서이다. 이후 각종 기능을 보강한 KALCOS-Ⅱ를 거쳐 1983년 비로소 종합여행정보시스템으로서의 모습을 갖추며 TOPAS(Total Passenger Service System)로 탄생되었다. 그 후 한국의 CRS시장이 개방되어 경쟁체제에 들어선 후에도 TOPAS는 한국시장의 특성을 살린 CRS라는 강점과 성능으로 현재까지 한국의 CRS시장을 주도해 오고 있다.

현재 국내에는 TOPAS 이외에 아시아나항공이 도입한 아시아지역 대표 CRS인 ABACUS, 미국지역 통합 CRS인 WORLDSPAN, 그리고 유럽지역 대표 CRS 중 하나인 GALILEO 시스템이 서비스를 제공하고 있다.

[표 7.1] TOPAS와 ABACUS 비교

대한항공 TOPAS	아시아나항공 ABACUS
• 우리나라 최초의 컴퓨터 항공예약시스템으로 한국 여행시장의 선진화에 기여 • 대한항공과 세계 최대의 항공여행 관련 IT기업인 AMADEUS가 공동출자하여 설립한 종합여행정보시스템(대한항공이 68%의 지분 소유) • 국내 항공예약시장에서 차지하는 비중이 70% 이상으로 점유율이 제일 높지만, 외국항공사나 호텔 · 렌터카 · 크루즈에서는 영향력이나 호환성이 적음 • 대표 항공사 : QR(카타르항공), AC(에어캐나다), LJ(진에어)	• 싱가포르에 본부를 두고 동남아지역 5개의 항공사가 1987년에 개발한 CRS로 아시아나항공이 도입 · 운영함으로써 대한항공의 독점체제와 같았던 국내 CRS분야에 선의의 경쟁자로 등장 • 세계 최초 CRS인 SABRE를 데이터베이스로 하고 있기 때문에 국내 외국항공사뿐만 아니라 상당수의 여행사 · 호텔 · 렌터카 · 크루즈 회사에서 사용하고 있으며, 국내에서 취업가능한 대부분의 동남아시아계열 항공사들이 사용하고 있는 GDS임 • TOPAS에 비해 국내 점유율이 낮고 어려운 지시어를 일일이 숙지하여 입력해야 함 • 대표 항공사 : BX(에어부산), NH(전일본공수), SQ(싱가포르항공)

3. 항공예약 관련 유의사항 및 주요 용어

1) 초과예약(Overbooking)

예약의 업무 성격상 출발일시가 임박한 상황에서의 예약취소(late cancellation)나 노쇼우(no-show)[1] 등은 정도의 차이는 있으나 항상 발생할 수 있는데, 이 경우 항공사로서는 좌석의 손실과 수입의 감소를 초래하게 된다. 따라서 승객의 예약취소 및 no-show 발생으로 인한 좌석탑승률의 감소를 방지하기 위해서 항공사는 항공기의 공급좌석(판매가능좌석)을 초과하여 예약을 받는 초과예약(overbooking)을 운영하고 있다. 초과예약 적정선의 결정은 과거 탑승실적과 예약실적을 면밀히 분석하여 계절 · 요일 · 노선별로 그 특성에 맞게 실시하여야 한다.[2]

---

1) 예약을 한 후 아무런 사전 통고 없이 제시간에 도착하지 않거나 아예 나타나지 않는 것을 말한다. 한편, 이와 상반되게 예약을 하지 않은 상태에서 직접 공항에 나가 남는 좌석을 배정받아 여행하는 것을 go-show라 한다.

2) 일반적인 초과예약 적정선은 탑승정원의 10~20% 정도이다.

초과판매(Oversales)

실제 탑승수속 시점에서 탑승가능 좌석수보다 더 많은 승객이 확약된 항공권을 가지고 있는 상태가 되어 탑승하지 못하는 승객이 발생하는 경우를 말하는 것으로, 엄밀한 의미에서 초과예약과는 차이가 있다.

2) 항공권 구입시한(Ticketing Time Limit)

항공사는 no-show 방지를 위하여 예약당시에 예약을 확약해 주면서 항공편 출발 며칠 전까지 항공권을 구입하도록 하는 시한을 부과하기도 한다. 각 항공사마다 별도의 규정이 있어 다를 수 있지만, 이를 지키지 않게 되면 승객의 예약은 자동적으로 취소될 수 있음에 유의해야 한다.

3) ICAO 음성 알파벳(Phonetic Alphabet)

국제민간항공기구인 ICAO(International Civil Aviation Organization)에서는 항공예약 업무 수행시 알파벳 글자를 구어로 전달할 때 당사자 간에 착오나 오해가 없도록 전달하고자 하는 영문 알파벳을 정확히 전달하는 수단으로 알파벳에 고유이름을 붙여 사용하였는데, 이를 음성 알파벳(phonetic alphabet) 또는 음성코드(phonetic code)라고 한다. 예를 들면 B를 V로, 또는 N을 M으로 잘못 알아듣는 데서 오는 실수를 줄이고 정확성을 높이기 위해 알파벳에 고유이름을 붙여 사용하였다.

항공좌석 예약번호에 알파벳 말고도 숫자가 들어가는데, 이때는 숫자 앞에 '숫자'라고 명명한다. 예컨대, GMRK6L이라면 Golf-Mike-Romeo-Kilo-숫자 여섯-Lion이라 부른다. 이러한 음성 알파벳은 항공사나 여행사 쪽에 종사하는 사람은 물론 실생활에서도 메일주소나 홈페이지의 URL을 전화로 불러 줄 때 편리하게 사용할 수 있다.

[표 7.2] ICAO 음성 알파벳

Letter	Phonetic Alphabet	Letter	Phonetic Alphabet
A	Alpha	N	November
B	Bravo	O	Oscar
C	Charlie	P	Papa
D	Delta	Q	Quebec
E	Echo	R	Romeo
F	Foxtrot	S	Sierra
G	Golf	T	Tango
H	Hotel	U	Uniform
I	India	V	Victor
J	Juliet	W	Whiskey
K	Kilo	X	X-Ray
L	Lima	Y	Yankee
M	Mike	Z	Zulu

주 : 최근에는 정해진 알파벳 용어를 사용하지 않고 편리에 의해 바꿔서 부르기도 한다.
(예 : F→Father, J→Japan, Q→Queen, S→Smile 등)

4) PNR(Passenger Name Record)

PNR이란 항공사가 자사의 항공운송을 통해 여행하려는 고객의 요구사항에 따라 필요한 전반적인 서비스 사항을 정해진 형식에 의거해 예약전산시스템에 기록해 놓은 예약기록을 말한다. 즉 승객의 예약상황 및 진행상황이 기록되는 것으로 일종의 항공예약상황의 시작부터 변동상황, 종료까지의 History 기록상황을 말한다.

PNR은 여행하고자 하는 승객의 성명, 여정, 연락처 등 항공여행에 필요한 필수사항과 특별 또는 부대서비스 사항 등에 관한 선택사항 등 여러 부분들로 구성되어져 있다. 이러한 각 부분, 즉 PNR 작성을 위해 입력되는 각각의 내용을 Field라고 한다.

[표 7.3] PNR의 구성요소

구분(Field)	구성내용
성명*(name)	승객의 이름 및 성별 · 연령별 · 신분별 호칭
여정*(itinerary)	항공일정
예약번호(PNR address)	시스템상 예약기록을 유지하고 있는 주소
일반사항(general facts)	예약을 위한 승객정보
공항사항(airport facts)	승객의 공항 · 기내 특별 서비스 요청사항 (SSR : special service request)
예약 · 변경의뢰자(received from)	예약 및 변경을 요청한 사람에 대한 정보
기타 서비스 정보(OSI : other service information)	기타 승객정보 입력(APIS)
항공권 정보(ticketing)	항공권 구입상황 및 항공권 번호
시한통보(time limit)	예약 · 발권 등 모든 절차에 대한 시한통보
마일리지 회원번호	보너스카드 회원번호 입력
사전좌석 배정(PRS)	Pre-reserved Seat
전화번호*(phone)	승객의 연락처

주 : *표시는 필수 구성요소임

보기 7.1 ▸ **PNR 화면 및 구성**

```
RP/PUSKP3401/PUSKP3401           AA/SU   1NOV20/0932Z   JP3XCI
2103-9561
  1.KIM/TEST MR
  2  KE 661 M 10MAY 1 PUSBKK HK1  2035 0015  11MAY  E  KE/JP3XCI
  3  KE 662 M 15MAY 6 BKKPUS HK1  0135 0900  15MAY  E  KE/JP3XCI
  4 AP -051-111-1111 AAA TOUR KIM/NANA
  5 APE ABC@DEF.COM
  6 APM 010-1234-5678
  7 TK OK01NOV/PUSKP3401
  8 OPW PUSKP3401-12NOV:1900/1C7/KE REQUIRES TICKET ON OR BEFORE
        15NOV:1900 PUS TIME ZONE/TKT/S2-3
  9 OPC PUSKP3401-15NOV:1900/1C8/KE CANCELLATION DUE TO NO
        TICKET PUS TIME ZONE/TKT/S2-3
```

PNR 2103 - 9561 / JP3XCI

1. 탑승자명
2. 출발여정
3. 도착여정
4. 여행사 연락처
5. 탑승자 메일주소
6. 탑승자 연락처
7. 예약날짜 및 예약여행사 코드
8. OPW(Option Warning Elements) 부연설명
9. OPC(Option Cancellation Elements)

자료: 최복룡, 2021:190

5) City & Airport Codes(도시 및 공항 코드)

항공예약업무를 수행하기 위해서는 우선적으로 항공사 및 관련 업계에서 사용하는 공동의 언어나 약어 및 규정 등을 숙지하고 있어야 한다. 이는 항공사 및 관련 업계 내부에서 상호간에 이루어지는 의사소통 및 정보의 전달을 보다 정확하고 효율적으로 수행하기 위해 필요하다.

이와 관련하여 특히 도시 및 공항코드와 항공사 코드에 대한 정확한 숙지가 요구된다. 세계 각국의 도시 및 공항코드는 항공예약업무 수행과 항공권 기재사항에 대한 이해를 위해서 뿐만 아니라 출입국시 공항에서 모니터를 참고하여 탑승구(gate)를 찾을 때에도 필수적이라 할 수 있다. 도시 및 공항 코드는 세 자리로 구성된 약어(3 letter code)로 표기한다.

[표 7.4] 세계 주요 도시 및 공항 코드

지역	국가별	도시명(공항명)	도시코드(공항코드)
아시아	한국	Busan	PUS
		Daegu	TAE
		Gwangju	KWJ
		Jeju	CJU
		Seoul(Gimpo)/(Incheon)	SEL(GMP)/(ICN)
	일본	Fukuoka	FUK
		Hirosima	HIJ
		Kumamoto	KMJ
		Nagoya	NGO
		Nigata	KIJ
		Osaka (Kansai)/(Itami)	OSA (KIX)/(ITM)
		Sendai	SDJ
		Tokyo(Narita)/(Haneda)	TYO (NRT)/(HND)
	중국	Beijing(Peking)	BJS(PEK)
		Changchun	CGQ
		Dalian	DLC
		Guangzhou	CAN
		Harbin	HRB
		Qingdao	TAO
		Shanghai(Hongqiao)/(Pudong)	SHA(SHA)/(PVG)
		Shenyang	SHE
		Tianjin	TSN

지역	국가별	도시명(공항명)	도시코드(공항코드)
		Hong Kong	HKG
		Macau	MFM
	우즈베키스탄	Tashkent	TAS
	몽고	Ulanbator	ULN
	대만	Taipei	TPE
	필리핀	Manila	MNL
	베트남	Ho Chi Minh	SGN
	태국	Bangkok	BKK
	말레이시아	Kualalumpur	KUL
	싱가포르	Singpore	SIN
	인도네시아	Jakarta (Soekarko Hatta)	JKT (CGK)
		Denpasaar Bali	DPS
	인도	Delhi	DEL
	쿠웨이트	Kuwait	KWI
	바레인	Bahrain	BAH
미주	캐나다	Toronto(Pearson International)	YTO(YYZ)
		Vancouver	YVR
	미국	Anchorage	ANC
		Atlanta	ATL
		Boston	BOS
		Chicago(O'hare)/(Midway)	CHI (ORD)/(MDW)
		Honolulu	HNL
		Las Vegas	LAS
		Los Angeles	LAX
		New York (J.F. Kennedy) (Newark)/(La Guardia)	NYC (JFK) (EWR)/(LGA)
		Sanfrancisco	SFO
		Seattle	SEA
		Washington, DC (Dulles International) (Washington National)	WAS (IAD) (DCA)
유럽	영국	London (Heathrow)/(Gatwick) (Stansted)	LON (LHR)/(LGW) (STN)
	프랑스	Paris (Charles de Gaulle) (Orly)	PAR (CDG) (ORY)
	네덜란드	Amsterdam	AMS
	벨기에	Brussel	BRU
	독일	Frankfurt	FRA
	스위스	Zurich	ZRH

지역	국가별	도시명(공항명)	도시코드(공항코드)
	이탈리아	Rome (Leonardo Da Vinci) (Ciampino)	ROM (FCO) (CIA)
	스페인	Madrid	MAD
		Barcelona	BCN
남태평양	호주	Brisbane	BNE
		Sydney	SYD
	뉴질랜드	Auckland	AKL
	괌	Guam	GUM
	사이판	Saipan	SPN
	피지	Nadi	NAN
아프리카	이집트	Cairo	CAI
	케냐	Nairobi	NBO
	남아프리카 공화국	Johannesburg	JNB

주: ( )는 동일도시의 복수공항 또는 도시코드와 다른 공항코드를 의미함

북경(베이징)의 도시코드와 공항코드가 다른 이유

북경이라는 도시의 코드는 BJS로 Beijing이라는 영문 이름과 비슷하다. 북경이라는 도시에 공항이 여러 개 있어 구분할 필요가 있다면 모르지만 그렇지도 않은데 공항에는 Peking이라는 이름을 붙이고 코드는 PEK로 쓰고 있다. 그 이유는 북경의 예전 영문 표기 방식이 Peking이었고 현재는 Beijing으로 변경되었는데, 지금 표기 방식으로 하자면 북경 공항코드도 BJS가 되어야 하지만 공항코드는 한 번 정해진 예전 이름을 그대로 사용하기에 Peking Airport 코드인 PEK를 그대로 사용하고 있는 것이다.

우리나라의 경우에도 몇 년 전 영문 표기 방식이 바뀌었다. 광주의 영문 표기가 Kwangju에서 Gwangju로, 부산이 Pusan에서 Busan으로, 제주가 Cheju에서 Jeju로 바뀐 것이다. 하지만 이들 공항코드는 여전히 KWJ, PUS, CJU를 유지하고 있다.

6) Airline Codes(항공사 코드)

전 세계의 모든 항공사는 자사를 나타내는 두 자로 구성된 약어(2 letter code)를 보유하는데, 이러한 항공사 코드는 국제항공운송협회(IATA : International Air Transport Association)로부터 부여받는다. 항공사 코드를 선정하는 경우 우선 해당 코드를 사용하게 될 항공사의 의견이 존중되지만 기존의 코드와 중복되는 경우 다른 코드를 사용하도록 하고 있다.

따라서 항공산업이 빨리 시작된 미국이나 유럽계 항공사들은 코드명과 회사명이 거의 일치한다. 예를 들어 AA(아메리칸항공), NW(노스웨스트항공), AF(에어프랑스), BA(영국항공) 등 대부분이 그렇다.

반면에 이들에 비해 뒤늦게 출범한 항공사들은 회사명과 동떨어진 코드를 부여받았다. 대표적으로 1988년도에 출범한 아시아나항공의 경우 OZ(아시아나항공)라는 회사명과 알파벳만으로는 짐작하기 어려운 코드를 얻었다. 또한 구소련의 독립국가연합이나 중국처럼 더 늦게 신청한 나라의 경우는 영문 알파벳 조합으로 된 코드가 남아 있지 않아 항공사 코드에 숫자가 들어가는 경우가 많다. 대표적으로 S7(시베리아항공), 9Y(에어카자흐스탄), 3Q(중국운남항공), 4G(심천항공) 등을 들 수 있다. 세계 주요국의 항공사 코드를 정리하면 다음과 같다.

[표 7.5] 항공사 코드

항공사 코드	영문이름	항공사명	국적
AA	American airlines	아메리칸항공	미국
AC	Air Canada	에어캐나다	캐나다
AF	Air France	에어프랑스	프랑스
AI	Air India Limited	인도항공	인도
AM	Aero Mexico	멕시코항공	멕시코
AN	Ansett Australia Airline	안셋호주항공	호주
AQ	Aloha Airlines	알로하항공	미국
AR	Aerolines Argentinas	아르헨티나항공	아르헨티나
AS	Alaska Airlines	알라스카항공	미국
AY	Finn Air	핀랜드항공	핀랜드
AZ	Alitalia Airlins	알리탈리아항공	이탈리아
BA	British Airways	영국항공	영국
BD	British Midland Airlines	영국미들랜드항공	영국
BL	Pacific Airlines	퍼시픽항공	베트남
BX	Air Busan	에어부산	한국
CA	Air China	중국국제항공	중국
CI	China Airlines	대만항공	대만
CJ	China Northern Airlines	중국북방항공	중국
CO	Continental Airlines	컨티넨탈항공	미국
CP	Canadian Airlines Int'l	캐나디안에어라인	캐나다

항공사 코드	영문이름	항공사명	국적
CS	Continental Micronesia	콘티넨탈항공	미국
CX	Cathay Pacific	캐세이퍼시픽항공	홍콩
CZ	China Southern Airlines	중국남방항공	중국
DL	Delta Airlines	델타항공	미국
EK	Emirates Airlines	에미레이트항공	아랍에미레이트
ET	Ethiopian Airlines	이디오피아항공	이디오피아
FJ	Air Pacific	에어퍼시픽	피지
GA	Garuda Indonesia Airways	가루다항공	인도네시아
GF	Gulf Air	걸프항공	바레인 외 3국
HP	America West Airlines	아메리카웨스트항공	미국
HY	Uzbekistan Airways	우즈베키스탄항공	우즈베키스탄
HZ	Sakhalinsk airlines	사할린항공	러시아
IB	Iberia Airlines	이베리아항공	스페인
IR	Iran Air	이란항공	이란
IZ	Akia Israeli Airlines	아키아이스라엘항공	이스라엘
JL	Japan Airlines	일본항공	일본
JU	Yugoslav Airlines	유고슬라비안항공	유고
KE	Korean Air	대한항공	한국
KL	KLM Royal Dutch Airlines	네덜란드 KLM 항공	네덜란드
KU	Kuwait Airwyas	쿠웨이트항공	쿠웨이트
LA	Lan Chile	칠레항공	칠레
LH	Luftnansa	루프트한자	독일
LJ	Jin Air	진에어	한국
LO	Lot Polish airlines	폴란드항공	폴란드
LW	Air Nevada	네바다항공	미국
LY	El Al Israel Airlines	엘알이스라엘항공	이스라엘
LZ	Balkan	발칸항공	불가리아
MD	Air Madagascar	마다가스카르항공	마다가스카르
MH	Malaysian Airlines	말레이시아항공	말레이시아
MK	Air Mauritius	모리셔스항공	모리셔스
MM	Peach Aviation	피치항공	일본
MS	Egypt Air	이집트항공	이집트
MU	China Eastern Airlines	중국동방항공	중국
MX	Mexicana	멕시카나	멕시코
MZ	Merpati Airlines	메르파티항공	인도네시아

항공사 코드	영문이름	항공사명	국적
NH	All Nippon Airways	전일본공수	일본
NW	Northwest Airlines	노스웨스트항공	미국
NX	Air Macau	에어마카오	중국
NZ	Air New Zealand	에어뉴질랜드항공	뉴질랜드
OA	Olympic Airways	올림픽항공	그리스
OK	Czechoslovakian Airlines	체코슬로바키아항공	체코
OM	Mongolian Airlines	몽고리안항공	몽고
OZ	Asiana	아시아나	한국
PK	Pakistan International	파키스탄항공	파키스탄
PR	Philippine Airlines	필리핀항공	필리핀
PX	Air Niugini	뉴기니항공	파푸아뉴기니
QF	Quantas Airways	호주항공	호주
QR	Qatar Airways	카타르항공	카타르
QV	Lao Aviation	라오항공	라오스
RA	Royal Nepal Airlines	네팔항공	네팔
RF	Aero K	에어로케이	한국
RG	Varig Brazilian Airlines	베리그브라질항공	브라질
RJ	Royal Jordanian Airlines	요르단항공	요르단
RS	Air Seoul	에어서울	한국
SA	South Africa Airways	남아프라카항공	남아공
SF	Shanghai Airlines	상해항공	중국
SG	Sempati Air	셈파티항공	인도네시아
SK	Scandinavian Airlines System	스칸디나비안항공	스웨덴
SQ	Singapore Airlines	싱가포르항공	싱가포르
SR	Swiss Air	스위스항공	스위스
SU	Aeroflot Russian Int'l	에이로플로트항공	러시아
SV	Saudi Arabian Airlines	사우디아라비아항공	사우디아라비아
SZ	China Southwest Airlines	중국서남항공	중국
TG	Thai Airways Int'l	타이항공	태국
TK	Turkish Airlines	터키항공	터키
TP	Air Portugal	포르투갈항공	포르투갈
TW	T'way Air	티웨이항공	한국
UA	United Airlines	유나이티드항공	미국
UB	Myanmar Airways	미얀마항공	미얀마
UL	Srilankan Airlines	스리랑카항공	스리랑카

항공사 코드	영문이름	항공사명	국적
US	US Airways	미국항공	미국
VJ	Vietjet Air	비엣젯항공	베트남
VN	Vietnam Airlines	베트남항공	베트남
VP	Vasp Brazilian Airlines	바스피브라질항공	브라질
VS	Virgin Atlantic Airways	아틀란틱항공	영국
WH	China Northwest Airlines	중국운남항공	중국
YP	Air Premia	에어프레미아	한국
XF	Vladivostok Airlines	블라디보스톡항공	러시아
ZE	Eastar Jet	이스타항공	한국
S7	Siveria Airlines	시베리아항공	러시아
7C	Jeju Air	제주항공	한국
5J	Cebu Pacific Air	세부항공	필리핀

4. 항공권의 이해

1) 항공권의 개요

(1) 항공권의 정의

항공권에 대한 정확한 이해와 취급은 항공업무의 기본이자 대고객 서비스에 있어서 중요한 요소라 할 수 있다. 항공권이란 여객운송에 있어서 여행자와 항공사 간에 성립된 계약내용과 항공사의 운송약관 및 기타 약정에 의하여 여객운송 이행이 이루어짐을 표시하는 항공운송증표이다.

일반적으로 항공권이라고 하는 것은 영문으로는 'passenger ticket and baggage check'라고 한다. 명칭에서도 짐작할 수 있듯이 항공권이란 여객의 운송 및 여객의 위탁수하물의 수송에 대한 증표로서, 단순히 여객의 수송과 관련된 내용만을 담고 있지 않고 항공여행에 있어서 여객과 함께 동반되는 짐(수하물)의 중요성을 나타내고 있다.

또한 국제선 항공기를 이용하는 경우에 항공권과 탑승권은 별개의 개념이다. 항공권을 구입하는 것은 공항에서 탑승수속을 받기 위한 전제조건으로, 항공권을 구입하게 되면 당일 공항에서 탑승수속을 거쳐 좌석번호가 기재된 탑승권이

주어지게 된다.

(2) 항공권의 요금체계

국제선 항공운임은 여객의 여행형태, 여행기간, 여행조건 등에 따라 크게 정상운임과 특별운임으로 대별되고, 특별운임은 다시 판촉운임과 할인운임으로 구분할 수 있다.

① 정상운임(Normal Fare)

이것은 항공권상에 나와 있는 요금으로서 예약변경, 여정변경, 항공사 변경 등에 원칙적으로 제한이 없다. 즉 여권과 비자에 이상이 없다면 여행 도중에 어느 도시에서나 내릴 수 있고, 다른 항공사의 비행기로 갈아타는 것도 가능하다. 유효기간에 있어서는 항공권의 첫 구간은 발행일로부터 1년 안에 사용하여야 하며, 나머지 구간은 여행개시일로부터 1년이다.

② 특별운임(Special Fare)

a. **판촉운임**(Promotional Fare)

여행객의 다양한 여행형태에 부합하여 개발된 것으로 여행객의 여행기간, 여행조건 등에 일정한 제한이 있는 운임을 말한다. 여행기간에 대한 제한은 최소의무 체류기간(minimum stay)과 최대허용 체류기간(maximum stay)이 있으며, 여행조건에 따른 제한은 도중체류 횟수, 선구입조건, 예약 변경가능 여부, 여행일정 변경가능 여부 등이 있다.

b. **할인운임**(Discounted Fare)

여객의 연령이나 신분에 따라 할인이 제공되는 운임으로 여객의 여행조건에 따라 그 기준요금은 정상운임 또는 판촉운임이 될 수 있다. 현재 항공사에서 일반적으로 적용하고 있는 주요 할인운임의 대상 및 내용은 〈표 7.6〉과 같다.

[표 7.6] 할인운임의 종류

종류	적용 대상	운임 수준
유아 (IN : Infant)	만 14일 이상~만 2세 미만의 좌석을 점유하지 않는 아기	성인운임의 10% 적용
소아 (CH : Child)	만 2세 이상~만 12세 미만의 어린이 (성인보호자 동반)	성인운임의 75% 적용
비동반 소아(UM : Unaccompanied Minor)	보호자 없이 혼자 여행하는 만 5세 이상~만 12세 미만의 어린이	• 만 5세 이상~만 8세 미만 : 성인운임의 100% 적용 • 만 8세 이상~만 12세 미만 : 동반 소아운임
학생(SD : Student)	만 12세 이상~만 26세 미만의 학생	성인 정상운임의 75%
단체인솔자(CG : Conductor of Group)	10명 이상의 단체 여객을 인솔하는 자	단체 구성인원의 수에 따라 할인율이 정해지나, 현재는 할인적용이 거의 없음
선원(SC : Ship's Crew)	조업과 관련하여 여행하는 선원	성인 정상운임의 75%
대리점 직원 (AD : Agent Discount)	항공사와 대리점 계약을 체결한 대리점 직원 및 그 배우자	• 본인 : 정상운임의 25% • 배우자 : 정상운임의 50% (발권시 항공사의 승인이 필요)
항공사 직원(ID : Identity or Industry Discount)	항공사 직원 및 그 가족	운임수준 및 탑승조건은 각 항공사의 내부 규정 및 항공사 간의 상호계약에 의해 결정

주: 1. 나이는 최초 여행 개시일을 기준으로 함
2. 운임수준은 일반적인 것으로 항공사와 노선 등에 따라 달라질 수 있음

항공운임의 구성

항공운임은 순수항공운임과 세금(tax), 유류할증료(fuel surcharge)로 구성되는데, 순수항공운임은 항공사에서 책정하는 요금이며, 세금은 국가별 공항시설이용료가 대부분을 차지한다.

유류할증료는 항공사가 유가 상승에 따른 손실을 보전하기 위해 운임에 부과하는 할증료이다. 유류할증료는 출발 국가에 따라 다르게 적용되며, 동일한 출발 국가의 항공사들은 동일한 유류할증료를 적용하는 것이 일반적이나, 이는 항공사에 따라 차이가 날 수 있다. 유류할증료는 유가의 변동에 따라 부가되는 수수료로 유가가 일정수준 인상되면 부가되는데, 우리나라 출발 항공요금에 부가되는 유류할증료는 싱가포르 항공유를 기준으로 유가 수준에 따라 여러 단계로 산출되어 적용되고, 한 달에 한 번씩 조정되며, 국토교통부의 승인을 받아야 한다. 항공권에 일반적으로 2자리 코드인 YR이나 YQ로 기재된다.

(3) 항공권의 일반적 사항

① 유효기간

국제선 항공권의 유효기간은 적용운임에 따라 결정되는데 정상운임의 경우 운송개시일로부터 1년이며, 사용하지 아니한 항공권의 경우에는 발행일로부터 1년이다. 특별운임이 적용된 항공권은 각 항공권의 규정에 따라 상이한 유효기간이 설정된다.

② 항공권의 양도

항공권은 타인에게 양도가 불가하며, 항공권에 관한 모든 권한은 'passenger name(여객명)'란에 기명된 여객에게만 주어진다.

③ 항공권의 사용순서

항공권은 항공권 상에 명시된 여정순서에 따라 순서대로 사용하여야 한다. 전자항공권의 특성상 예약된 여정에 여객이 탑승하지 않을 경우 예약된 다음 여정은 자동적으로 시스템에 의해 취소된다.

④ 적용운임 및 통화

국제선 항공운임은 운임산출 규정이 정하는 바에 따라 여행의 최초 출발지국 통화를 기준으로 운임을 설정한다. 따라서 한국 출발여정의 경우에는 KRW(Korea Won)를 출발국가통화로 사용한다. 또한 항공권 판매시 적용운임은 발권일 당시의 유효운임이 아니라 운송개시 당일에 유효한 운임을 적용한다.

(4) 항공권 구입시 확인사항

항공권의 예약은 출발 355일 전부터 가능하며, 여행자성명 · 여행구간 · 여행일시 · 전화번호 등이 필요하다. 항공사 선택의 기준은 가격과 서비스, 비행시간과 운항횟수, 갈아타는 횟수 등이 될 수 있는데, 일반적으로는 목적지에 운항횟수가 많은 자국항공사를 이용하는 것이 편리하다. 그렇지만 출발지의 국적을 가진 항공사는 다른 항공사에 비해 운임이 일반적으로 비싸다. 예를 들어 한국에서 로스앤젤레스를 가려고 할 때 가장 비싼 항공사는 대한항공과 아시아나항공이다. 반대로, 로스앤젤레스에서 서울로 돌아올 때는 미국 소재의 노스웨스트나 유나이티드항공이 비싸다. 따라서 항공요금만을 선택기준으로 삼을 것이 아니라 각종 서비스를 비교해 보고, 가장 적당한 항공사를 선택하는 것이 좋다. 할인항공권을 구입할 때는 다음과 같은 사항을 반드시 확인하여야 한다(김영규, 2013 : 344 ~ 345).

① 항공권의 유효기간(Not Valid After)

항공권은 출발일로부터 유효기간 내에 사용하여야 한다. 항공권에 따라 대개 1개월부터 1년까지의 유효기간이 지정되어 있는데, 할인율이 높을수록 유효기간이 짧은 경우가 대부분이다.

② 항공사 지정(Non Endorsement)

항공사가 지정되어 해당항공사 이외에는 탑승이 불가하며, 다른 항공사로의 변경이 되지 않는다.

③ 리턴변경 제한사항(Non Changeable Return Date)

귀국시에 여정변경이 생기더라도 귀국편의 일정변경이 불가능한 항공권이다. 항공권 구입시에 정확한 계획을 세워 예약을 하여야 하고, 사용하지 않을 시에는 이런 경우 대부분 환불이 되지 않으며, 결국에는 사용 못하는 항공권이 된다.

④ 항공권의 환불규정(Non Refund)

항공권에 따라서는 사용하지 않은 항공권(귀국편의 항공권)에 대해 전혀 환불이 되지 않는 경우가 있다. 특히 단체항공권과 특별할인 항공권의 경우가 대부분 환불이 되지 않는다. 또한 항공사에 따라 환불규정이 까다로워 손해를 보는 경우도 많다는 것에 유념해야 한다.

⑤ 항공사에 따른 항공요금 비교

항공사별로 항공요금이 매우 다양하다. 국내에 취항하고 있는 외국계 항공사가 일반적으로는 항공요금이 저렴한 편이다. 그러나 직항이 아닌 경유가 많고, 한국승무원의 비율이 낮아 기내에서의 의사소통이 불편한 점 등도 있다. 따라서 항공권을 구입할 때는 항공사 간의 이러한 차이를 비교해 보고 구입하는 것이 바람직하다.

2) 전자항공권의 개념

(1) 전자항공권의 정의

전자항공권(e-ticket)이란 기존의 종이로 된 항공권이 아닌 항공사 예약시스템 상에만 기록되어 있는 전자식 항공권(electronic ticket)을 말하며, 통상적으로 전자티켓이라고 한다. 즉 전자항공권이란 종이항공권의 상대되는 개념으로 더 이상 실물이 존재하지 않고 대신 그 데이터를 고스란히 항공사 컴퓨터시스템에 보관하여 언제라도 조회하고 꺼내 볼 수 있는 상태의 항공권을 의미한다.

그동안 승객에게 판매되어 온 종이항공권의 경우, 항공편을 예약했더라도 일정기한 내에 좌석번호가 적혀 있지 않은 종이항공권을 구입해야 했고, 기한 내에 항공권을 구매하지 않을 경우 예약이 취소되었다. 그러나 전자항공권 서비스의 도입으로 전화나 인터넷 상으로 예약과 결제를 마친 승객이 항공사로부터 예약번호(booking reference)를 받아 출발 당일 항공권을 소지하지 않고 간단한 신분확인만으로도 항공기 탑승이 가능하게 되었다.

다시 말해 전자항공권을 구입하고 결제하는 수단은 기존의 종이항공권과 동일하지만 그 내용을 티켓의 형태로 제공하지 않는다. 다만 그 내용은 항공사 예약시스템에만 기록되어 있다. 승객이 예약이 잘 되었는지 확인하기 위해 증빙자료를 요청하면 여행정보, 예약상태, 요금 등이 나타난 e-ticket 확인증을 e-mail이나 팩스로 받을 수 있다.

항공사에서 탑승객의 정보를 전산화해서 DB에 가지고 있는 점에 착안되어 만들어진 전자항공권은 기존의 유가증권 형태의 항공권을 고객에게 전달하지 않고 항공사 DB에 항공권의 모든 세부사항을 저장하고 필요시에 전산으로 자유롭게 조회하고 처리할 수 있는 시스템이다. 이와 같은 전자항공권은 1995년 미국의 유나이티드항공이 미국~영국 노선에 처음 적용해 도입하였으며, 우리나라는 2005년부터 전자항공권을 발행하기 시작하였고 2008년부터는 모두 전자항공권으로 발행하고 있다. 한편, 국제항공운송협회(IATA)의 회원항공사는 2008년 6

월 1일부로 종이항공권을 더 이상 발행하지 않기로 하였다.

(2) 전자항공권의 특징과 장점

전자항공권은 실물이 존재하지 않기 때문에 인터넷 기반의 현대사회에 매우 편리한 방법이다. 기존의 항공권이 유가증권에 준하는 관리에 많은 비용과 노력이 소요되었던 것에 반해, 전자항공권은 매우 저렴하고 신속하게 발행되고 전달될 수 있게 되었다. 요컨대, 전자항공권의 가장 큰 특징은 인터넷 기반의 항공사 예약시스템의 구축이다. 고객이 항공사 콜센터나 인터넷으로 항공사의 예약시스템과 연결하여 예약과 발권이 실시간 가능하다.

이와 같은 전자항공권이 갖는 가장 큰 장점은 편의성 및 시간·비용을 절감할 수 있다는 점이다. 전자항공권이 갖는 장점을 좀 더 구체적으로 항공사와 여행사, 그리고 고객의 입장에서 살펴보면 다음과 같다.

① 항공사 입장

- 종이항공권의 제작과 폐지에 따르는 비용을 절감할 수 있다.
- 종이항공권 출력을 위한 장비의 유지와 보수 등의 관리비용을 절감할 수 있다.
- 발권업무의 연계성과 호환성을 높이고 통계자료 및 마케팅 정보를 보다 쉽게 수집함으로써 고객에 대한 서비스를 개선할 수 있고, 항공권 부정사용 방지 및 탑승 절차 업무의 간소화로 인력 효율성이 증대될 수 있다.
- 항공권의 직판증대를 통한 유통비용을 절감할 수 있다.

② 여행사 입장

- 발권절차가 실물 없이 진행되므로 업무의 편의성이 증대되었고, 변경 및 재발행 시에도 간단하게 업무처리를 할 수 있다.
- 발권업무를 인터넷으로 할 수 있어서 실물항공권을 전달해 줄 필요가 없으므로 업무의 자동화와 간소화가 이루어졌으며, 지방 이용객에 대한 마케팅의 효율성이 높아졌다.
- 출발 당일까지 특별가를 적용해 항공권을 판매할 수 있어 비즈니스 기회가 보다 확대되었다.

- 종이항공권을 수령하는 데 따르던 항공권 담보비용에 대한 부담이 축소되었다.

③ **고객 입장**

- 항공편을 예약한 후 예전처럼 항공권을 발급 받기 위해 항공사나 여행사를 방문할 필요가 없으므로 시간이 절약된다. 환불이나 재발행 시에도 직접 방문할 필요 없이 전화나 인터넷만으로도 즉시 처리가 가능하다.
- 항공권의 분실과 훼손에 대한 우려가 없다. 기존의 종이항공권의 경우 발행된 항공권을 분실하거나 훼손하면 재발행을 위한 수수료가 부과되고 그 처리절차가 한 달 이상이 소요되기도 하였다.
- 종이항공권보다 전자항공권의 업무처리시간이 짧아서 공항에서의 수속카운터 대기시간이 줄어들었다. 승객은 신분증을 지참하고 항공기 출발 40분 전까지 공항에서 본인 확인과정만 거치면 좌석배정 후 탑승권을 발급받아 탑승할 수 있다. 이때 e-ticket 확인증을 제출하거나 예약번호를 알려주면 처리가 더욱 신속해진다.

3) 전자항공권 보는 방법

항공사는 탑승시 승객의 증빙자료로 확인하려는 편리성을 위해 e-ticket 확인증을 출력해서 소지하기를 권하고 있다. e-ticket은 용지도 형식도 없고 단지 이메일처럼 텍스트(text) 형식으로 되어 있기 때문에 이메일이나 팩스로도 보내고 받을 수가 있으며, 필요할 때는 일반용지에 출력을 할 수 있다.

전자항공권에 대한 출력의 형식은 각 항공사의 발권 시스템에 따라 다양한 형태를 취하고 있으나, 견본에 나타난 것처럼 일반적으로 승객 정보, 여정 정보, 항공권 운임정보 등으로 구성된다. 여기에서는 전자항공권 보는 방법과 관련 내용을 구체적으로 살펴보도록 하겠다.

보기 7.2 ▶ 전자항공권

(주)해피투게더투어

전자 항공권 발행 확인서

E-Ticket Passenger Itinerary & Receipt

담당자 : 송경선   TEL : 054-455-7788   FAX : 054-456-3388   E-MAIL : noella09@hanmail.net   2016 / 11 / 11

승객 정보 (Passenger Information)

- 승객 성명 (Passenger Name) : GUTIERREZ WHEELER/JESSICA RAC
- 항공권 번호 (Ticket Number) : 9881148993658
- 예약 번호 (Booking Reference) : OZ 항공-6Z4BDX (1B-RPZERC)

여정 정보 (Itinerary Information)

ASIANA AIRLINES 인터넷 좌석배정

OZ 236 ASIANA AIRLINES

	도시/공항	일자/시각	터미널	클래스	비행시간	상태
출발	SEOUL INCHEON INT	03DEC 20:20	TERMINAL 5 INTERNATIONAL	ECONOMY/H	13:15	OK
도착	CHICAGO OHARE	03DEC 18:35				

경유지(Via) :   좌석(Seat Number) :   유효 기간 (Validity) : Not Valid Before
무료수하물(Baggage) : 2PC   운임(Fare Basis) : HLWOKU   Not Valid After 03DEC17

OZ 6452 ASIANA AIRLINES   UNITED AIRLINES 항공기로 운항하는 공동 운항편(Codeshare)입니다.

	도시/공항	일자/시각	터미널	클래스	비행시간	상태
출발	CHICAGO OHARE	03DEC 21:10	TERMINAL 2	ECONOMY/H	01:27	OK
도착	MINNEAPOLIS ST PL	03DEC 22:37	TERMINAL 1 - LINDBERGH			

경유지(Via) :   좌석(Seat Number) :   유효 기간 (Validity) : Not Valid Before
무료수하물(Baggage) : 2PC   운임(Fare Basis) : HLWOKU   Not Valid After 03DEC17

수하물 정보 (Baggage Information)

항공사별 수하물 정보 확인

BAG ALLOWANCE -ICNMSP-02P/OZ/EACH PIECE UP TO 50 POUND S/23 KILOGRAMS AND UP TO 62 LINEAR INCHES/158 LINEAR CENTI METERS CARRY ON ALLOWANCE ICNORD-01P/OZ 01/UP TO 22 POUNDS/10 KILOGRAMS AND UP TO 45 LINEAR INCHES /115 LINEAR CENTIMETERS ORDMSP-UA-CARRY ON ALLOWANCE UNKNOWN-CONTACT CARRIER CARRY ON CHARGES ICNORD-OZ-CARRY ON FEES UNKNOWN-CONTACT CARRIER ORDMSP-UA-CARRY ON FEES UNKNOWN-CONTACT CARRIER ADDITIONAL ALLOWANCES AND/OR DISCOUNTS MAY APPLY DEPENDING ON FLYER-SPECIFIC FACTORS /E.G. FREQUENT FLYER STATUS/MILITARY/

항공권 정보 (Ticket Information)

- 발행일/발행처 (Issue Date/Place) : 11NOV16 / HAPPY TOGETHER TOUR TAEGU KR (17320704)
- 제한사항 (Restriction) : MILEUGJ/C/D/Y/B/MONLY/NONENDS
- 지불수단 (FOP/Tourcode) : CAXXXXXXXXXXXX8828 MASTERCARD
- 운임계산 내역 (Fare Calculation) : SEL OZ X/CHI OZ MSP1092.16NUC1092.16END ROE1098.739
- 항공운임 (Fare Amount) : KRW 1,200,000
- 세금/기타비용 (Tax/Fee/Charge) : 28000BP 20500US 6400YC 8100XY 4600XA 6500AY
  ※YQ/YR/Q Code는 유류할증료 및 전쟁보험료 부담금 등 입니다.
- **항공운임 총액 (Total Amount)** : KRW 1,274,100
- 취급 수수료(TASF) : KRW 92,400 / CARD

항공사 공지 사항 (Airline Notice)

■ 2016년 4월1일부로 예약부도위약금 (No Show Penalty)가 부과되오니 여정 변경에 유의하여 주시기 바랍니다.

드리는 말씀 (Remarks)

예약하신 스케쥴과 영문자 네임이 여권과 동일한지 확인 부탁드립니다. 여권 유효기간 6개월이상/VISA 면제 국가 이외의 나라 VISA 有無 확인하시기 바랍니다. TASF는 취급수수료 입니다.

- 본 전자항공권 발행확인서는 탑승수속/ 입출국/ 세관 통과시 요구될 수 있으므로 전 여행기간 동안 소지하시기 바랍니다.
- 본 전자항공권 발행확인서의 이름과 여권상의 이름은 반드시 일치해야 하며, 위/변조시 법적인 책임이 따를 수 있습니다.
- 일반적으로 공항 탑승 수속 마감은 항공편 출발 1시간전이므로, 최소 2시간 전에 공항에 도착하시기 바랍니다. 단, 항공사에 따라 탑승수속 마감시간이 다를 수 있으니 반드시 재확인하시기 바랍니다.
- 공동 운항편의 탑승 수속은 운항 항공사에서 이루어지며, 운항사의 규정에 따라 탑승수속 마감시간이 다를 수 있습니다.
- 무료 수하물 허용량을 초과하는 경우, 초과 수하물 요금이 부과될 수 있으며, 일부 항공사의 경우 탑승수속시의 수하물 규정이 전자 공권 발행확인서의 무료 수하물 규정과 다를 수 있습니다.
- '사전좌석배정'을 완료한 경우, 항공기 출발 70분 전까지 수속하지 않으면 예약(사전 배정 좌석)이 취소될 수 있습니다.
- 항공사 사정 및 써머타임 적용 등 운항시각의 변경을 대비하여, 여정의 출국 및 귀국 탑승일 기준 72시간 전에 항공기 출발/ 도착 운항시각의 재확인을 권고 드립니다. 미 확인 시 발생되는 문제로 인해 고객 본인 부담이 발생할 수 있습니다.

page 1 of 3

대한민국 국민이 이라크, 아프가니스탄, 소말리아, 시리아, 예멘, 리비아를 여행하는 것은 법에 의해 금지되어 있습니다.
안전한 해외여행을 위해 여행목적지 여행경보단계를 꼭 확인하세요 (www.0404.go.kr)
여행 전 해외여행자 사전등록제 '동행'에 가입하시면 여행국가의 안전정보를 이메일로 받아 보실 수 있습니다.
스마트폰 앱 스토어에서 '해외안전여행'을 검색! 해외에서의 긴급연락처도 받아가세요.
해외여행 중 사건&사고로 인해 도움이 필요한 상황에 처하시면 영사콜센터에서 유용한 안내를 받으실수 있습니다. (+82-2-3210-0404)

(1) 승객 정보(Passenger Information)

① 승객성명(Passenger Name)

성(last name)을 먼저 기재하고, 이름(first name)을 나중에 기재하며, 마지막에 호칭(title)이 붙는다. 승객성명은 공항수속 및 출입국심사 때도 여권과 항공권을 대조해서 이름을 확인하기 때문에 영문철자가 여권과 정확히 일치해야 한다.

② 항공권번호(Ticket Number)

항공권 발행시 부여된 항공권 고유번호로, 국제선 항공권번호는 총 13자리로 구성되어 있다. 맨 앞의 세 자리 숫자는 항공사의 코드번호(Numeric Code)로, 예컨대 180은 대한항공, 988은 아시아나항공을 의미한다.

③ 예약번호(Booking Reference)

예약번호는 CRS를 통해 좌석예약을 할 때 부여받는 고유번호로, PNR Address (PNR Code)라고도 한다.

(2) 여정 정보(Itinerary Information)

① 항공편명(Flight)

항공사명(code)과 편명을 적는 난이다. 자세한 내용은 본 장에서 전술한 '항공사 코드'를 참조할 것

② 출발 · 도착 도시(Departure/Arrival)

출발지와 도착지의 도시 또는 공항의 코드나 이름이 기재된다.

③ 경유지(Via)

경유지의 유무가 도시 코드나 이름으로 기재된다.

④ 출발 · 도착 일자 및 시간(Date/Time)

출발날짜와 출발시간을 적는 난이다. 모두 현지시간(local time)을 기준으로 기재된다.

⑤ 터미널 번호(Terminal No.)

출·도착 공항에 여러 개의 터미널이 있는 경우 승객의 편의를 위해 출·도착 터미널 번호가 기재된다.

⑥ 비행시간(Flight Time)

각 여정의 출발지와 도착지 사이의 총 비행소요시간이 기재된다.

⑦ 예약등급(Class)

좌석등급을 적는 난이다. 항공운송의 좌석등급은 기내 서비스 등급(cabin class)을 기준하여 일반적으로 일등석(first class), 비즈니스석(business class), 일반석(economy class)의 3가지로 나누어져 있지만, 예약을 위해 이것을 세분화한 예약등급을 사용하고 있다. 즉 동일한 운송좌석등급에서도 세분화된 예약등급을 두고 있는데, 그 취지는 동일한 클래스를 이용하는 승객이라 할지라도 상대적으로 높은 운임의 개인 승객에게 수요 발생시점에 관계없이 우선권을 부여함으로써 항공사의 수입을 극대화하고 높은 운임의 승객을 보호하기 위함이다. 이와 같은 예약등급의 명칭 및 약호는 항공사의 자체기준에 따라 달리 사용되고 있는데, 대한항공의 예를 들면 다음과 같다.

[표 7.7] 대한항공의 예약등급

운송좌석등급	예약등급
일등석	R, P, F
바즈니스석	C, D, Z, J, O
일반석	Y, B, M, H, E, Q, L, K, V, S, W, T, G

⑧ 예약상태(Status)

예약된 상태가 기재되는 난으로, 종류는 다음과 같다.

- OK : 예약이 확약된 상태를 말한다(예약완료).
- RQ(Request) : 예약을 요청하였으나 아직 확정되지 않았거나 현재 대기자 명단에 있는 경우를 의미한다.

* NS(No Seat) : 좌석이 필요 없는 상태를 의미하는 것으로 유아(infant) 승객에 해당한다.
* SA(Seat Available) : 사전예약이 불가능하며 잔여좌석이 있는 경우에만 탑승이 가능한 경우를 의미한다.

⑨ 좌석번호(Seat No.)

사전좌석예약제에 의해 예약된 좌석번호가 표기된다. 사전예약시 예약등급에 따라 예약가능 좌석이 기본적으로 정해져 있으며, 선호도가 많은 좌석의 경우는 예약이 우선시된다.

⑩ 유효기간(Not Valid Before/Not Valid After)

특별히 항공권 사용기간에 제약조건이 있는 경우에 그 기간을 날짜로 표시한다. 'Not Valid Before'에 적힌 날짜부터 항공권이 유효하며, 'Not Valid After'에 적힌 날짜 이전까지 항공권이 유효하다.

⑪ 수하물 허용량(Baggage Allowance)

예약된 항공편 이용시에 좌석등급에 따라 적용되는 개인별 위탁수하물 허용량이 표시된다. 일반적으로 중량제(weight system)를 적용하며, 미주구간은 개수제(piece system)를 적용한다. 중량제의 경우 일반적인 위탁수하물 허용량은 일등석 40kg, 비즈니스석 30kg, 일반석 20kg이다.[3] 미주노선의 경우 개인당 2 pieces를 허용하되, 각 piece의 무게는 23kg 이내이다.

⑫ 운임 적용기준(Fare Basis)

승객이 구매한 항공권의 항공운임 적용기준을 표시하는 난으로, 다음과 같은 내용의 조합으로 구성된다.

* 운송좌석등급 코드(Class Code) : 일등석, 비즈니스석, 일반석과 같은 좌석의 등급코드를 나타낸다.

3) 초과 수하물 요금은 일반적으로 kg당 해당구간 성인 정상 편도 일반석 직행운임의 1.5%씩을 적용한다.

- 시즌등급 코드(Seasonal Code) : 성수기(High Season)와 비수기(Low Season)의 운임수준을 표시한다.[4)]
- 요일 코드(Week Code) : 출발시점이 주말인지 주중인지를 구분하여 표시한다. 주말은 'W(weekend)'로, 주중은 'X(weekday)'로 표기한다.
- 출발시점 코드(Day Code) : 하루 중 출발시점을 낮이 아닌 밤 출발 항공편만 허용하는 코드로서 'N'으로 표기한다.
- 운임형태 코드(Fare Type Code) : 운임의 형태 및 유형을 표시하는데, 일반적인 종류는 다음과 같다.
  - ▶ AP(advance purchase fare : 사전구입 운임)
  - ▶ AS(super saver advance purchase fare : 특별할인 사전구입 운임)
  - ▶ EE(excursion fare : 개인 왕복할인 운임)
  - ▶ IT(inclusive tour fare : 포괄여행 운임)
  - ▶ RW(round the world fare : 세계일주 운임) 등

  이 코드 다음에는 해당 유효기간을 표기한다. 예컨대 1M, 3M처럼 숫자와 M을 함께 표기하는 것은 유효기간의 개월 수를 의미하며, 15, 45처럼 숫자만 있는 것은 유효기간의 날짜를 의미한다.
- 여객형태 코드(Passenger Type Code) : 마지막으로 다음과 같은 여객 유형별 코드를 표기한다. 이 코드 다음에는 할인율을 기재한다.
  - ▶ IN, CH, CG, SC, SD, ID, AD[5)]
  - ▶ EM(emigrant fare : 이민자 할인 운임)
  - ▶ GV(group inclusive tour fare : 단체 포괄여행 할인 운임) 등

(3) 항공권 운임정보(Ticket/Fare Information)

항공권 운임정보에는 항공권 이용제한사항, Tax를 포함한 운임내역, 지불수단 및 발권관련 사항 등이 기재된다.

---

4) 항공권은 시즌에 따라서 그 가격이 달라지는데, 보통 이와 같이 크게 2가지로 분류가 되며, 지역에 따라서 3가지 또는 4가지로 분류되기도 한다. 3가지로 분류할 경우에는 High season과 Low season에 그 사이의 중간기간으로 Shoulder season(성수기 전)을 넣고, 4가지로 분류할 경우에는 여기에 성수기 기간 중에서 특히 수요가 집중되는 기간인 High peak season(최성수기)을 넣어서 적용한다.

5) 본 장 앞의 내용인 항공권의 요금체계 중 '할인운임의 종류' 참고

① 항공권 이용시의 제한사항(Restriction)

이 난에는 항공권을 사용시 꼭 알아야 할 중요한 제한사항이나 주의사항이 기재된다. 이곳에 별도의 기재사항이 없는 경우는 제약조건이 거의 없고, 변경이나 환불이 자유로운 정상운임을 지불한 항공권일 가능성이 높다. 대표적인 제한사항으로는 다음과 같은 것들이 있다.

- NON-ENDS(endorsable) : 항공권상에 표시된 항공사 이외의 다른 항공사로 변경 불가능함
- NON-REROUTE(reroutable) : 여정을 변경할 수 없음
- NON-RFND(refundable) : 미사용시 환불할 수 없음
- NO PARTIAL RFND : 일부 환불 불가능함
- MIDWEEK DEP ONLY : 주중 출발만 가능함

② 연결항공권 번호(Conjunction Ticket No.)

하나의 전자항공권에는 최대 4개의 일정까지만 기재가 가능하여 추가 일정이 있는 경우에는 별도의 항공권을 발행하게 되는데, 이곳에 그 항공권 번호를 기재한다.

③ 공시운임계산(Fare Calculation)

항공권의 공시운임 계산내역을 기재하는 부분으로 항공사 간의 정산시에도 참조된다.

④ Tour Code

단체운임 적용시 부여되는 항공사 승인번호로, 여행객들이 동일 group에 속하는지를 판단하는 기준이 된다.

⑤ Equivalent Fare Paid

여행객이 운임란에 기재된 최초 출발지 국가통화 이외의 다른 국가통화로 지불한 경우에 운임을 지불통화금액으로 환산하여 통화 코드와 함께 기재한다.

⑥ **세금(Tax)**

여행객의 여정에 대한 각국의 세금을 실제로 지불된 통화로 Tax Code와 함께 기재한다.

⑦ **지불수단(Form of payment)**

여행객이 운임에 대해 지불한 수단(예 : 현금, 신용카드 등)을 표시하는 부분이다.

⑧ **항공권 발행일자 및 판매처(e-Ticket Issue Date & Place)**

항공권이 발행된 일자와 발행된 곳에 대한 내용이 기재된다. 특히 대리점 발권 항공권에는 발권 대리점의 상호명이나 발권시스템 코드와 연락처 및 담당자명이 기재된다.

제8장

출입국 수속

1. 출국 수속
2. 입국 수속
3. 국가별 출입국신고서 및 세관신고서의 작성

제8장 출입국 수속

출입국 수속절차는 범법자 색출을 통한 여행의 안전성 보장, 국민보건과 국가안보체제의 유지, 국익의 도모 등을 위해 여행자로 하여금 출입국시 일정한 흐름에 따른 절차를 거치도록 하는 국제간 왕래의 필수적 절차이다.

전 세계 모든 공항이나 항만은 대부분 공통된 출입국 절차를 진행하고 있는데, 이러한 출입국 절차의 필수적인 과정으로서 CIQ를 거치게 된다. CIQ란 출입국에 따른 정부의 사열 및 심사과정을 나타내는 전문적인 용어로서 Customs(세관), Immigration(출입국관리), Quarantine(검역)의 앞머리 글자를 결합하여 만든 것으로, 출입국시 필요한 검사와 수속 및 그와 관련된 업무를 담당하는 것을 말한다.

세관(Customs)은 국경을 통과하는 사람과 화물 등에 대한 수출입의 허가 및 단속과 과세의 부과 및 징수업무를 관장한다. 세관검사시 여행자의 소지품 중 해당국가에서 허용하는 관세기준범위 내에서 출입국 통관이 허용되며, 이를 초과할 경우 해당국가의 관세규정에 의거하여 세금을 징수하게 된다. 우리나라의 경우 소관부서는 관세청이다.

출입국관리(Immigration)는 내국인과 외국인이 출국과 입국할 때 여권과 비자의 유효 여부를 확인하여 자국에 체류할 수 있는 기간을 부여한다. 또한 위·변조 여권소지자 등 불법출입국자와 출입국금지자 여부를 확인하고 관리함으로써 자국의 치안을 유지하고 범죄자의 해외도피를 방지한다. 우리나라의 경우 소관부서는 법무부이다.

검역(Quarantine)은 여행자에 대한 검역, 여행자가 소지한 식품류 · 식물류 · 과일류 · 육류 · 씨앗 등의 식물검역, 그리고 애완동물과 같이 살아 있는 동물 등에 대한 검역을 관리하는 것으로, 우리나라의 경우 농림부가 소관부서로 되어 있다.

국외여행시 반드시 거쳐야만 되는 공통된 출입국절차인 CIQ에 대한 이해를 바탕으로 항공기를 이용한 출국수속의 절차 및 과정을 순서대로 살펴보면 다음과 같다.[1)]

1. 출국 수속

1) 공항 도착

(1) 터미널 도착

여유롭게 탑승수속을 마치기 위해서는 항공기 출발 전 충분한 시간을 갖고 도착하는 것이 좋다. 또한 돌발상황 변수가 발생할 수 있기 때문에 미리 대비하는 차원에서 일찍 도착하는 편이 좋다. 일반적으로 국제선의 경우 항공기 출발 2~3시간 전에 공항에 도착하도록 한다. 공항에 도착한 후에는 여권과 항공권 등 탑승수속과 출국에 필요한 서류가 이상이 없는지 다시 한 번 확인한다.

인천국제공항은 2018년 1월에 제2여객터미널이 개장되어 여객청사가 2개로 운영되므로 특별히 출입국 수속에 주의해야 한다. 가장 중요한 점은 1청사(T1)와 2청사(T2) 출도착 항공사가 정해져 있다는 것이다. T2는 대한항공(KE)을 비롯하여 Sky Team 항공사 동맹체 중 델타항공(DL), 에어프랑스(AF), KLM네덜란드항공(KL), 가루다인도네시아(GA), 샤먼항공(MF), 중화항공(CI), 진에어(LJ) 등 현재 총 8개 항공사가 제2여객청사를 이용하고 있다. T1은 아시아나항공(OZ), 저비용항공사, 기타 외국항공사 등이 이용하고 있는데, 여행객들은 이용항공사를 잘 파악하여 혼동하지 않도록 해야 한다.

1) 인천국제공항을 중심으로 설명을 전개하고자 함

보기 8.1 ▸ 인천국제공항 터미널별 취항항공사

제1여객터미널

베트남항공	비엣젯항공	상하이항공	세부퍼시픽항공	스쿠트타이거항공
에어서울	에어아시아엑스	이스타항공	제주항공	중국남방항공
중국동방항공	춘추항공	타이에어아시아엑스	티웨이항공	피치항공
홍콩익스프레스	라오항공	로얄브루나이항공	루프트한자 독일항공	말레이시아 항공
몽골항공	미얀마국제항공	바틱 에어 말레이시아	사우디아항공	사천항공
산동항공	스카이 앙코르 항공	심천항공	싱가포르항공	아메리칸항공
아시아나항공	에미레이트항공	에바항공	에어 뉴질랜드	에어 아스타나
에어로 몽골리아	에어마카오	에어부산	에어인디아 리미티드	에어프레미아
에티오피아항공	에티하드 항공	우즈베키스탄항공	유나이티드항공	젯스타
중국국제항공	집에어	천진항공	카타르항공	캐나다항공
캐세이퍼시픽항공	콴타스항공	타이거에어 타이완	타이항공	터키항공
폴란드항공	핀에어	필리핀에어아시아	필리핀항공	하와이안 항공
홍콩항공				

제2여객터미널

KLM네덜란드항공	가루다인도네시아	대한항공	델타항공	샤먼항공
에어 프랑스	중화항공	진에어		

자료: 인천국제공항 홈페이지

(2) 검역신고

검역은 여행자검역, 동물검역, 식물검역으로 구분할 수 있는데, 도착지 국가에 따라 검역증명서를 확인하는 경우가 있으므로 사전에 반드시 현지정보를 확인하여 필요한 경우 검역소에서 검역증명서를 발급받아야 한다.

승객의 경우 감염우려가 있는 지역으로의 여행시에는 반드시 해당질병에 대한 예방주사를 맞고 예방접종증명서를 소지하여야 하는데, 최근에는 법정전염병 선포지구를 여행하는 특별한 경우를 제외하고는 출국시 검역절차는 거의 생략되는 추세이다.

검역관련 절차는 탑승수속을 받기 전에 해야만 신속하게 탑승이 이루어질 수 있는데, 해당 사항이 없는 여행객의 경우 검역신고 없이 다음 순서로 진행하면 된다.

(3) 환전과 로밍

사전에 방문국의 화폐로 환전하지 못한 경우 공항 내 입점은행에서 본인이 필요한 금액만큼 환전하면 된다. 인천국제공항의 경우 출국심사를 마치고 환전이 가능하도록 면세지역에도 환전소가 설치되어 있다. 그러나 공항에서의 환전은 우리나라에서 마지막으로 환전하는 곳으로 선택의 여지가 없기 때문에 일반 거래은행에서 환전하는 것보다 불리한 환율적용을 받는다는 것에 유념해야 한다. 여행객 입장에서는 피치 못할 경우가 아니라면 인터넷이나 가까운 주거래 은행에서 환전을 하는 것이 최대한 수수료를 절약할 수 있다.

환전과 더불어 휴대폰 로밍 신청 또는 유심을 구입 하는 등 출국 전 필요한 용무를 마무리 하도록 한다.

2) 탑승수속(Check-in)

탑승수속이란 항공기에 타기 위한 수속으로서 항공권과 여권 등의 여행서류와 수하물을 소지하고 이용 항공사 카운터로 가서 좌석배정과 수하물의 운송을 의뢰하는 것을 말한다.

(1) 좌석배정

항공사 카운터에서 여권과 비자의 확인절차와 함께 항공권을 제시하고 좌석번호(seat number)와 탑승구(boarding gate)가 기입되어 있는 탑승권(boarding pass)을 받는다.

보기 8.2 ▶ 탑승권의 실례

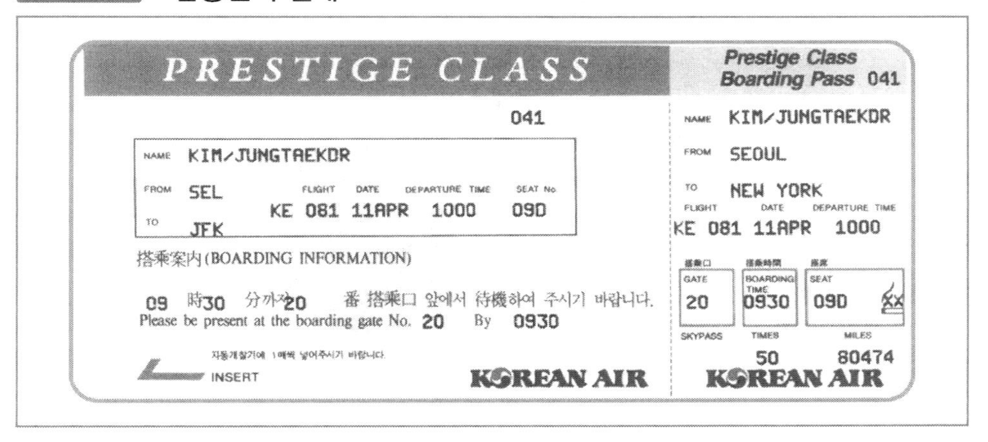

(2) 수하물 위탁

수하물 운송의 의뢰시 계량과 수하물꼬리표(airline baggage tag)의 부착이 끝나면 여행자는 수하물인환증(baggage claim tag)을 받게 되고, 수하물은 컨베이어 벨트를 타고 운반되는데, 이 때 X-ray 투시기를 통해 폭발물류, 인화성 물질, 방사능 · 전염성 · 독성 물질, 기타 위험 물질 등의 제한물품이 넣어져 있는지에 대한 검색을 받게 된다.

수하물인환증(baggage claim tag)

수하물인환증은 탑승수속시 수하물을 위탁하면 수하물 태그(baggage tag)를 가방에 부착한 후 그 증빙으로 수하물 소유주에게 전달하는 일종의 영수증으로, 목적지에 도착하여 사고나 분실 시 자신들의 수하물임을 증명하는 결정적 증거자료가 되므로 수하물을 모두 찾을 때까지 잘 보관해야만 한다. 아울러 수하물인환증을 수령하는 즉시 총 위탁수하물 개수와의 일치 여부와 인환증상에 나와 있는 최종목적지가 맞는지를 꼭 확인해야만 한다.

보기 8.3 ▸ **수하물인환증**

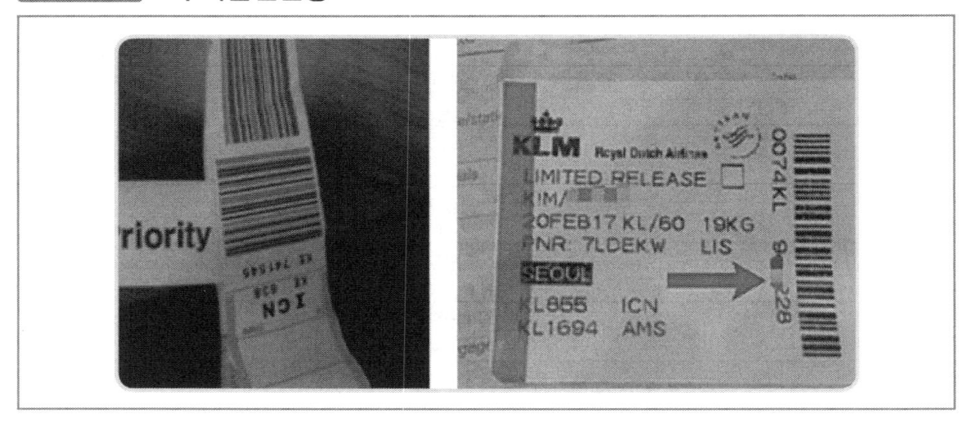

자료: 장서진 · 정연국, 2022 : 105

3) 출국장 이동

탑승수속 및 수하물 위탁 완료 후 가까운 출국장 안으로 들어가면, 본격적인 CIQ가 시작된다. 제1터미널은 1번부터 6번 출국장, 제2터미널은 1번과 2번 출국장 중 원하는 곳으로 출국하면 된다.

4) 세관(Customs)신고

미화 1만불을 초과하는 일반해외 여행경비 반출시 세관에 신고하여야 한다. 또한 여행시 사용하고 다시 가지고 올 귀중품 또는 고가품(고가의 카메라, 고급시계, 귀금속, 보석류 등)은 출국하기 전에 세관에 신고한 후 '휴대품반출신고(확인)서'를 받아야 귀국시 재수입물품으로 간주되어 과세대상에서 제외되는 효력을 갖게 되어 면세를 받을 수 있다. 단, 신고할 물품이 없는 여행객은 별도로 신고할 필요가 없다.[2)]

2) 인천공항의 경우, 출국장에 들어가면 보안검색대를 통과하기 전, 줄서는 곳 바로 옆에 휴대품반출신고데스크가 있다. 출국장 들어가기 전 옆에 있는 세관은 대형수하물을 신고하고 탁송하는 곳이다.

보기 8.4 ▶ 휴대물품반출신고(확인)서 양식

"별지 제8호 서식"

휴대물품반출신고(확인)서

Declaration(Confirmation) Form of Carried-out Personal Effects

[유의사항]

1. 미화 400불 이상의 가치가 있는 물품을 출국시 휴대하였다가 재반입할 경우에는 본 신고서를 작성하여 세관장에게 제출하여야 하며, 휴대반출신고한 물품의 제조번호가 세관에 전산등록되었거나 스티커가 부착된 물품을 계속하여 반복 반출입할 경우에는 2회차부터 세관신고절차를 생략할 수 있습니다.
2. 세관에 기 신고한 물품이 아닌 새로운 물품을 휴대반출할 경우에는 반드시 세관장에게 신고하여야 합니다.
3. 제조번호를 등록하지 않았거나 스티커가 부착되지 아니한 물품에 대해서는 출국시마다 본 신고서를 작성하여 세관장에게 신고하여야 하며, 재반입하는 때에 관세를 면세받을 수 있는 근거가 되는 것이므로 소중히 보관하시기 바랍니다.
4. 본 신고서를 허위로 작성하여 신고하면 조사를 받게 되며, 조사결과에 따라 처벌 받을 수 있습니다.

[Attention]

1. If you intend to carry out of the nation personal effects whose value exceeds US$400 and bring them back in after traveling, you should submit the declaration(confirmation) form to the Customs. In the case that the manufacture number (product serial no.) of the personal effects has been already registered with the Customs or the personal effects with a Customs tag attached are repeatedly carried out of and back into the nation, you do not have to make a repeated declaration for the same item after the initial declaration.
2. In the case of new personal effects which have not been declared to the Customs, make sure to declare the items to the Customs.
3. In the case of an item whose manufacture number(product serial no.)has not been registered with the customs or which does not have a Customs tag on it, you should fill in this declaration form and submit it to the Customs. This declaration form provides and important ground for duty exemption when you bring the items back into the nation, so make sure to keep this form carefully.
4. Any falsification in the declaration is subject to an investigation, and you may be punished according to its result.

No :

품 명 Item	규 격 Description	수량 또는 중량 Quantity or Weight

위와 같이 반출함을 신고(확인)합니다.

I hereby submit a declaration(confirmation) form of the above listed goods.

년 월 일

Date : Day Month Year

신고인 성명 : (서명) 국 적 :

Declarant's Name (Signatue) Nationality:

주민등록번호 : (주민등록번호가 없는 경우 여권번호)

Residence Registration No. (Passport No. If Registration No is not available)

세관기재사항(For Customs Use Only)

반출확인자 : 대구 세관 급 (서명)

Confimed by Customs house Rank Signature

473-00111민(04.3.26 개정) 210mm × 297mm

5) 보안검색(Security Check)

보안검색은 공항이용객 및 항공기의 안전을 위해 실시하는데, 이는 탑승자의 신체에 대한 검색(body check)과 기내 휴대용 수하물(carry-on baggage)에 대한 검색으로 나누어진다. 즉 X-ray 투시기와 전자탐지기를 이용해 각종 무기류 및 폭발물과 위해물질 등의 소지여부에 대한 확인과 함께 외화허용한도액을 초과한 금액의 밀반출을 적발하게 된다.

01 여권, 탑승권을 출국장 입장시에 보안요원에게 보여주세요.

02 보안검색 받기 전에 신고대상 물품이 있으시면 세관에 미리 신고하세요.

03 휴대물품을 X레이 검색대 벨트 위에 올려놓으세요.(가방, 핸드백, 코트 등)
* 목적지에 따라서 신발, 촉수 등 추가검색이 있을 수 있습니다.

04 소지품(휴대폰, 지갑, 열쇠, 동전 등)은 바구니에 넣으세요.

05 문형탐지기를 통과하고 검색요원이 검색합니다.
* 목적지 및 상황에 따라서 추가 검색이 있을 수 있습니다.
* 출국신고서는 작성하지 않습니다.

자료 : 인천국제공항 홈페이지

[그림 8.1] 보안검색 절차

제한 물품

항공기 탑승객은 신속한 보안검색을 위해서는 탑승수속시 수하물을 위탁처리하고 여권과 지갑 등 최소한의 필요물품만을 휴대하는 것이 좋은데, 보안검색을 받기 전에 주의할 점은 기내 반입 금지물품과 위탁수하물을 잘 구분하여 인지해야 한다는 것이다. 기내 반입이 금지된 물품을 소지한 경우 추가적인 보안검색 및 물품포기 등이 발생할 수 있다. 예컨대 모든 국제선 항공편에 대하여 액체류의 기내 반입은 불가능하다. 단, 액체가 담긴 100ml 이하의 용기를 1L 이하의 비닐봉투에 담고 입구를 닫아 밀봉된 경우 반입 가능하고, 면세점 구매물품에 한정하여 액체물 면세품 전용봉투에 넣은 경우에만 용량에 관계없이 반입 가능하며 최종 목적지행 항공기 탑승 전까지 미개봉 상태를 유지해야 한다. 이와 관련하여 기내 반입 금지물품과 허용범위를 요약 정리하면 다음과 같다.

종류	물품	기내휴대	위탁수하물
액체류	액체, 스프레이, 젤 형태의 화장품, 세면용품(치약, 샴푸 등) 또는 의약품 류 등	X	O
	고추장/김치 등 액체가 포함되어 있거나 젤 형태의 음식물류	X	O
위해물품	창·도검류 등	X*	O
	전자충격기, 총기, 무술호신용품 등	X	O**
	공구류(망치, 렌치 등)	X	O
위험물	리튬이온배터리 등	O***	X
	인화성 가스액체, 방사능 물질 등	X	X

주 : *단, 둥근 날을 가진 버터칼, 안전날이 포함된 면도기, 안전면도날, 전기면도기 및 기내식 전용 나이프(항공사 소유)는 기내 휴대 반입가능

**단, 위탁수하물로 반입할 경우, 해당 항공운송사업자에게 총기소지허가서 또는 수출입허가서 등 관련서류를 확인시키고, 총알과 분리한 후, 단단히 보관함에 넣은 경우에만 가능

***단, 160Wh 초과 배터리는 기내 반입불가

6) 출국심사(Emigration Check)

출국심사란 출국장 내 CIQ검사의 마지막 단계로 출국심사관이 출국자들을 대상으로 출국에 대한 자격을 심사하는 것이다. 심사의 주요 내용은 여권상의 본인여부 확인, 여권의 유효기간 및 위조여권 조사, 목적국의 비자 확인, 범죄자 명단(black list)의 대조확인 등이다.

출국심사를 위해 탑승객은 출국심사대 앞의 대기선에서 기다리다가 자신의 차례가 오면 여권과 탑승권을 제시한다. 심사 후 아무 문제점이 없는 것으로 확인되면 여권에 출국확인 도장을 찍은 다음 탑승권과 함께 돌려받는다.

출국심사시 여권과 탑승권 외에 대부분의 국가에서는 출입국신고서(E/D Card)를 작성하고 제출하는 것을 요구하고 있으나, 우리나라의 경우 내국인의 출입국신고서는 행정절차 간소화 차원에서 2006년 8월 1일부터 생략하고 있다.

01 출국심사대 앞 대기선에서 기다리세요.

02 모자(선글라스)는 벗으시고, 대기 중 휴대폰 통화는 자제하여 주세요.

03 여권, 탑승권을 제시해 주세요.

04 여권에 출국확인을 받고 여권을 받으신 후, 출국심사대를 통과하세요.

자료 : 인천국제공항 홈페이지

[그림 8.2] 출국심사 절차

병무신고

병역의무자가 국외를 여행하고자 할 때는 병무청에 국외여행허가를 받고 출국 당일 법무부 출입국에서 출국심사시 국외여행허가증명서를 제출하여야 한다. 병무신고 대상은 ① 25세 이상 병역미필 병역의무자, ② 연령제한 없이 현재 공익근무요원 복무 중인 자, 공중보건의사, 징병전담의사, 국제협력의사, 공익법무관, 공익수의사, 국제협력요원, 전문연구요원, 산업기능요원으로 편입되어 의무종사기간을 마치지 아니한 자 등이다.

자동출입국심사

출국 승객에 한하여 출국심사장에서 일반 유인심사보다 신속하게 출입국심사가 가능한 자동출입국심사 등록이 가능하다. 주민등록증을 소지한 대한민국 국민과 만 17세 이상의 외국인 등록증 소지자는 사전등록 절차 없이 자동출입국심사를 이용할 수 있다. 주민등록증 미소지자의 경우 만 14세 이상은 사전등록 후 이용 가능하고, 만 14세 미만~만 7세 이상은 법정대리인과 동반하여 사전등록 후 이용 가능하다.

7) 출국대기 및 면세점 쇼핑

출국심사가 끝나고 출국심사대를 넘어서면 탑승을 기다리는 대기장소인 출국라운지(departure lounge) 또는 출국대기구역(departure waiting area)이 나타나는데, 이곳은 '국내에 위치한 외국'으로 간주되는 장소로 많은 면세점(duty free shop)들이 있어 각종 면세품을 저렴하게 구입할 수 있다. 면세점에서 필요한 물품을 구입한다든가 자유시간을 갖기에 앞서 반드시 탑승하게 되는 탑승구(boarding gate)의 위치와 탑승시간(boarding time)을 확인해 두어야만 한다.

인천국제공항의 경우 해당 탑승구로 이동할 때, 1~50번 탑승구 승객은 제1여객터미널, 101~132번 탑승구 승객은 제1여객터미널에서 셔틀트레인을 타고 탑승동으로 이동한다. 한번 이동 후에는 다시 돌아갈 수 없으며 230~270번 탑승구 승객은 제2여객터미널에서 탑승한다.

8) 탑승(Boarding)

출국라운지에서 대기하다가 항공사의 탑승안내방송에 따라 확인해 둔 탑승구로 이동하여 탑승권을 항공사 직원에게 제시하고, 좌석번호가 기재된 탑승권만 되돌려 받은 다음 배정받은 좌석을 찾아가 자리하면 탑승이 완료된다. 항공기의 탑승시간(boarding time)과 출발시간(departure time)은 다름에 유의해야 하는데, 일반적으로 항공기의 출발시간 30분 전이 되면 탑승개시를 알리는 안내방송이 나온다.

지금까지 설명한 출국 수속절차의 전 과정을 순서대로 간략하게 도식화하면 〈그림 8.3〉과 같다.

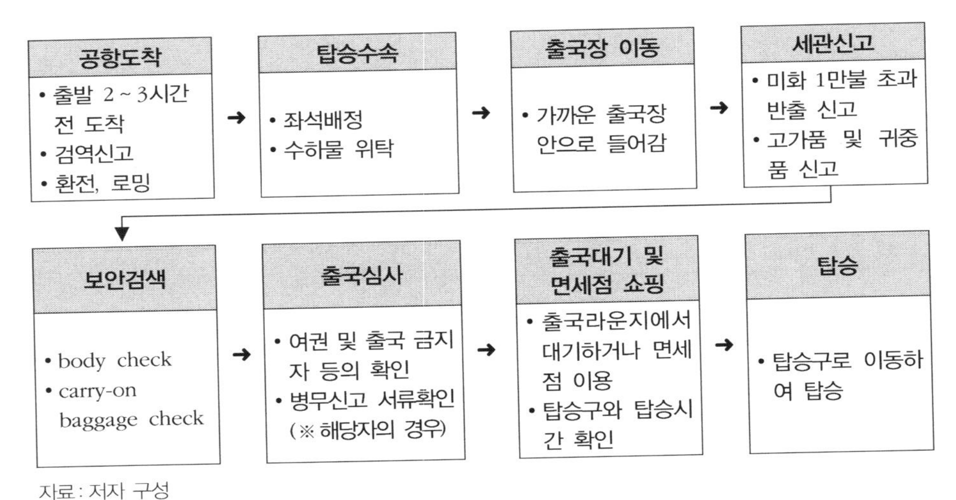

공항도착
• 출발 2~3시간 전 도착
• 검역신고
• 환전, 로밍
탑승수속
• 좌석배정
• 수하물 위탁
출국장 이동
• 가까운 출국장 안으로 들어감
세관신고
• 미화 1만불 초과 반출 신고
• 고가품 및 귀중품 신고
보안검색
• body check
• carry-on baggage check
출국심사
• 여권 및 출국 금지자 등의 확인
• 병무신고 서류확인 (※ 해당자의 경우)
출국대기 및 면세점 쇼핑
• 출국라운지에서 대기하거나 면세점 이용
• 탑승구와 탑승시간 확인
탑승
• 탑승구로 이동하여 탑승

자료: 저자 구성

[그림 8.3] 출국 수속의 절차

2. 입국 수속

국외여행을 마치고 입국하는 여행객은 출국시와 마찬가지로 CIQ를 거쳐 입국수속을 밟게 되는데, 그 절차는 출국수속의 진행과정과 역순으로 이루어진다고 보면 수월하다. 입국에 따른 진행절차를 살펴보면 다음과 같다.

1) 기내서류 작성 및 공항 도착

입국시에는 국가마다 입국신고서와 세관신고서 등을 요구하는데, 기내에서 승무원이 주는 양식을 미리 작성해 놓으면 입국절차가 신속하게 진행될 수 있다. 우리나라의 경우 입국시 기내에서 승무원이 나눠 주는 신고서에는 건강상태 질문서와 여행자휴대품신고서가 있다.

입국신고서는 앞서 설명한 대로 행정절차 간소화 차원에서 2006년 8월 1일부터 내국인의 경우 작성할 필요가 없게 되었다. 90일 이상 장기체류할 목적으로 출입국사무소에 외국인 등록을 마친 외국인의 경우에도 입국신고서를 작성하지 않아도 된다.

2) 검역(Quarantine)

항공기 착륙 후 입국시 제일 먼저 검역절차를 거치게 된다. 검역은 외국에서 들어오는 전염병과 같은 질병을 안전하게 차단하는 것이 주목적이다. 최근 대부분의 국가들은 특별한 경우를 제외하고는 검역을 생략하는 경우가 많은데, 우리나라의 경우에도 검역과정은 간단한 설문용지로 대체하는 경우가 대부분이다. 그렇지만 검역은 여행객 자신의 건강은 물론 국민 전체의 보건상 중요한 문제이므로 검역과 관련된 사항들을 반드시 유의하여야만 한다.

콜레라 · 황열 · 페스트 · 코로나19와 같은 전염병 오염지역에서 입국하는 승객과 승무원들은 기내에서 배부된 건강상태질문서를 작성하여 검역심사를 담당하는 직원에게 제출하고 입국심사대로 향한다. 여행 중 건강에 이상이 있었으면 입국 후 즉시 검역관과 상의하고, 2주 이내에 설사, 복통, 구토 등의 증세가 있으면 가까운 검역소나 보건소에 반드시 신고하여야 한다.

또한 동물 · 축산물을 가지고 입국할 경우에는 농림축산검역검사본부에 출발국가에서 발행한 검역증명서를 제출하고 검역을 받아야 한다. 살아있는 식물, 과일, 채소, 농산물, 임산물, 화훼류, 목재류, 한약재 등을 휴대하고 입국하는 승객도 동식물검역심사대에서 검역을 받아야 한다. 외국에서 가져오는 각종 식물류는 외래병해충이 잠복하여 유입되는 중요한 경로이므로 휴대로 가져오는 모든 식물류는 반드시 신고하여 검역을 받아야 하며, 휴대한 식물류를 신고하지 않을 경우 과태료가 부과된다.

살아있는 병원균 및 해충(애완용 곤충 포함), 모든 생과실과 열매채소(망고, 파파야, 오렌지, 사과, 배, 고추, 토마토, 가지 등), 미탈각호두, 풋콩, 감자, 고구마, 흙 묻은 식물(인삼, 송이 등), 흙 묻은 묘목 등은 수입이 금지된 품목이다.

보기 8.5 ▶ 건강상태 질문서

■ 검역법 시행규칙 [별지 제9호서식] <개정 2019. 9. 24.>

건강상태 질문서

(앞쪽)

성명	성별 [ ]남 [ ]여
국적	생년월일
여권번호	도착 연월일
선박·항공기· 열차·자동차명	좌석번호
한국 내 주소(※ 세부주소까지 상세히 기재하여 주시기 바랍니다)	
휴대전화(또는 한국 내 연락처)	

최근 21일 동안 방문한 국가명을 적어 주십시오.

1)	2)	3)	4)

최근 21일 동안에 아래 증상이 있었거나 현재 있는 경우 해당란에 "√" 표시를 해 주십시오.

[ ]발열	[ ]오한	[ ]두통	[ ]인후통	[ ]콧물
[ ]기침	[ ]호흡곤란	[ ]구토	[ ]복통 또는 설사	[ ]발진
[ ]황달	[ ]의식저하	[ ]점막 지속 출혈 * 눈, 코, 입 등	[ ]그 밖의 증상( )	

위의 증상 중 해당하는 증상이 있는 경우에는 아래 항목 중 해당란에 "√" 표시를 해 주십시오.

[ ] 증상 관련 약 복용	[ ] 현지 병원 방문	[ ] 동물 접촉

해당 증상이 없는 경우에는 "증상 없음"란에 "√" 표시를 해 주십시오.	[ ] 증상 없음

건강상태 질문서 작성을 기피하거나 거짓으로 작성하여 제출하는 경우 「검역법」 제12조 및 제39조에 따라 1년 이하의 징역 또는 1천만원 이하의 벌금에 처해질 수 있습니다.

작성인은 위 건강상태 질문서를 사실대로 작성하였음을 확인합니다.

작성일 년 월 일

작성인 (서명 또는 인)

국립검역소장 귀하

148㎜×210㎜[황색지(80g/㎡)]

3) 입국심사(Immigration Check)

입국심사대는 내국인용과 외국인용 심사대로 구분되어 있다. 내국인은 내국인용 입국심사대로 가서 입국심사대 앞의 대기선에서 기다리다가 자신의 차례가 오면 심사관에게 여권을 제출하고 입국심사를 받는다.[3] 아무 문제가 없는 경우 여권면에 입국심사필의 스탬프를 찍은 다음 돌려준다.

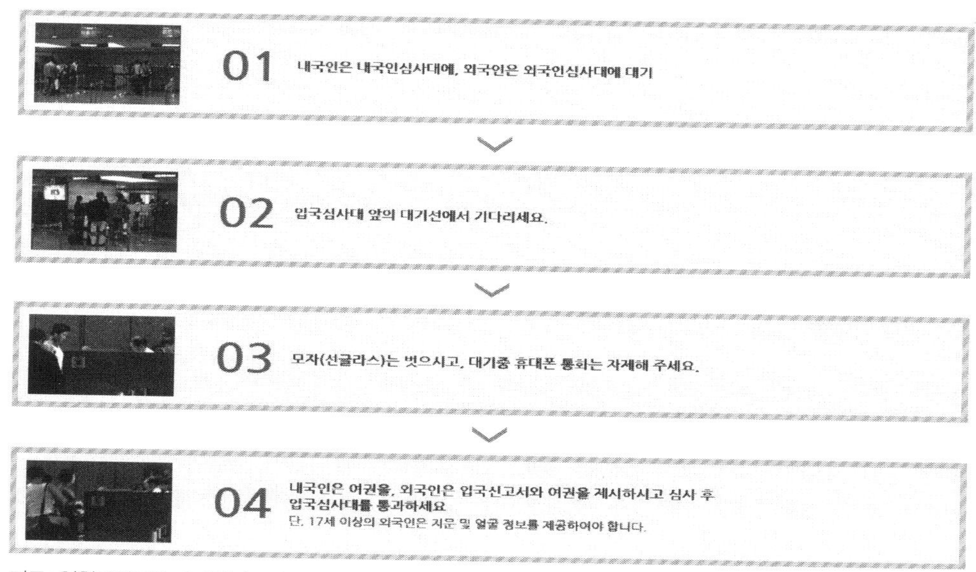

01
내국인은 내국인심사대에, 외국인은 외국인심사대에 대기
02
입국심사대 앞의 대기선에서 기다리세요.
03
모자(선글라스)는 벗으시고, 대기중 휴대폰 통화는 자제해 주세요.
04
내국인은 여권을, 외국인은 입국신고서와 여권을 제시하시고 심사 후
입국심사대를 통과하세요
단, 17세 이상의 외국인은 지문 및 얼굴 정보를 제공하여야 합니다.

자료 : 인천국제공항 홈페이지

[그림 8.4] 입국심사 절차

4) 수하물 찾기(Baggage Retrieval)

입국심사를 마친 여행객은 위탁수하물이 있는 경우 수하물센터로 가서 자신이 탑승한 항공기의 편명이 표시된 수하물수취대(턴테이블)에서 짐을 찾아 세관검사대로 이동한다.[4]

이때 여행객은 회수한 수하물이 운송의뢰시의 상태와 동일한지를 확인해 보고, 만약 수하물의 표면 또는 내용물이 파손되었거나 분실 등의 사유가 발생하였을 때에는 즉시 운송항공사 직원에게 이 사실을 통보하고 필요한 경우 해당

3) 외국인은 여권과 함께 입국신고서를 제출한다.

4) 대형 수하물은 별도의 대형 수하물 수취대에서 짐을 찾아야 한다.

항공사에 변상조치를 요구하여야 한다.[5)]

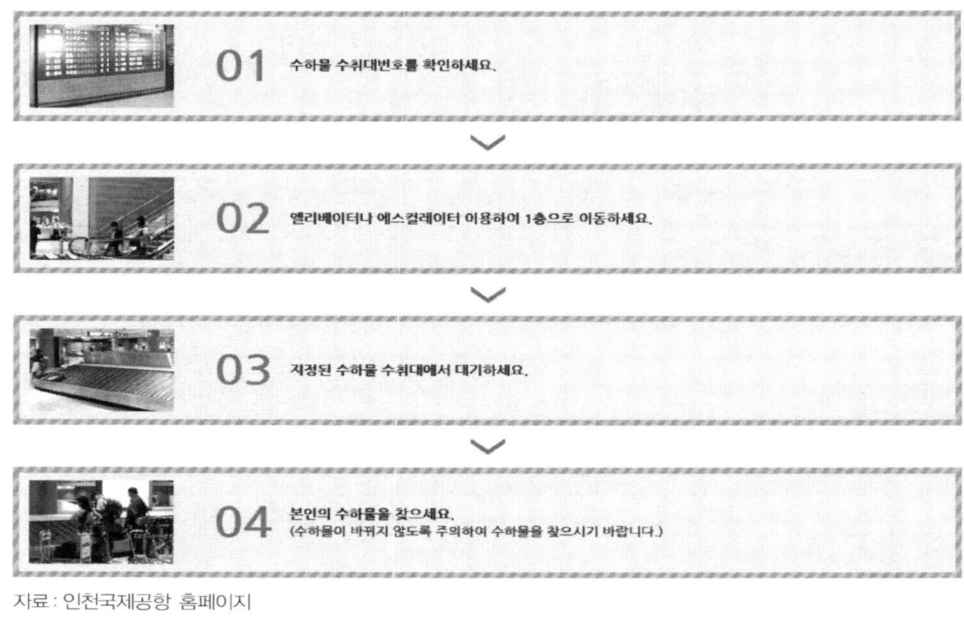

자료 : 인천국제공항 홈페이지

[그림 8.5] 수하물 찾기 절차

5) 세관검사(Customs Clearance)

여행객은 수하물을 찾은 후 입국 항공기 내에서 기내승무원으로부터 교부받아 작성한 여행자휴대품신고서를 지참하고 세관검사대로 가면 된다. 기존에는 신고물품과 상관없이 모든 입국자가 여행자휴대품신고서를 작성 · 제출해야 했으나, 현재는 신고물품이 있는 여행자만 작성 · 제출하면 되고,[6)] 가족이 함께 입국하는 경우에는 가족당 1장만 작성하면 된다.

면세통관 범위는 국가별로 다르게 정해져 있으며, 우리나라에 입국하는 여행객은 내 · 외국인을 불문하고 동등하게 일정한 범위의 면세를 받을 수 있다. 이를 초과하는 경우에는 압류나 보관 또는 관세를 징수하는데, 신고물품이 있는 여행객은 '신고있음'통로, 신고물품이 없는 여행객은 '신고없음'통로로 나가면 된다.

5) 수하물 분실시의 구체적인 대처요령에 대해서는 본 교재의 제9장을 참조

6) 입국시 모바일 세관신고('여행자 세관신고' 앱 또는 웹)를 활용하면 보다 빠르고 편리하게 입국절차가 완료된다.

보기 8.6 ▶ 여행자 휴대품 신고서 양식

관세청 KOREA CUSTOMS SERVICE

여행자 휴대품 신고서

- 신고대상물품이 있는 입국자는 신고서를 작성·제출해야 합니다.
- 동일한 세대의 가족은 1명이 대표로 신고할 수 있습니다.
- 성명과 생년월일은 여권과 동일하게 기재해야 합니다.

성 명			
생년월일	년 월 일		
여권번호	외국인에 한함		
여행기간	일	출발국가	
동반가족	본인 외 명	항공편명	
전화번호			
국내 주소			

세관 신고사항 해당 사항에 "☑" 표시

1 **휴대품 면세범위**(뒷면 참조)를 **초과하는 "품목"**
- 물품 상세 내역은 뒷면에 기재

⇨ 자진신고 시 **관세의 30%(20만원 한도) 감면**

면세 초과 있음				없음
술	담배	향수	일반물품	

2 **원산지가 FTA 협정국가인 물품으로서 협정관세를 적용받으려는 물품** 있음☐ 없음☐

3 **미화로 환산해서 총합계가 "1만 달러"를 초과하는 화폐 등**(현금, 수표, 유가증권 등 모두 합산) 있음☐ 없음☐

[총 금액 :]

4 **우리나라로 반입이 금지되거나 제한되는 물품** 있음☐ 없음☐

ㄱ. 총포류, 실탄, 도검류, 마약류, 방사능물질 등
ㄴ. 위조지폐, 가짜 상품 등
ㄷ. 음란물, 북한 찬양 물품, 도청 장비 등
ㄹ. 멸종위기 동식물(앵무새, 도마뱀, 원숭이, 난초 등) 또는 관련 제품(웅담, 사향, 악어가죽 등)

5 **동·식물 등 검역을 받아야 하는 물품** 있음☐ 없음☐

ㄱ. 동물(물고기 등 수생 동물 포함)
ㄴ. 축산물 및 축산가공품(육포, 햄, 소시지, 치즈 등)
ㄷ. 식물, 과일류, 채소류, 견과류, 종자, 흙 등
- 가축전염병 발생국의 축산농가 방문자는 농림축산검역본부에 신고하시기 바랍니다.

6 **세관의 확인을 받아야 하는 물품** 있음☐ 없음☐

ㄱ. 판매용 물품, 회사에서 사용하는 견본품 등
ㄴ. 다른 사람의 부탁으로 반입한 물품
ㄷ. 세관에 보관 후 출국할 때 가지고 갈 물품
ㄹ. 한국에서 잠시 사용 후 다시 외국으로 가지고 갈 물품
ㅁ. 별송품, 출국할 때 "일시수출(반출)신고"를 한 물품 등

본인은 이 신고서를 사실대로 성실하게 작성하였습니다.

년 월 일

신고인: (서명)

< 뒷면에 계속 >

1인당 "품목"별(술/담배/향수/일반물품) 면세범위

▸ 해외 또는 국내 면세점에서 구매하거나, 기증 또는 선물받은 물품 등으로서

술	2병 합산 2ℓ 이하로서 총 US $400 이하	일반 물품	미화 800달러 이하 ▸ 다만, 농림축수산물 및 한약재는 검역에 합격한 것으로서 총 40kg, 총 금액 10만원 이하 (물품별로 수량·중량 제한)
담배	- 궐련형: 200개비(10갑) - 시 가: 50개비 - 액 상: 20mℓ(니코틴 함량 1% 이상은 반입 제한) ▸ 한 종류만 선택 가능		
향수	60mℓ		

* 만 19세 미만인 사람(만 19세가 되는 해의 1월 1일을 맞이한 사람은 제외)에게는 술 및 담배를 면세하지 않습니다.

면세범위 초과 "품목"의 상세내역

- **면세범위 이내 "품목"** - 작성 생략
- **면세범위 초과 "품목"** - 해당 품목의 **전체 반입내역** 작성

예 시 : 술 3병, 담배 10갑, 향수 30mℓ, 시계(가격 1천 달러) 반입 시
→ **술 3병, 시계(가격 1천 달러)** 작성(면세범위 이내인 담배, 향수는 작성 생략)

품 목	물 품 명	수량(또는 중량)	금 액
술			
담배			
향수			
일반 물품			

※ 세관 신고사항을 **신고하지 않거나 허위신고한 경우 가산세**(납부세액의 40% 또는 60%)가 **추가 부과**되거나, **5년 이하의 징역 또는 벌금(해당 물품은 몰수)** 등의 **불이익**을 받게 됩니다.

95mm × 245mm[백상지 100g/m²]

6) 입국장 및 공항 출구

세관검사를 마친 여행객은 가까운 출구를 통해 입국장으로 나가면 된다. 지금까지 설명한 입국 수속절차의 전 과정을 순서대로 간략하게 도식화하면 〈그림 8.6〉과 같다.

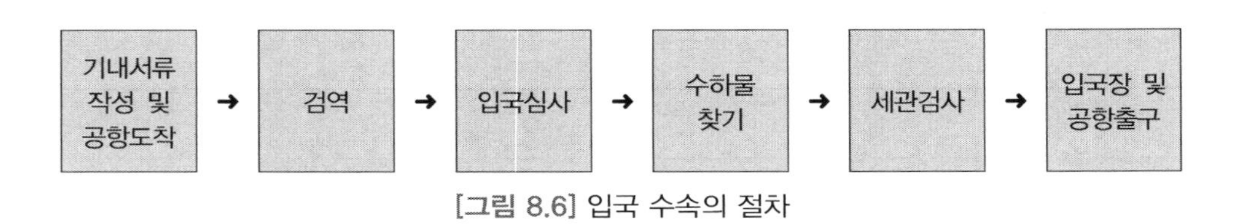

[그림 8.6] 입국 수속의 절차

3. 국가별 출입국신고서 및 세관신고서의 작성

1) 출입국신고서 및 세관신고서 작성방법

세계 대부분의 국가는 출입국시 나름대로의 양식을 갖춘 출입국신고서(E/D Card : embarkation & disembarkation card)의 작성을 요구하고 있으며, 이와 함께 입국시에는 통관수속을 위해 세관신고서(customs declaration form)도 작성 · 제출하여야만 한다. 따라서 국제선으로 여행하는 경우 각 국가별 출입국신고서와 세관신고서의 작성방법을 반드시 숙지할 필요가 있는데, 작성과 관련된 유의사항을 간추리면 다음과 같다.

- 출입국신고서는 개인별로 따로 작성해야 하지만, 세관신고서는 일반적으로 가족의 경우 가족당 1부를 작성하면 된다.
- 기재사항은 여권에 기재되어 있는 사항과 동일해야 하므로, 여권의 맨 앞장에 기재되어 있는 사항들을 참조하여 작성하면 된다.
- 양식의 공란은 영문 인쇄체(block letter)로 빠짐없이 또박또박 기재하며, 선택형의 문항에는 해당란에 ∨표를 하면 된다.
- 성별(sex)을 묻는 문항에는 남자는 'MALE', 여자는 'FEMALE'로 적으면 된다.

- 생년월일이나 여권발급일자 등 날짜를 묻는 문항에는 일/월/년의 순으로 기재하면 된다.
- 항공편명은 본인이 탑승한 비행기의 고유번호를 기재하면 된다.
- 'Please answer ⓐ or ⓑ. Please mark only one box.'와 같은 형태의 문항에는 해당란 하나에만 기재함에 유의해야 한다(예 : 호주).

[표 8.1] 출입국 서류에 사용되는 주요 용어

용어(영어)	풀이 및 예
Family Name/Surname/Last Name	성 : HONG
First Name/Given Name/Christian Name/Forename	이름 : GIL DONG
Sex(Male or Female)	성별(남성 또는 여성)
Passport Number/Travel Document No	여권번호
(Usual) Occupation/Profession	직업 : Businessman
(Name of) Airline and Flight Number	이용항공사 및 편명 : KE 1072
Country in which I boarded this flight	탑승국명 : Korea
Date of Birth/Birth Date	생년월일 : 25/05/1970 또는 25/MAY/70
Place of Birth	출생지 : Seoul, Korea
Nationality/Country of Citizenship	국적 : Korea
Intended Length of stay	체류기간 : 7Days
Date of arrival	입국날짜
Address in country of residence/Home Address	본국에서의 현 주소 : 218 Bokhyun-Dong, Buk-gu, Daegu, Korea
Zip or Postal code	우편번호
Number of children travelling on parent's passport	동반자녀수 : 있으면 인원수, 없으면 None
Accompaning Number	동행인원수
Purpose of Entry/Purpose of Visit	입국목적 : pleasure
First trip to?	처음 방문인가?
Travelling on group tour?	그룹여행인가?

용어(영어)	풀이 및 예
Departed from/Boarded at/ Port of embarkation/ Last place(of embarkation)/From	출발지 : Seoul
(Next)Destination/To	목적지
Mode of Entry(Road, Rail, Sea, Air)	입국형태
Place of Issue/Issued at/City where passport(visa) was issued	여권(비자) 발급장소 : Seoul, Korea
Date of Issue	발급일
Date of expiry	만료일
Address in(Hotel)	숙박장소(호텔) : Holiday Inn Hotel
Signature	서명

2) 국가별 출입국신고서 및 세관신고서 작성의 실제

본 절에서는 앞에서 설명한 내용을 토대로 주요 국가별 출입국신고서 및 세관신고서를 직접 작성해 보도록 한다.

보기 8.7 ▶ 중국 출입국신고서

外国人出境卡
DEPARTURE CARD

请交边防检查官员查验
For Immigration clearance

姓 Family name
名 Given names
护照号码 Passport No.
出生日期 Date of birth 年Year 月Month 日Day 男 Male 女 Female
航班号/船名/车次 Flight No./Ship's name/Train No. 国籍 Nationality

以上申明真实准确。
I hereby declare that the statement given above is true and accurate.

签名 Signature

妥善保留此卡，如遗失将会对出境造成不便。
Retain this card in your possession, failure to do so may delay your departure from China.
请注意背面重要提示。 See the back →

外国人入境卡
ARRIVAL CARD

请交边防检查官员查验
For Immigration clearance

姓 Family name
名 Given names
国籍 Nationality
护照号码 Passport No.
在华住址 Intended Address in China
男 Male 女 Female
出生日期 Date of birth 年Year 月Month 日Day
签证号码 Visa No.
签证签发地 Place of Visa Issuance
航班号/船名/车次 Flight No./Ship's name/Train No.

入境事由(只能填写一项) Purpose of visit (one only)
会议/商务 Conference/Business
访问 Visit
观光/休闲 Sightseeing/in leisure
探亲访友 Visiting friends or relatives
就业 Employment
学习 Study
返回常住地 Return home
定居 Settle down
其他 others

以上申明真实准确。
I hereby declare that the statement given above is true and accurate.

签名 Signature

보기 8.8 ▸ 중국 세관신고서

CHINA CUSTOMS
BAGGAGE DECLARATION FORM FOR INCOMING PASSENGERS

Please read the instructions on the reverse side and provide information or mark "√" in the space

1. Surname

Given Name

2. Date of Birth   Year   Month   Day

3. Sex   Male   Female

4. No. of Traveler's Document

5. Nationality(Region)   China   (Hong Kong   Macao   Taiwan   )
Other Nationals

6. Purpose of the Trip   Official   Business   Leisure   Study   Immigration   Visiting Friends or Relatives   Return Residents   Others

7. Flight No./Vehicle No./ Vessel Name

8. Number of persons under the age of 16 traveling with you

I am (We are) bringing into China's Customs territory (having)

9. (residents) articles valued at over RMB 5,000 from overseas. Yes No
10. (non-residents) articles valued at over RMB 2,000 that will remain in the territory. Yes No
11. over 1,500ml (12% volume) alcoholic drinks, over 400 sticks of cigarettes, over 100 sticks of cigars, or over 500g of tobacco. Yes No
12. Chinese currency in cash exceeding RMB 20,000 or foreign currencies in cash exceeding USD 5,000 if converted into US dollar. Yes No
13. animals and plants, animal and plant products, microbes, biological products, human tissues, blood and blood products. Yes No
14. radio transmitters, radio receivers, communication security equipments. Yes No
15. other articles which are prohibited or restricted from being brought into the territory in accordance with the law of the People's Republic of China. Yes No
16. unaccompanied baggage. Yes No
17. goods of commercial value, samples, advertisements. Yes No

I HAVE READ THE INSTRUCTIONS ON THE REVERSE SIDE OF THIS FORM AND DECLARE THAT THE INFORMATION GIVEN ON THIS FORM IS TRUE.

Passengers who are bringing any articles included in items 9-15 shall fill out this form in detail.

Description	Quantity	Value	Type/Model	Customs Remarks

PASSENGER'S SIGNATURE   Year   Month   Date

보기 8.9 ▶ 일본 출입국신고서

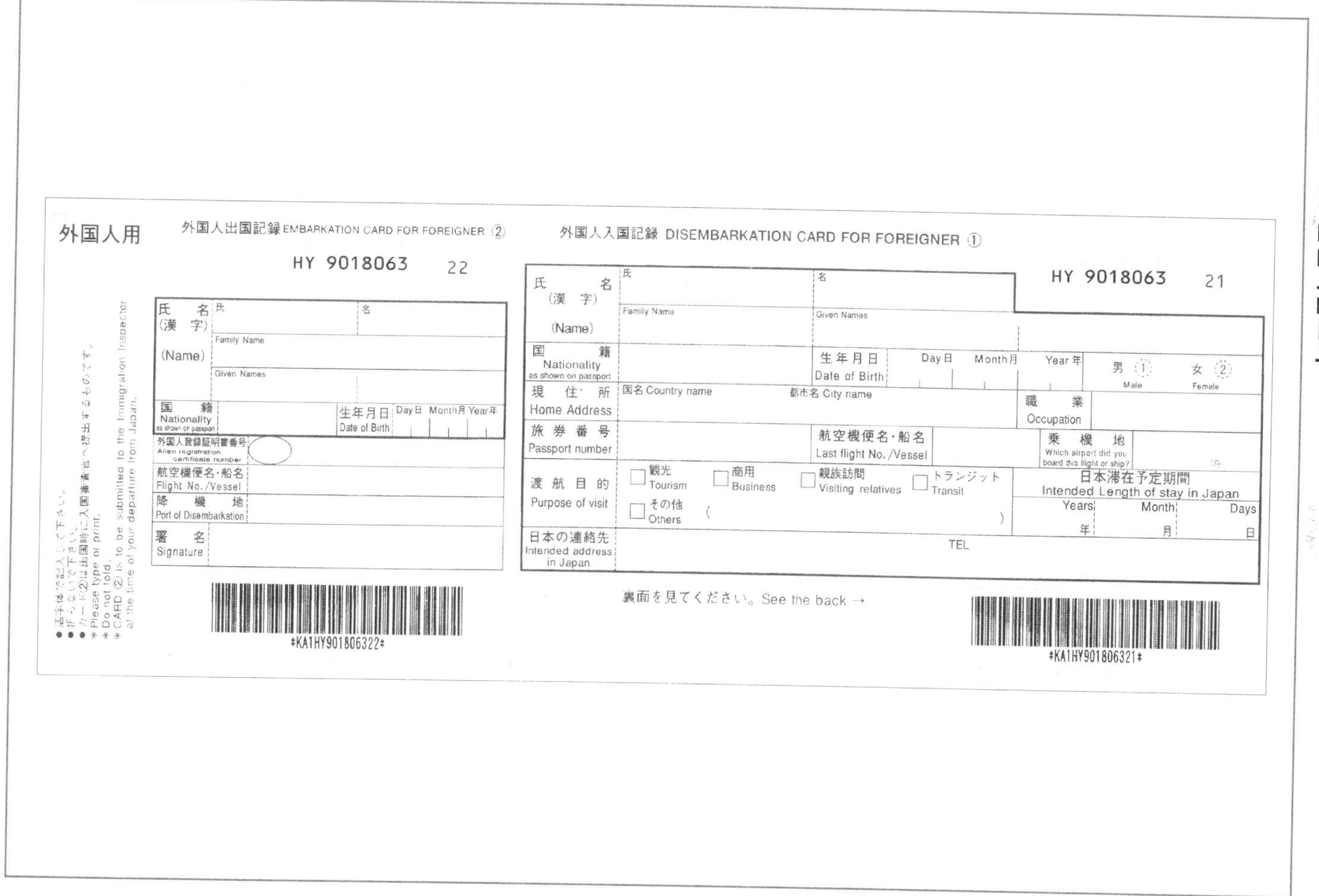

外国人用

外国人出国記録 EMBARKATION CARD FOR FOREIGNER ②

HY 9018063 22

氏名 (漢字) (Name)	氏 Family Name	名 Given Names
国籍 Nationality as shown on passport		生年月日 Date of Birth Day 日 Month 月 Year 年
外国人登録証明書番号 Alien registration certificate number		
航空機便名・船名 Flight No./Vessel		
降機地 Port of Disembarkation		
署名 Signature		

KA1HY901806322

● 黒字体で記入して下さい。
● 折らないで下さい。
● カード②は出国時に入国審査官へ提出するものです。
* Please type or print.
* Do not fold.
* CARD ② is to be submitted to the Immigration Inspector at the time of your departure from Japan.

外国人入国記録 DISEMBARKATION CARD FOR FOREIGNER ①

HY 9018063 21

氏名 (漢字) (Name)	氏 Family Name	名 Given Names		
国籍 Nationality as shown on passport		生年月日 Date of Birth	Day 日 Month 月 Year 年	男 ① Male 女 ② Female
現住所 Home Address	国名 Country name	都市名 City name	職業 Occupation	
旅券番号 Passport number		航空機便名・船名 Last flight No./Vessel	乗機地 Which airport did you board this flight or ship?	
渡航目的 Purpose of visit	□ 観光 Tourism □ 商用 Business □ 親族訪問 Visiting relatives □ トランジット Transit □ その他 Others ( )		日本滞在予定期間 Intended Length of stay in Japan	Years 年 Month 月 Days 日
日本の連絡先 Intended address in Japan		TEL		

裏面を見てください。See the back →

KA1HY901806321

보기 8.10 ▶ 미국 출입국신고서

U.S. Department of Justice
Immigration and Naturalization Service

OMB 1115-0077

Admission Number

Welcome to the United States

782078029 04

I-94 Arrival/Departure Record - Instructions

This form must be completed by all persons except U.S.Citizens, returning resident aliens, aliens with immigrant visas, and Canadian Citizens visiting or in transit.

Type or print legibly with pen in ALL CAPITAL LETTERS. Use English. Do not write on the back of this form.

This form is in two parts. Please complete both the Arrival Record (Items 1 through 13) and the Departure Record (Items 14 through 17).

When all items are completed, present this form to the U.S. Immigration and Naturalization Service Inspector.

Item 7 -If you are entering the United States by land, enter **LAND** in this space. If you are entering the United States by ship, enter **SEA** in this space.

Form I-94 (04-15-86)Y

Admission Number

782078029 04

Immigration and
Naturalization Service

I-94
Arrival Record

1. Family Name
2. First (Given) Name
3. Birth Date (Day/Mo/Yr)
4. Country of Citizenship
5. Sex (Male or Female)
6. Passport Number
7. Airline and Flight Number
8. Country Where You Live
9. City Where You Boarded
10. City Where Visa Was Issued
11. Date Issued (Day/Mo/Yr)
12. Address While in the United States (Number and Street)
13. City and State

Departure Number

782078029 04

Immigration and
Naturalization Service

I-94
Departure Record

14. Family Name
15. First (Given) Name
16. Birth Date (Day/Mo/Yr)
17. Country of Citizenship

See Other Side **STAPLE HERE**

보기 8.11 ▸ 미국 세관신고서

WELCOME TO THE UNITED STATES

DEPARTMENT OF THE TREASURY
UNITED STATES CUSTOMS SERVICE

FORM APPROVED
OMB NO. 1515-0041

CUSTOMS DECLARATION

19 CFR 122.27, 148.12, 148.13, 148.110, 148.111

Each arriving traveler or head of family must provide the following information (only **ONE** written declaration per family is required):

1. Name: ______ *Last* ______ *First* ______ *Middle Initial*
2. Date of Birth: ____ / ____ / ____ *Day / Month / Year* 3. Airline/Flight ______
4. Number of family members traveling with you ______
5. U.S. Address: ______

   City: ______ State: ______

6. I am a U.S. Citizen — YES ☐ NO ☐
   If No,
   Country: ______
7. I reside permanently in the U.S. — YES ☐ NO ☐
   If No,
   Expected Length of Stay: ______
8. The purpose of my trip is or was ☐ BUSINESS ☐ PLEASURE
9. I am/we are bringing fruits, plants, meats, food, soil, birds, snails, other live animals, farm products, or I/we have been on a farm or ranch outside the U.S. — YES ☐ NO ☐
10. I am/we are carrying currency or monetary instruments over $10,000 U.S. or foreign equivalent. — YES ☐ NO ☐
11. The total value of all goods I/we purchased or acquired abroad and am/are bringing to the U.S. is (see instructions under Merchandise on reverse side): $ ______ *US Dollars*

MOST MAJOR CREDIT CARDS ACCEPTED.

SIGN ON REVERSE SIDE AFTER YOU READ WARNING.

(Do not write below this line.)

INSPECTOR'S NAME	STAMP AREA
BADGE NO.	

Paperwork Reduction Act Notice: The Paperwork Reduction Act of 1980 says we must tell you why we are collecting this information, how we will use it and whether you have to give it to us. We ask for this information to carry out the Customs, Agriculture, and Currency laws of the United States. We need it to ensure that travelers are complying with these laws and to allow us to figure and collect the right amount of duties and taxes. Your response is mandatory.

Statement required by 5 CFR 1320.21: The estimated average burden associated with this collection of information is 3 minutes per respondent or recordkeeper depending on individual circumstances. Comments concerning the accuracy of this burden estimate and suggestions for reducing this burden should be directed to U.S. Customs Service, Paperwork Management Branch, Washington, DC 20229, and to the Office of Management and Budget, Paperwork Reduction Project (1515-0041), Washington, DC 20503.

Customs Form 6059B (092089)

보기 8.12 ▶ 대만 입국신고서

1 8 0 1 5 6 7 1 0 9

入國登記表 ARRIVAL CARD

姓 **Family Name**

護照號碼 **Passport No.**

名 **Given Name**

出生日期 **Date of Birth** 年 **Year** 月 **Month** 日 **Day**

國籍 **Nationality**

性別 **Sex**
□ 男 **Male** □ 女 **Female**

航班.船名 **Flight / Vessel No.**

職業 **Occupation**

簽證種類 **Visa Type**
□ 外交 **Diplomatic** □ 禮遇 **Courtesy** □ 居留 **Resident** □ 停留 **Visitor**
□ 免簽證 **Visa-Exempt** □ 落地 **Landing** □ 其他 **Others**

入出境證/簽證號碼 **Entry Permit / Visa No.**

居住地 **Home Address**

來臺住址或飯店名稱 **Residential Address or Hotel Name in Taiwan**

旅行目的 **Purpose of Visit**
□ **1.**商務 **Business** □ **2.**求學 **Study**
□ **3.**觀光 **Sightseeing** □ **4.**展覽 **Exhibition**
□ **5.**探親 **Visit Relative** □ **6.**醫療 **Medical Care**
□ **7.**會議 **Conference** □ **8.**就業 **Employment**
□ **9.**宗教 **Religion**
□ **10.**其他 **Others** ____________

公務用欄 Official Use Only

旅客簽名 **Signature**

您可選擇填繳「紙本入國登記表」，或於查驗通關前掃描上方**QR-code**上網填寫入國登記表。
You may fill in a "Paper Arrival Card" or via a "Online Arrival Card" through the QRcode on the top of the sheet before immigration clearance.

보기 8.13 ▸ 홍콩 입국신고서

IMMIGRATION DEPARTMENT HONG KONG
香 港 入 境 事 務 處
ARRIVAL CARD 旅客抵港申報表

All travellers should complete this card except Hong Kong Identity Card holders
除香港身份證持有人外，所有旅客均須填寫此申報表

ID 93 (1/2006)
IMMIGRATION ORDINANCE (Cap. 115)
入境條例 [第 115 章]
Section 5(4) and (5)
第 5(4) 及 (5) 條

Family name (*in capitals*) 姓 (請用正楷填寫)	Sex 性別
Given names (*in capitals*) 名 (請用正楷填寫)	
Travel document No. 旅行證件號碼	Place and date of issue 發出地點及日期
Nationality 國籍	Date of birth 出生日期 / / day 日 month 月 year 年
Place of birth 出生地點	Address in Hong Kong 香港地址
Home address 住址	
Flight No./Ship's name 班機編號／船名	From 來自
Signature of traveller 旅客簽署	

Please write clearly
請用端正字體填寫
Do not fold
切勿摺疊

TJ348684

보기 8.14 ▶ **태국 입국신고서**

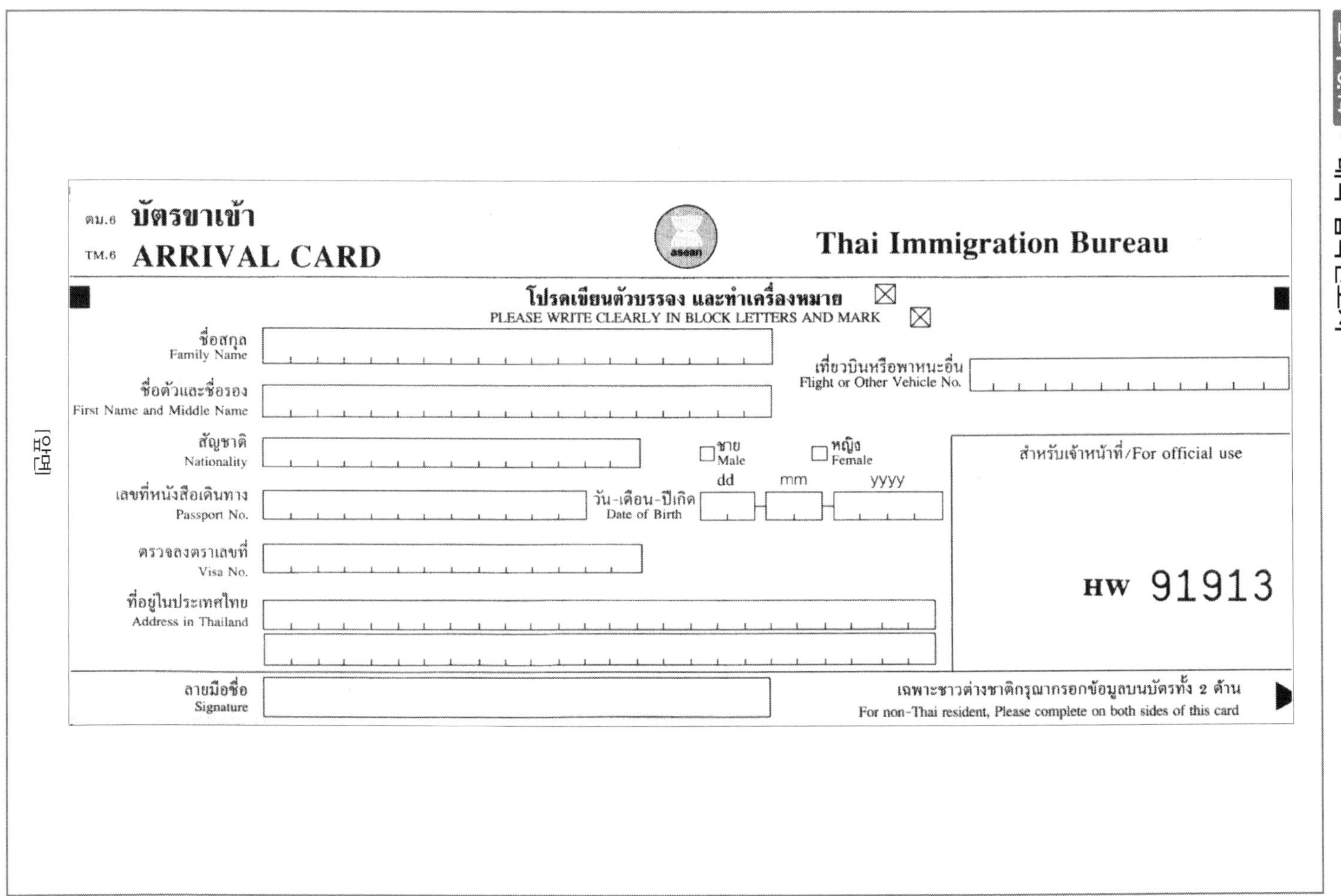

ตม.6 บัตรขาเข้า

TM.6 ARRIVAL CARD

Thai Immigration Bureau

โปรดเขียนตัวบรรจง และทำเครื่องหมาย ☒

PLEASE WRITE CLEARLY IN BLOCK LETTERS AND MARK ☒

ชื่อสกุล Family Name

ชื่อตัวและชื่อรอง First Name and Middle Name

เที่ยวบินหรือพาหนะอื่น Flight or Other Vehicle No.

สัญชาติ Nationality

☐ ชาย Male ☐ หญิง Female

เลขที่หนังสือเดินทาง Passport No.

วัน-เดือน-ปีเกิด Date of Birth dd mm yyyy

ตรวจลงตราเลขที่ Visa No.

ที่อยู่ในประเทศไทย Address in Thailand

สำหรับเจ้าหน้าที่/For official use

HW 91913

ลายมือชื่อ Signature

เฉพาะชาวต่างชาติกรุณากรอกข้อมูลบนบัตรทั้ง 2 ด้าน

For non-Thai resident, Please complete on both sides of this card

[앞면]

เฉพาะชาวต่างชาติ/For non-Thai resident only

PLEASE MARK ☒

Type of flight
- ☐ Charter
- ☐ Schedule

First trip to Thailand
- ☐ Yes
- ☐ No

Traveling on group tour
- ☐ Yes
- ☐ No

Accommodation
- ☐ Hotel
- ☐ Friend's Home
- ☐ Youth Hostel
- ☐ Apartment
- ☐ Guest House
- ☐ Others

Purpose of visit
- ☐ Holiday
- ☐ Meeting
- ☐ Business
- ☐ Incentive
- ☐ Education
- ☐ Conventions
- ☐ Employment
- ☐ Exhibitions
- ☐ Transit
- ☐ Others

Yearly income
- ☐ Under 20,000 US$
- ☐ 20,000-40,000 US$
- ☐ 40,001-60,000 US$
- ☐ 60,001-80,000 US$
- ☐ 80,001 and over
- ☐ No income

PLEASE COMPLETE IN ENGLISH

Occupation

Country of residence

City/State

Country

From/Port of embarkation

Next city/Port of disembarkation

[뒷면]

보기 8.15 ▶ 싱가포르 출입국신고서

A1234-A5970 IMM 27I

Full Name as it appears in passport/travel document (BLOCK LETTERS)

Sex* Male / Female

Passport Number

Place Of Residence

City

State / Country

Flight No/Vessel Name/Vehicle No

Address in Singapore

Postal Code

Contact Number

Country of Birth

Identity Card Number (for Malaysian Only)

Date of Birth (DD-MM-YYYY)

Length of Stay Days

Nationality

Last City / Port of Embarkation Before Singapore

Next City / Port of Disembarkation After Singapore

Have you been to Africa or South America during the last 6 days?* Yes / No

Have you ever used a passport under different name to enter Singapore?* Yes / No

If "yes", state name(s) different from current passport:

Have you ever been prohibited from entering Singapore?* Yes / No

Signature

*Please tick (✓) appropriate box

FOR OFFICE USE ONLY

30 90 Others

5

IMM 27I

A1234-A5970

Full Name as it appears in passport/travel document (BLOCK LETTERS)

Nationality

Identity Card Number (for Malaysian only)

OFFICE USE ONLY

6

보기 8.16 ▸ 인도 출입국신고서

A
11 14697418

ARRIVAL CARD FOR PASSENGERS

Please write in CAPITALS only. One Character in one box as shown below.
Do not write across the lines. Leave one box blank for space.

A B C D E 1 2 3 4 5

1. Name (as in passport) Leave one box blank after every part of the name/initial

2. Sex (tick ✓appropriate box)
Male Female

3. Nationality

4. Date of Birth (DD/MM/YY)

5. Country of Residence

6. NRI/PIO/OCI Status (tick ✓appropriate box)
NRI PIO OCI None

7. PIO/OCI Card No., if any

8. Passport Number

9. Date of Issue (DD/MM/YY)

10. Flight Number

11. Port of Boarding

12. Date of Arrival (DD/MM/YY)

13. Countries visited in last 6 days

14. Address in India

15. Telephone No.

To be filled in by Indians only

16. Does your Passport carry an ECR stamp ? (tick ✓appropriate box)
Yes No

17. Whether employed overseas (tick ✓appropriate box)
Yes No

18. If answer is yes to 17, reason for return (tick ✓appropriate box)
Completion of Employment
Others

To be filled in by foreigners (Including PIO/OCI) and NRIs

*19. Visa Number

*20. Date of Expiry (DD/MM/YY)

*21. Type of Visa

22. Expected date of Departure (DD/MM/YY)

23. Purpose of visit (tick ✓appropriate box)
Business Transit Official Employment Education Conference
Visit Friends/Relatives Medical/Health Religion/Pilgrimage Leisure/Holiday Sport Others

*Not to be filled by NRIs

Immigration Stamp

Signature of Passenger

CUSTOMS

ON ARRIVAL IN INDIA PLEASE HAND OVER THIS PART OF THE CARD TO THE CUSTOMS OFFICER WHILE LEAVING THE AIRPORT / CHECKPOST

1. Name in full ______
2. Flight No. ______ 3. Date of Arrival ______
4. No. of checked in baggage(s) ______ 5. No.of hand baggage(s) ______
6. Total value of dutiable goods being imported (Rs.) ______
7. (a) Are you carrying any plants/seeds/fruits/flowers/vegetables/bulbs/other planting materials ? **Yes/No.**
(b) Are you carrying any meat & meat products/dairy products/live or ornamental fish/poultry/poultry products ? **Yes/No.**
(c) Are you carrying any Satellite Phone ? **Yes/No.**
(d) Are you carrying foreign currency notes in excess of US $ 5000 or equivalent ? **Yes/No.**
(e) Are you carrying foreign exchange (i.e. Foreign currency notes, drafts, Travellers' cheques, letters of credit, bills of exchange or any instruments where under any amount is payable in Indian currency) in excess of US $ 10,000 or equivalent ? **Yes/No.**

Signature of the passenger ______

보기 8.17 ▸ 필리핀 입국신고서

Republic of the Philippines BUREAU OF IMMIGRATION			DISEMBARKATION CARD (For Arriving Passengers)
SURNAME / FAMILY NAME	FIRST NAME		MIDDLE NAME
1 ☐ MALE 2 ☐ FEMALE	BIRTHDAY (MM / DD / YY)		COUNTRY OF BIRTH
CITIZENSHIP			OCCUPATION
ADDRESS ABROAD (NO., STREET, TOWN / CITY STATE / COUNTRY, ZIP CODE)			
ADDRESS IN THE PHILIPPINES (NO., STREET, TOWN / CITY, PROVINCE)			
PASSPORT NUMBER	PLACE OF ISSUE		DATE OF ISSUE (MM / DD / YY)
MAIN PURPOSE OF TRAVEL (CHECK APPROPRIATE BOX) 1 ☐ HOLIDAY / PLEASURE 3 ☐ CONVENTION 5 ☐ OTHERS 2 ☐ VISIT FRIENDS / RELATIVES 4 ☐ BUSINESS SPECIFY ______			
NUMBER OF VISITS TO THE PHILIPPINES ☐ 1 ☐ 2 ☐ 3 or more		TRAVELING ON PACKAGE TOUR? 1 ☐ YES 2 ☐ NO	
SIGNATURE OF PASSENGER	AIRPORT OF ORIGIN		FLIGHT NO.
FOR PHILIPPINE OVERSEAS CONTRACT WORKERS/BALIKBAYAN USE ONLY			
OCW I.D. NO.		REASON'S FOR RETURNING TO RP 1 ☐ CONTRACT TERMINATED 2 ☐ VACATION / ON LEAVE 3 ☐ HEALTH 4 ☐ OTHERS (SPECIFY)	
DATE OF LAST DEPARTURE (MM / DD / YY)			

보기 8.18 ▶ 필리핀 세관신고서

Republic of the Philippines
Department of Finance
BUREAU OF CUSTOMS

CUSTOMS DECLARATION

All arriving passengers must provide the following information. If travelling with a family, only one (1) declaration is required to be made by the head or any responsible member thereof. Please fill-up completely and legibly.

SURNAME / FAMILY NAME FIRST NAME MIDDLE NAME

SEX ☐ MALE ☐ FEMALE | BIRTHDAY (MM / DD / YY)

CITIZENSHIP | OCCUPATION / PROFESSION

PASSPORT NO. | DATE AND PLACE OF ISSUE

ADDRESS (Philippines) | ADDRESS (Abroad)

FLIGHT NO. | AIRPORT OF ORIGIN | DATE OF ARRIVAL

PURPOSE / NATURE OF TRAVEL TO THE PHILIPPINES

1. ☐ Balikbayan
2. ☐ Returning Resident
3. ☐ Overseas Filipino Worker
4. ☐ Business
5. ☐ Tourism
6. ☐ Others (Specify)

NO. OF ACCOMPANYING MEMBERS OF THE FAMILY:

NO. OF BAGGAGE: Checked-in ______ Pcs. Handcarried:______ Pcs.

GENERAL DECLARATION: *(Please read important information at the back)*

1. Are you bringing in live animals, plants, fishes and/or their products and by-products? (If yes, please see a Customs Officer before proceeding to the Quarantine Office) ☐ Yes ☐ No
2. Are you carrying legal tender Philippine notes and coins or checks, money order and other bills of exchange drawn in pesos against banks operating in the Philippines in excess of PHP10,000.00? ☐ Yes ☐ No

   If yes, do you have the required Bangko Sentral ng Pilipinas authority to carry the same? ☐ Yes ☐ No
3. Are you carrying foreign currency or other foreign exchange-denominated bearer negotiable monetary instruments (including travellers checks in excess of US$10,000.00 or its equivalent? (If yes ask for and accomplish Foreign Currency Declaration Form at the Customs Desk at Arrival and Departure areas. ☐ Yes ☐ No
4. Are you bringing in prohibited items (firearms ammunitions and part thereof, drugs, controlled chemicals) or regulated items (VCDs, DVDs, communication devices, transceivers)? ☐ Yes ☐ No
5. Are you bringing in ☐ jewelries, ☐ electronic goods, and ☐ commercial merchandise and/or samples purchased or acquired abroad? ☐ Yes ☐ No

ALL PERSONS AND BAGGAGE ARE SUBJECT TO SEARCH AT ANY TIME.
(Section 2210 and 2212 Tariff & Customs Code of the Philippines as amended)

I HEREBY CERTIFY UNDER PENALTY OF LAW THAT THIS DECLARATION IS TRUE AND CORRECT | DATE OF LAST DEPARTURE FROM THE PHILIPPINES

SIGNATURE OF PASSENGER

FOR CUSTOMS USE ONLY

PRINTED NAME & SIGNATURE OF CUSTOMS OFFICER | CODE NO. | LANE NO. | DATE

BC Form No. 117 (Rev. 25 Aug. 05)

보기 8.19 ▸ **캄보디아 출입국신고서**

ARRIVAL CARD No. 906449

Family name

Given name

Place of birth | Sex /M /F

Date of birth | Nationality

Passport N°

Type of transportation | Flight N° | Ship | Car | Train

Arriving from

Type/Visa N° | Place of issue

Purpose of visit | Lenght of stay

Address in Cambodia

Signature

For official use

DEPARTURE CARD No. 906449

Family name

Given name

Place of birth | Sex /M /F

Date of birth | Nationality

Passport N°

Type of transportation | Flight N° | Ship | Car | Train

Destination

FOR CAMBODIAN ONLY

Signature

For official use

보기 8.20 ▸ **마카오 입국신고서**

澳門治安警察局
CORPO DE POLÍCIA DE SEGURANÇA PÚBLICA DE MACAU
出入境事務廳
SERVIÇO DE MIGRAÇÃO
IMMIGRATION DEPARTMENT

旅客抵澳申報表
BOLETIM - CHEGADA
ARRIVAL CARD
(請用正楷填寫)
(LETRAS DE IMPRENSA)
(Please write in block letters)

姓 APELIDO SURNAME	性別 SEXO SEX 男 M □ 女 F □
名 NOME GIVEN NAMES	
國籍 NACIONALIDADE NATIONALITY	出生日期 DATA NASC. DATE OF BIRTH ___/___/___ 日 DIA DAY 月 MÊS MONTH 年 ANO YEAR
種類 旅遊證件 DOCUMENTO DE VIAGEM TRAVEL DOCUMENT TIPO TYPE	號碼 Nº.
發出地點及日期 LOCAL E DATA DA EMISSÃO PLACE AND DATE OF ISSUE	___/___/___ 日 DIA DAY 月 MÊS MONTH 年 ANO YEAR
住址 RESIDÊNCIA HABITUAL HOME ADDRESS	
澳門地址 ENDEREÇO EM MACAU ADDRESS IN MACAO	
來自何埠 PROCEDÊNCIA FROM	班機編號 VOO Nº. FLIGHT No.
本人簽名 ASSINATURA SIGNATURE	

歡迎來澳門 **BEM-VINDO A MACAU WELCOME TO MACAO**

BK3990954

보기 8.21 ▶ 호주 입국신고서

Incoming passenger card • Australia

PLEASE COMPLETE IN ENGLISH WITH A BLUE OR BLACK PEN

▶ Family/surname

▶ Given names

▶ Passport number

◆ Flight number or name of ship

▶ Intended address in Australia

State

▶ Do you intend to live in Australia for the next 12 months? Yes No

▶ If you are **NOT an Australian citizen**:

Do you have tuberculosis? Yes No

Do you have any criminal conviction/s? Yes No

YOU MUST ANSWER EVERY QUESTION – IF UNSURE, ✕ Yes

▶ Are you bringing into Australia:

1. Goods that may be prohibited or subject to restrictions, such as medicines, steroids, firearms, weapons of any kind or illicit drugs? Yes No
2. More than 2250mL of alcohol or 250 cigarettes or 250g of tobacco products? Yes No
3. Goods obtained overseas or purchased duty and/or tax free in Australia with a combined total price of more than AUD$900, including gifts? Yes No
4. Goods/samples for business/commercial use? Yes No
5. AUD$10,000 or more in Australian or foreign currency equivalent? Yes No
6. Any food - includes dried, fresh, preserved, cooked, uncooked? Yes No
7. Wooden articles, plants, parts of plants, traditional medicines or herbs, seeds, bulbs, straw, nuts? Yes No
8. Animals, parts of animals and animal products including equipment, eggs, biologicals, specimens, birds, fish, insects, shells, bee products, pet food? Yes No
9. Soil, or articles with soil attached, ie. sporting equipment, shoes, etc? Yes No

▶ 10. Have you visited a rural area or been in contact with, or near, farm animals outside Australia in the past 30 days? Yes No

▶ 11. Have you been in Africa or South America in the last 6 days? Yes No

DECLARATION
The information I have given is true, correct and complete. I understand failure to answer any questions may have serious consequences.

YOUR SIGNATURE

Day Month Year

TURN OVER THE CARD ▶
English

[앞면]

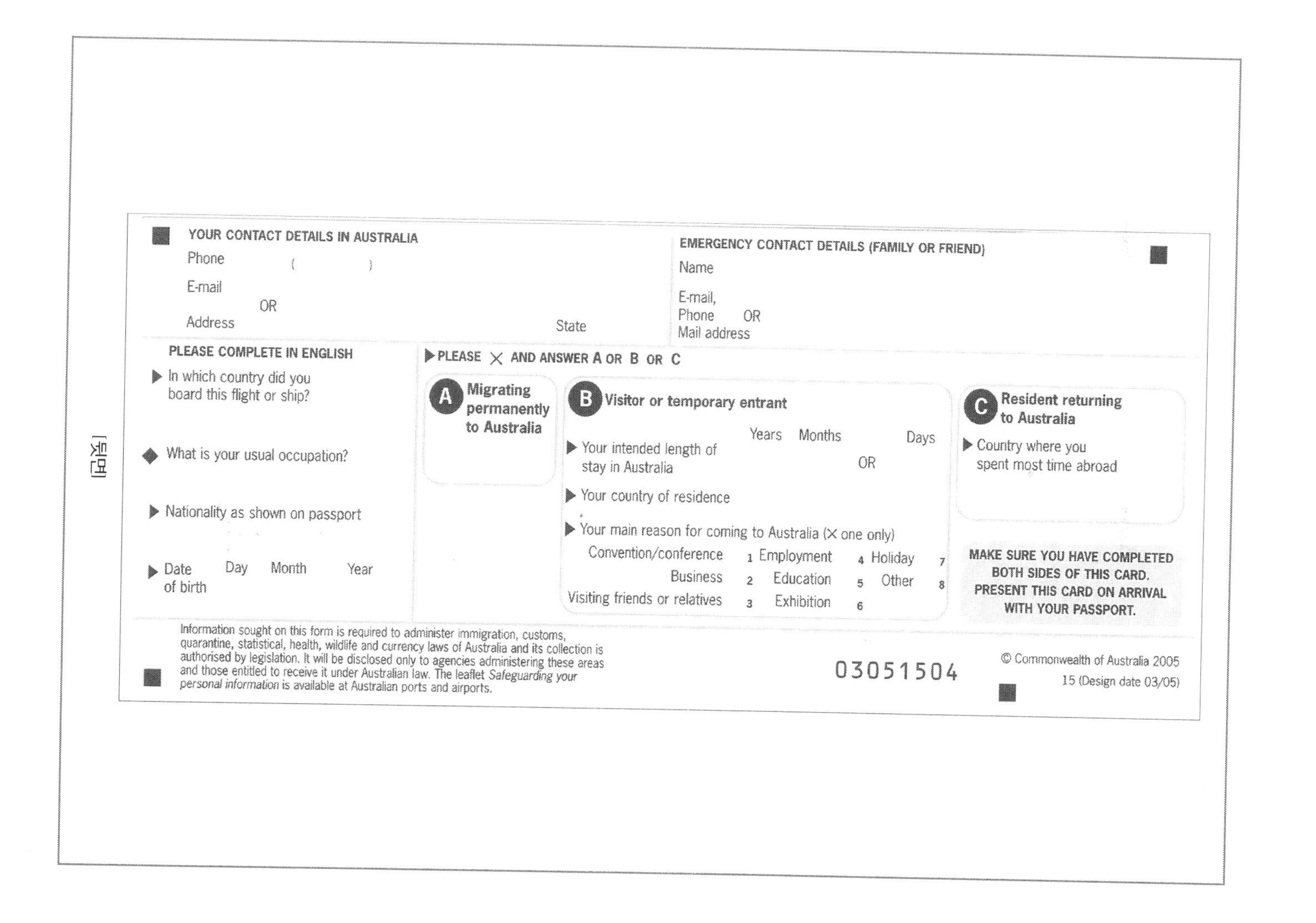
YOUR CONTACT DETAILS IN AUSTRALIA

Phone ( )

E-mail OR

Address

State

EMERGENCY CONTACT DETAILS (FAMILY OR FRIEND)

Name

E-mail, Phone OR Mail address

PLEASE COMPLETE IN ENGLISH

▶ In which country did you board this flight or ship?

◆ What is your usual occupation?

▶ Nationality as shown on passport

▶ Date of birth Day Month Year

▶ PLEASE × AND ANSWER A OR B OR C

A Migrating permanently to Australia

B Visitor or temporary entrant

▶ Your intended length of stay in Australia Years Months OR Days

▶ Your country of residence

▶ Your main reason for coming to Australia (× one only)

Convention/conference 1 Employment 4 Holiday 7

Business 2 Education 5 Other 8

Visiting friends or relatives 3 Exhibition 6

C Resident returning to Australia

▶ Country where you spent most time abroad

MAKE SURE YOU HAVE COMPLETED BOTH SIDES OF THIS CARD. PRESENT THIS CARD ON ARRIVAL WITH YOUR PASSPORT.

Information sought on this form is required to administer immigration, customs, quarantine, statistical, health, wildlife and currency laws of Australia and its collection is authorised by legislation. It will be disclosed only to agencies administering these areas and those entitled to receive it under Australian law. The leaflet *Safeguarding your personal information* is available at Australian ports and airports.

03051504

© Commonwealth of Australia 2005
15 (Design date 03/05)

[뒷면]

보기 8.22 ▶ 뉴질랜드 입국신고서

NEW ZEALAND PASSENGER ARRIVAL CARD

OCT 2011

Information collected on this form and during the arrival process is sought to administer Customs, Immigration, Biosecurity, Border Security, Health, Wildlife, Police, Fine Enforcement, Justice, Benefits, Social Service, Electoral, Inland Revenue, and Currency laws. The information is authorised by legislation and will be disclosed to agencies administering and entitled to receive it under New Zealand law. This includes for purposes of data matching between those agencies. Once collected, information may be used for statistical purposes by Statistics New Zealand.

- **This Arrival Card is a legal document – false declarations can lead to penalties including confiscation of goods, fines, prosecution, imprisonment, and deportation from New Zealand.**
- A separate Arrival Card must be completed for each passenger, including children.
- Please answer in English and fill in BOTH sides.
- Print in capital letters like this: NEW ZEALAND or mark answers like this: ✓

1 Flight number/name of ship — Aircraft seat number

Overseas port where you boarded THIS aircraft/ship

Passport number

Nationality as shown on passport

Family name

Given or first names

Date of birth day month year

Country of birth

Occupation or job

Full contact or residential address in New Zealand

Email

Mobile/phone number

2a **Answer this section if you live in New Zealand. Otherwise go to 2b.**

How long have you been away from New Zealand? years months days

Which country did you spend most time in while overseas?

What was the MAIN reason for your trip? business education other

Which country will you mostly live in for the next 12 months? New Zealand other

2b **Answer this section if you DO NOT live in New Zealand.**

How long do you intend to stay in New Zealand? Permanently or years months days

If you are not staying permanently what is your MAIN reason for coming to New Zealand?

visiting friends/relatives business holiday/vacation
conference/convention education other

In which country did you last live for 12 months or more?

State, province or prefecture Zip or postal code

Please turn over for more questions and to sign

[앞면]

3 List the countries you have been in during the past 30 days:

4 Do you know the contents of your baggage? Yes No

5 **Are you bringing into New Zealand:**

- **Any food:** including cooked, uncooked, fresh, preserved, packaged or dried? Yes No
- **Animals or animal products:** including meat, dairy products, fish, honey, bee products, eggs, feathers, shells, raw wool, skins, bones or insects? Yes No
- **Plants or plant products:** including fruit, vegetables, leaves, nuts, parts of plants, flowers, seeds, bulbs, fungi, cane, bamboo, wood or straw? Yes No

Other biosecurity risk items, including:

- Animal medicines, biological cultures, organisms, soil or water? Yes No
- Equipment used with animals, plants or water, including for beekeeping, fishing, water sport or diving activities? Yes No
- Articles with soil attached, outdoor sport or hiking footwear and tents? Yes No

In the past 30 days (while outside New Zealand) have you visited a forest, had contact with animals (not domestic) or visited properties that farm or process animals or plants? Yes No

6 **Are you bringing into New Zealand:**

- Goods that may be prohibited or restricted, for example medicines, weapons, indecent publications, endangered species of flora or fauna, illicit drugs or drug paraphernalia? Yes No
- Alcohol over the personal concession (3 bottles each containing not more than 1125 millilitres of spirits and 4.5 litres of wine or beer) and tobacco products over the personal concession (200 cigarettes **or** 250 grams of tobacco **or** 50 cigars **or** a mixture of not more 250 grams)? Yes No
- Goods obtained overseas and/or purchased duty free in New Zealand with a total value of more than NZ$700, including gifts? Yes No
- Goods carried for business or commercial use or goods carried on behalf of another person? Yes No
- A total of NZ$10,000 or more in cash (includes bearer-negotiable instruments) or foreign equivalent? Yes No

7 Do you hold a current New Zealand passport, a residence class visa or a returning resident's visa? – If yes go to **10** Yes No

Are you a New Zealand citizen using a foreign passport? – If yes go to **10** Yes No

Do you hold an Australian passport, Australian Permanent Residence Visa or Australian Resident Return Visa? – If yes go to **9** Yes No

8 **All others.**

You must leave New Zealand before expiry of your visa or face deportation.

Are you coming to New Zealand for medical treatment or consultation or to give birth? Yes No

If you hold a visa go to 9

All others apply for one of these

work visa visitor visa limited visa student visa other visa

9 Have you ever been sentenced to 12 months or more in prison, or been deported or removed from any country? Yes No

10 **I declare that the information I have given is true, correct, and complete.**

Signature Date

The Privacy Act 1993 provides rights of access to, and correction of, personal information. If you wish to exercise these rights please contact the New Zealand Customs Service on 0800 428 786 or Email: feedback@customs.govt.nz and/or Immigration New Zealand at PO Box 3705, Wellington.

[뒷면]

보기 8.23 ▶ 캐나다 입국신고서

Instructions

All travellers must be identified on a Canada Border Services Agency (CBSA) Declaration Card. You may list up to four people living at the **same address** on one card. **Each traveller is responsible for his or her own declaration. Each traveller is responsible for reporting currency and/or monetary instruments totaling CAN$10,000 or more that are in his or her actual possession or baggage.**

Under the law, failure to properly declare goods, currency and/or monetary instruments brought into Canada may result in seizure action, monetary penalties and/or criminal prosecution.

Information from this declaration will be used for CBSA control purposes, and may be shared with other government departments to enforce Canadian laws. For more information see *Info Source* (ref. no. CBSA PPU 018), at a public library or visit **http://infosource.gc.ca**.

Part B – Visitors to Canada

The following duty-free allowances apply to each visitor entering into Canada:

- Gifts (excludes alcohol and tobacco) valued at no more than CAN$60 **each**.
- 1.5 L of wine **or** 1.14 L of liquor **or** 24 x 355 ml cans or bottles (8.5 L) of beer or ale.
- 200 cigarettes, 200 tobacco sticks, 50 cigars or cigarillos **and** 200 grams of manufactured tobacco.

Part C – Residents of Canada

Each resident returning to Canada is entitled to **one of the following personal exemptions** based on his/her time absent from Canada (include all goods and/or gifts purchased or received abroad):

- **24 hours: CAN$200** Not claimable if goods exceed CAN$200. Alcohol and tobacco cannot be claimed.
- **48 hours: CAN$800** This includes alcohol and tobacco (see table below).
- **7 days: CAN$800** This includes alcohol and tobacco (see table below) and unaccompanied goods.

Alcohol and tobacco exemption table
1.5 L of wine **or** 1.14 L of liquor **or** 24 x 355 ml cans or bottles (8.5 L) of beer or ale. (You must be of legal age in the province of importation.)
200 cigarettes, 200 tobacco sticks, 50 cigars or cigarillos **and** 200 grams of manufactured tobacco (Special Duty may apply).

Fold along line and detach

Fold along line and detach

Canada Border Services Agency / Agence des services frontaliers du Canada

Declaration Card

– For Agency Use Only –

PAX R U.S. V OV Cr O

Part A All travellers (living at the same address) – Please print in capital letters.

1 Last name, first name and initials / Date of birth: YY - MM - DD / Citizenship

2 Last name, first name and initials / Date of birth: YY - MM - DD / Citizenship

3 Last name, first name and initials / Date of birth: YY - MM - DD / Citizenship

4 Last name, first name and initials / Date of birth: YY - MM - DD / Citizenship

HOME ADDRESS – Number, street, apartment No. / City/Town

Prov./State / Country / Postal/Zip code

Arriving by: Air / Rail / Marine / Highway

Airline/flight No., train No. or vessel name

Purpose of trip: Study / Personal / Business

Arriving from: U.S. only / Other country direct / Other country via U.S.

I am/we are bringing into Canada: Yes No

- Firearms or other weapons (e.g. switchblades, Mace or pepper spray).
- Commercial goods, whether or not for resale (e.g. samples, tools, equipment).
- Meat/meat products; dairy products; fruits; vegetables; seeds; nuts; plants and animals or their parts/products; cut flowers; soil; wood/wood products; birds; insects.
- Currency and/or monetary instruments totaling CAN$10,000 or more.

I/we have unaccompanied goods.

I/we have visited a farm and will be going to a farm in Canada.

SPECIMEN

Part B Visitors to Canada

Duration of stay in Canada days

Do you or any person listed above exceed the duty-free allowances per person? (See instructions on the left.) Yes No

Part C Residents of Canada

Do you or any person listed above exceed the exemptions per person? (See instructions on the left.) Yes No

Complete in the same order as Part A

	Date left Canada YY - MM - DD	Value of goods – CAN$ purchased or received abroad (including gifts, alcohol & tobacco)		Date left Canada YY - MM - DD	Value of goods – CAN$ purchased or received abroad (including gifts, alcohol & tobacco)
1			3		
2			4		

Part D Signatures (age 16 and older): I certify that my declaration is true and complete.

1 / 2 / 3 / 4 Date YY - MM - DD ▶

E311 (12/06) Protected A when completed BSF311 Canada

Do not fold Declaration Card

보기 8.24 ▶ 러시아 입국신고서

"A" (Въезд/Arrival)

Российская Федерация/ Russian Federation — Республика Беларусь/ Republic of Belarus

Миграционная карта Migration Card	Серия/ Serial	64 12
	№	0016438

Фамилия/Surname (Family name) 1

Имя/Given name(s) 2

Отчество/Patronymic

Дата рождения/Date of birth
День/ Day | Месяц/ Month | Год/ Year
3

4 Пол/Sex
Муж./Male ☐ Жен./Female ☐

5 Гражданство/Nationality

Документ, удостоверяющий личность/ Passport or other ID
6

Номер визы/Visa number: 7

Цель визита (нужное подчеркнуть)/ Purpose of travel (to be underlined):
Служебный/Official, Туризм/Tourism, Коммерческий/Business, Учёба/Education, Работа/Employment, Частный/Private, Транзит/Transit

Сведения о приглашающей стороне (наименование юридического лица, фамилия, имя, (отчество) физического лица), населенный пункт/Name of host person or company, locality:
8

Срок пребывания/Duration of stay: 9
С/From: До/To:

Подпись/Signature:
10

Служебные отметки/For official use only

Въезд в Российскую Федерацию/ Республику Беларусь/ Date of arrival in the Russian Federation/Republic of Belarus	Выезд из Российской Федерации/ Республики Беларусь/ Date of departure from the Russian Federation/Republic of Belarus

보기 8.25 ▸ 영국 입국신고서

Home Office
UK Border Agency
LANDING CARD
Immigration Act 1971

Please complete clearly in English and BLOCK CAPITALS
Veuillez répondre en anglais et EN LETTRES MAJUSCULES
Por favor contestar rellenando con claridad en inglés y en MAYÚSCULAS

Family name / Nom / Apellidos

First name(s) / Prénom / Nombre

Sex / Sexe / Sexo ☐ M ☐ F

Date of birth / Date de naissance / Fecha de Nacimiento D D M M Y Y Y Y

Town and country of birth / Ville et pays de naissance / Ciudad y país de nacimiento

Nationality / Nationalité / Nacionalidad

Occupation / Profession / Profesión

Contact address in the UK (in full) / Adresse (complète) au Royaume-Uni / Dirección de contacto en el Reino Unido (completa)

Passport no. / Numéro de passeport / Número de pasaporte

Place of issue / Lieu de délivrance / Lugar de emisión

Length of stay in the UK / Durée du séjour au Royaume-Uni / Duración de su estancia en el Reino Unido

Port of last departure / Dernier lieu de départ / Último punto de partida

Arrival flight/train number/ship name / Numéro de vol/numéro de train/nom du navire d'arrivée / Número de vuelo/número de tren/nombre del barco/de llegada

Signature / Signature / Firma

IF YOU BREAK UK LAWS YOU COULD FACE IMPRISONMENT AND REMOVAL
SI VOUS ENFREIGNEZ LES LOIS BRITANNIQUES, VOUS VOUS EXPOSEZ À UNE PEINE D'EMPRISONNEMENT ET LA DÉPORTATION
SI INFRINGE LAS LEYES DEL REINO UNIDO PUEDE TENER QUE AFRONTAR ENCARCELAMIENTO Y ALEJAMIENTO

CAT	-16	CODE	NAT	POL

For official use / A usage officiel / Para uso oficial

제9장

국외여행인솔자 업무

제9장 국외여행인솔자 업무

1. 국외여행인솔자 업무의 개요

1) 국외여행인솔자의 정의 및 역할

(1) 국외여행인솔자의 정의

국외여행인솔자란 국외여행의 출발에서부터 종료까지 여행객이 안전하고 쾌적하게 여행을 즐길 수 있도록 단체여행에 동행하여 여행자와 계획된 투어 일정의 원활한 진행을 관리하는 자를 말한다. 즉 단체 국외여행객들과 동행하여 현지에서 정해진 여행일정표에 따라 투어에 관한 일체의 업무를 진행관리하고 여행중 회사를 대표하여 현장의 리더로서 여행 전과정을 책임지는 사람이라고 정의할 수 있다.

국내에서는 국외여행인솔자를 '국외여행안내원', '해외여행안내원' 또는 일본에서 사용하는 '첨승원(添乘員)'이라는 용어로 지칭하기도 하나, 「관광진흥법」 제13조에서 규정한 바와 같이 국외여행인솔자로 용어의 통일성을 기하는 것이 바람직하다.

외국에서는 국외여행인솔자를 지칭하는 용어로 Tour Conductor, Tour Leader, Tour Escort, Tour Director, Tour Manager, Courier 등의 다양한 명칭이 사용되고 있다. 본 교재에서는 이중 여행업계에서 가장 광범위하게 사용되고 있는 'Tour Conductor'라는 용어와 그 약칭인 TC를 국외여행인솔자와 동일한 의미로 호환·사용하고자 한다.

한편 우리나라에서 국외여행인솔자와 정확한 구분 없이 유사한 개념으로 혼용되어 사용되는 경우가 많은 가이드(Guide)는 국외여행인솔자와는 업무의 영역이 전혀 다른 직종임을 유념해야 한다.

우리나라 대부분의 여행사에서 판매되고 있는 해외 패키지 투어의 경우 현지가이드(Local Guide)가 목적지 공항에서부터 여행자에게 편의와 안전을 제공해준다. 현지가이드란 여행자의 목적지관광을 도와주는 역할을 수행하며, 그 목적지에서 활동하는 관광가이드(Tour Guide)를 말한다. 즉 현지가이드란 "목적지에 거주하는 가이드로서 여행자에게 정보제공, 관광지 안내, 호텔 안내, 교통 안내, 쇼핑 안내, 옵션 안내 등의 편익을 제공하고, 안전과 기타 부가 서비스를 제공하는 여행안내자"라고 할 수 있다(나상필외 2인, 2020 : 280). 이에 현지가이드의 국적은 목적지의 국민일 수도 있고, 현지에서 생활하는 자국민 또는 이민자일 수도 있다.

결론적으로 이러한 인솔과 안내의 업무를 우리나라 관점에서 볼 때, 관계된 직종은 아래 〈표 9.1〉과 같이 4가지 유형으로 볼 수 있다. 즉 내국인이 국외여행을 할 때 인솔하는 국외여행인솔자, 내국인의 국내여행을 안내하는 국내여행안내사, 외국인이 국내여행을 할 때 관광지 안내 및 통역 업무를 수행하는 관광통역안내사, 내국인이 국외여행을 할 때 현지에서 안내 업무를 담당하는 현지가이드이다. 이 중 인솔자는 관광지 안내보다는 여행의 출발부터 도착까지 전 과정을 관리한다는 점에서 나머지 3가지 유형의 안내(Guide) 업무와는 차이가 있다고 할 수 있다.

[표 9.1] 인솔 및 안내 업무의 유형과 역할

구분	역할
국외여행인솔자	내국인의 해외여행을 인솔하는 사람으로, 여행사가 기획하고 주관하는 단체여행의 출발에서부터 도착까지 동행하면서 여행의 원활한 진행을 관리(outbound)
국내여행안내사	국내를 여행하는 내국인 관광객을 대상으로 여행 일정 계획, 여행비용 산출, 숙박시설 예약, 명승지나 고적지 안내 등 여행에 필요한 각종 서비스를 제공하는 업무를 수행(domestic)
관광통역안내사	국내를 여행하는 외국인에게 외국어를 사용하여 관광지 및 관광대상물을 설명하거나 여행을 안내하는 등 여행의 편의를 제공하는 업무를 수행(inbound)
현지가이드	외국(목적지)에서 국내로부터 온 여행객에게 현지 관광지 등을 설명하거나 여행을 안내하는 등 여행의 편의를 제공하는 업무를 수행(local)

Through guide

국외여행인솔자와 현지가이드의 역할을 동시에 수행하는 사람을 말한다. 현지가이드 없이 한국에서 여행객을 인솔하고 간 TC가 현지의 가이드 역할까지 다 하는 것을 말한다. 대체적으로 일본, 중국, 유럽 지역에서 주로 이루어지고 있는데, 현지가이드의 비용이 특히 비싸거나 현지 체류일정이 단순하여 별도의 현지 가이드를 운용할 필요성이 적을 때 사용되는 형태이다. 이러한 TC는 다른 어떠한 형태의 TC보다 현지 사정에 정통하고, 외국어능력과 업무 전문성이 탁월해야 한다. 통상적으로 해당지역에서 생활한 경험과 여행업에 대한 이해가 있어야 수행 가능하며, 책임과 역할이 큰 만큼 수입도 상대적으로 높은 편이다.

(2) 국외여행인솔자의 역할

① 회사의 대표자

일단 여행을 출발하면 여행객들에게 유일한 회사측의 사람은 TC로서 여행객들은 싫든 좋든 여행중에 일어나는 모든 일을 TC와 협의하는 방법밖에 없으므로, TC는 사실상 회사를 대표하는 입장에 서게 된다. 따라서 TC는 자신의 잘못이 아닌 회사 수배담당자의 잘못으로 여행객들로부터 불평과 불만이 야기된 경우에라도 책임을 회피하지 말고 정면에 나서서 현지에서 모든 문제를 해결한다는 투철한 사명감을 갖고 업무에 임해야 한다.

② 여행진행의 관리자

TC는 여행사와 여행자 간에 체결된 계약의 내용(일정, 여행조건, 약관 등)을 여행객들에게 제공하는 데 있어 현지의 최종책임자이므로 일정표에 나와 있는 내용의 여행을 안전하고 확실하게 여행객들에게 제공하도록 여행일정상의 내용을 미리미리 확인하고, 여행중 그 내용이 예정대로 진행이 되는지 감독해야 한다. 또한 천재지변, 사고, 질병, 파업, 예약의 일방적 취소 등과 같이 여행일정상의 변경을 요하는 돌발사태가 발생한 경우 냉정하고 과단성 있게 신속히 사태수습에 임해 상황에 따른 최선책을 강구하도록 해야 한다.

③ 여행객의 보호 · 관리자

현지에서 안전사고 및 예상치 못한 불상사와 같은 위기상황으로부터 여행객을 안전하게 지켜줌으로써 여행객이 불안감을 느끼지 않고 안정된 상태로 여행할 수 있도록 주의를 게을리하지 않는 보호자로서의 직분을 다해야 한다.

④ 투어 경비지출의 관리자

TC는 지상경비(land fee) 혹은 여행경비(tour fee) 등의 현지지불, 여행경비의 환불(refund), 선택관광(option tour) 비용 등의 수령, 예비비 등의 관리 등 현장에 있어서의 경비에 대한 최종 집행자 및 관리자로서 직분을 다할 수 있도록 세심한 주의를 기울여야 한다.

⑤ 고객의 재창조

여행출발에서부터 여행종료까지 여행객들과 많은 시간을 공유하는 기회를 가지는 TC는 현지에서 고객과의 결속된 신뢰를 바탕으로 재고객(repeater)을 창출할 수 있도록 여행객들과의 긴밀한 유대관계를 유지하기 위해 적극적인 노력을 다해야 한다.

2) 국외여행인솔자의 종류

국외여행인솔자를 여행사와의 관계(소속형태)에서 본다면 일반적으로 다음과 같은 유형으로 구분할 수 있다.

(1) 여행사의 일반사원

평상시 여행사에 소속된 일반사원으로서 주어진 회사 내의 업무를 담당하고 있다가, 단체가 형성되면 회사의 출장명령에 의해서 TC업무를 수행하는 유형이다.

(2) 여행사의 TC 전문사원

여행사에 소속되어 TC업무만을 전문으로 하는 사원으로 일반사원보다 TC업무의 적성이나 능력이 더욱 요구된다. 물론 투어가 없을 때에는 사내의 여러 가지 업무를 보조하기도 하는데, 예전의 일부 대형 패키지 여행업체가 이러한 사내 전문 TC를 보유하기도 하였으나, 지금은 거의 찾아보기 힘들다.

(3) 전속(촉탁) TC

여행사의 상근사원이 아니고 촉탁과 같은 형태로서 투어가 발생할 때 그 회사의 투어만을 전문으로 인솔하는 TC를 말하는데, 보수는 일당을 원칙으로 하지만 사정에 따라서는 월간 또는 연간의 최저수입을 보장받는 경우도 있다. 패키지투어를 전문으로 하는 대형 여행사들이 대체로 이러한 유형의 TC를 많이 확보하고 있다.

(4) 자유계약(Free-Lancer) TC

한 여행사에 소속되어 있는 전속 TC와는 달리 어느 여행사든간에 여행단체가 형성되어 TC 의뢰요청이 있을 때 개인적으로 이를 받아들여 출장을 나가는 형태를 말한다. 사고발생시의 책임소재 등의 문제가 있기는 하나 앞으로 여행시장의 확대와 함께 더욱 증대될 것으로 보인다.

3) 국외여행인솔자의 요건

(1) 기본적 요건

TC가 여행중 여행객들에게 좋은 서비스를 제공하고 단체를 원만하게 인솔하기 위해서 갖추어야 할 요건은 여러 가지가 있겠으나, 투어를 진행하는데 필요한 기본조건에 국한해서 설명하면 다음과 같다(박시사, 1994 : 26~31).

① 풍부하고 완벽한 업무지식

TC는 업무와 관련된 지식을 풍부하고도 완벽하게 갖추지 않으면 해외에서 단체를 인솔할 때 파생되는 변화무쌍한 상황에 적절한 긴급조치나 판단을 할 수 없을 뿐만 아니라 여행객을 다루는 데 자신감이 없어지게 된다. 따라서 TC는 여행전문가로서 여행객들이 무엇을 물어보든지 필요한 정보를 제공해 줄 수 있는 만반의 준비를 해 두어야 한다.

② 완만한 성격

다양한 캐릭터를 소유한 불특정 다수를 상대하는 TC 업무는 여행객으로부터 불만과 불평이 나오는 경우가 허다한데, 이런 경우 TC는 우선 여행객의 불평과 불만을 항상 받아들일 수 있는 마음가짐이 필요하며, 설령 고객의 요구사항이 지나치더라도 그 요구사항을 받아들이려는 자세는 갖추고 있어야 한다.

③ 훌륭한 어학실력과 편안한 화법

TC는 국내에서 업무를 수행하는 것이 아니라 언어가 다른 국외에서 여행관련 업무를 수행하기 때문에 TC에게 있어서 어학력은 필수적인 요건이자 고객의 TC에 대한 신뢰도와도 밀접한 관계가 있는 것이다. 외국어 중에서도 세계공용어라 할 수 있는 영어의 경우는 예측불허의 사태가 일어났을 때 관계자와 협상할 수 있을 정도의 충분한 일상회화 구사 이상의 능력을 배양하는 것이 필요하다.

또한 외국어 못지않게 중요한 것은 편안한 우리말 화법과 바람직한 의사전달 방법을 가져야 하는 것이다. 고려할 사항으로는 지나치게 위압적인 자세를 지양하고, 가급적 부드럽되 차분하면서도 명료하게 설명이 되도록 하며, 지나친 사투리는 교정할 필요가 있다는 것이다.

④ 건강한 체력

TC는 시차, 이문화와의 접촉, 까다로운 여행객에 대한 인간적 갈등 등으로 인해 육체적 · 정신적 피로가 쌓이기 쉬우므로 건강한 신체야말로 TC의 제1조건이라 할 수 있다. 자신이 건강하지 못하면 여행객에게 좋은 서비스를 제공하지 못함은 자명한 이치이므로 평소에 건강 및 체력 관리에 만전을 다해야 한다.

⑤ 리더십(Leadership)과 판단력

TC는 개인이 아닌 단체여행객들을 대상으로 업무를 수행하기 때문에 성격이 내성적이거나 대인공포증을 갖고 있어서는 안 되며, 유능한 TC가 되기 위해서는 단체여행객들을 잘 리드하고 통제할 수 있는 뛰어난 리더십을 갖추는 것이 무엇보다 중요하다.

또한 여행 도중에 항공기의 연착에 의한 일정변경, 물건의 분실, 도난사고, 환자발생 등과 같은 여러 가지 예기치 못한 상황에 직면하게 된 경우, 효과적인 대처를 위해 TC에게는 침착, 냉정함과 함께 올바른 판단력이 요구된다. 한 번의 잘못된 판단이 여행일정의 전체를 그르치게 하거나 사태를 더욱 악화시키는 요인으로 작용할 수 있다는 점을 명심하고, 항상 올바른 판단을 내릴 수 있도록 많은 업무지식을 쌓아 나가야 한다.

(2) 법적 자격요건

우리나라의 경우 1989년 1월 1일 해외여행 완전자유화 실시 이후 국외여행에 대한 폭발적 수요증가와 함께 현장에서 고객을 인솔하고 여행일정을 관리하는 국외여행인솔자의 역할도 더욱 중요해지면서 국외여행인솔자에 대한 전문성이 한층 더 강하게 요구되었다.

예전에는 국외여행인솔자에 대한 특별한 규정이 없이 여행사 내근직 직원이 이를 병행하거나 전문 TC들이 관련 업무를 수행하였으나, 1998년부터 현행과 같은 법적인 자격제도가 실시되면서 한층 강화된 요건을 따르게 되었다.

관광진흥법 제13조(국외여행인솔자) 제1항에 의하면 "여행업자가 내국인의 국외여행을 실시할 경우 여행자의 안전 및 편의 제공을 위하여 그 여행을 인솔하는 자를 둘 때에는 문화체육관광부령으로 정하는 요건에 맞는 자를 두어야 한다"고 규정하고, 제2항에서는 "제1항에 따른 국외여행인솔자의 자격요건을 갖춘 자가 내국인의 국외여행을 인솔하려면 문화체육관광부장관에게 등록하여야 한다"고 규정하고 있다. 관광진흥법 시행규칙 제22조(국외여행인솔자의 자격요건)에서는 "법 제13조 제1항에 따라 국외여행을 인솔하는 자의 자격요건은 다음 중 어느 하나에 해당하는 자격요건을 갖추어야 한다"고 정하고 있다.

- 관광통역안내사 자격을 취득할 것
- 여행업체에서 6개월 이상 근무하고 국외여행 경험이 있는 자로서 문화체육관광부장관이 정하는 소양교육을 이수할 것
- 문화체육관광부장관이 지정하는 교육기관에서 국외여행인솔에 필요한 양성교육을 이수할 것

즉 현재 우리나라의 경우 TC가 되기 위해서는 반드시 자격증을 취득해야만 하며, 취득방법은 크게 관광통역안내사 자격을 취득하는 방법과 국외여행인솔자 교육 이수를 통해 국외여행인솔자 자격증을 취득하는 방법으로 구분된다. 국외여행인솔자 교육은 다시 소양교육과 양성교육으로 나누어진다. 소양교육과

양성교육의 대상자와 교육시간을 비교하면 다음 〈표 9.2〉와 같다.

[표 9.2] 소양교육과 양성교육의 비교

구분	소양교육	양성교육
대상자	여행업체에서 6개월 이상[1] 근무하고 국외여행 경험이 있는 자	• 관광관련 중등교육을 이수한 자(관광고등학교를 졸업한 자) • 관광관련 고등교육을 이수했거나 이수예정인 자(전문대학 이상의 학교에서 관광관련학과 졸업자 또는 졸업예정자)
교육시간	15시간 이상	80시간 이상[2]

보기 9.1 ▸ **국외여행인솔자 자격증 견본**

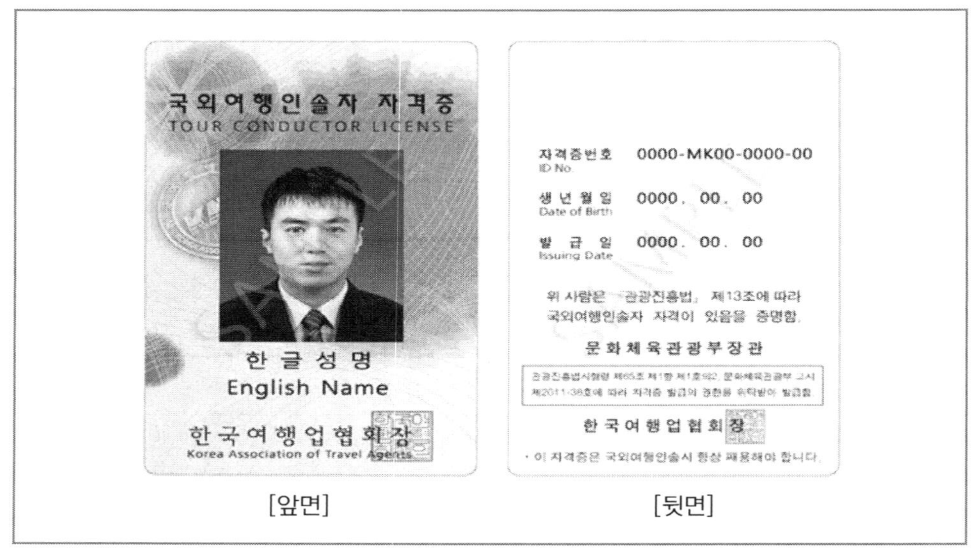

자료 : 한국여행업협회 홈페이지

4) 국외여행인솔자의 이행사항과 금기사항

본인의 직분을 망각하여 발생할 수 있는 실수 또는 사고를 미연에 방지하기 위해 TC는 항상 해야 할 사항과 해서는 절대로 안되는 금기사항을 명심해 두어

1) 2008.9.29. '국외여행인솔자교육기관지정및교육과정운영에관한요령' 개정 고시 때 2년 이상 근무를 6개월 이상 근무로 축소함

2) 1998.6.7. '국외여행인솔자교육기관지정및교육과정운영에관한요령' 제정 고시 때 384시간 이상에서 → 192시간 이상(2000.6.7.) → 100시간 이상(2008.9.29) → 80시간 이상(2011.10.18.)으로 개정되어 현재까지 이르고 있음

야 하는데, 이를 정리하면 다음과 같다(Ralph G. Phillips & Wester, Susan, 1983; Laurence Stevens, 1985 : 355~356; Martha Sarbey de Souto, 1985 : 235~236; 紅山 雪夫, 1988 : 21~29).

(1) 이행사항(Do's)

- 지시전달을 명확하게 하고, 알기 쉽게 설명하라.
- 즐거운 여행의 연출을 위해 여행참가자들의 특성 및 성격을 연구하라.
- 가능한 한 여행객 입장에서 생각하고, 여행객의 의견을 반영하라.
- 여행객 모두에게 공평하고 차별 없는 서비스를 제공하라.
- 여행객의 불평 · 불만에 성의 있게 대응하라.
- 재판매 촉진을 위해 노력하라.
- 미소지어라.
- 항상 단정하게 옷을 입고, 깨끗하게 몸치장하라.
- 인내심을 기르고, 예기치 않은 불행한 사태에 대비하라.
- 친절하고, 예의바르고, 침착하고, 무엇보다 적극적이 되라.
- 모든 여행객들의 이름을 외워라.
- 현지에 관해 조사하고 확실히 이해하라.

(2) 금기사항(Don'ts)

- 여행객은 휴가중이지만 자신은 근무중이란 사실을 잊지 말라.
- 특정인에게 치우친 서비스를 하지 말라.
- 여행객과 감정적인 애정을 발전시키지 말라.
- 거만하거나 경솔하게 되지 말라.
- 너무 말을 많이 하지 말고, 자신이 관심의 중심이 되려고 하지 말라.
- 모르는 것을 아는 척 거짓말 하지 말라.
- 절대로 늦지 말라.
- 과음하지 말라.
- 어떠한 경우에도 여행객에게 흥분하거나 싸우지 말라.
- 여행객을 흉보지 말라.

- 여행객과 돈거래를 하지 말라.
- 여행객보다 많은 물건을 사지 말라.

국외여행인솔자와 5S

TC의 업무수행시 기본이 되는 5가지의 자세 및 태도로 ① sincerity(성실), ② smile(명랑), ③ smartness(세련), ④ speed(신속), ⑤ sureness(확실)을 일컫는다.

2. 국외여행인솔자 업무의 실제

1) 출장준비 업무

(1) 현지사정에 대한 연구

오늘날의 국외여행자들은 풍부한 정보획득기회로 인해 상당한 수준의 여행지식을 겸비하고 있다. 따라서 TC가 여행자들을 인솔하는 여행전문가로서의 위치를 유지하고 고객으로부터 신뢰를 받기 위해서는 평소에 공부하는 자세로 출국하기 전에 다음과 같은 사항들에 대해 철저하게 연구해 두어야 한다.

- 방문국의 역사, 지리, 종교, 예술, 언어, 문화 등의 전 분야
- 방문국에서 적용되는 독특한 법과 규칙 및 풍속과 습관
- 방문국의 최근 화젯거리가 되었던 뉴스
- 기후와 시차, 출입국 수속시의 특별규제, 환전비율 등에 관한 최근의 정보
- 방문지의 특산물을 비롯한 쇼핑에 관한 정보
- 시가지도를 참고로 한 숙박호텔의 소재지와 그 부근의 지리적 개념
- 자유시간에 여행객에게 권장할 만한 선택관광(option tour)[3]
- 방문지에 있는 재외공관 및 자국민 관련 단체 등의 연락처

3) 자유시간에 희망자만이 참가하는 짧은 여행이나 Night Tour 등을 가리키며 원칙적으로 기본 투어의 요금과는 별도임

해외여행시 주의해야 할 손동작

고유문화의 차이로 나라마다 각가 다른 의미를 지닌 손동작은 갖가지 오해와 해프닝을 일으키고 때로는 심각한 갈등을 불러일으킬 수도 있으므로 각별한 주의를 기울여야 한다. 이와 관련된 대표적인 예를 몇 가지 제시하면 다음과 같다.4)

- 미국 등에서 사람을 부를 때에는 손을 뒤집어서 하늘을 향하게 한 다음 손 끝으로 동작을 해야지 손을 엎어서 부르는 것은 동물들을 쓰다듬을 때나 부를 때 하는 행위이다.
- 엄지 하나를 쳐다 보이는 제스처(thums-up)는 동서양을 막론하고 '최고' 또는 '좋다'라는 의미이지만, 회교국가에서는 최악의 상스러운 욕이 되므로 주의해야 한다.
- 미국에서는 주먹을 쥐고 가운데 손가락을 펴 보이는 것이 심한 욕이므로, 항의할 때 우리 식으로 이런 행동을 하지 않도록 주의해야 한다.
- 하와이에서는 주먹을 쥔 상태에서 엄지와 약지만을 펴 들고 흔들며 '알로하(aloha)'라는 환영인사를 하는데, 동일한 동작이 이탈리아에서는 '당신의 부인이 지금 다른 사내와 바람을 피우고 있다'는 욕으로 사용된다.
- 우리나라에서 심한 욕의 하나인 검지와 중지 사이에 엄지를 집어 넣는 것이 브라질에서는 '행운'을 뜻하는 의미로 사용된다.
- 엄지와 검지로 둥근 원을 만들어 보이는 것은 우리에게는 'OK' 또는 '돈'이라는 의미로 사용되지만, 프랑스에서는 '제로' 또는 '별 볼일 없다'로 독일에서는 '항문'이라는 욕의 일종으로 사용된다.
- 독일 식당에서는 맥주를 추가로 하나 더 주문할 때에는 엄지를 펴야지 검지로 표시를 하면 두 잔을 가져온다.

(2) 수배내용의 확인 및 점검

현지에서 계약조건과 실제로 수배된 내용이 틀리는 경우가 가끔 발생하여 TC가 곤욕을 치르기도 한다. 따라서 TC는 수배내용의 항목을 충분히 검토하여 의문점이 있으면 수배담당자에게 지체 없이 문의하여 확인하도록 해야 하는데, 중요 항목을 열거하면 다음과 같다.

① 최종 여행일정의 확인

최종 여행일정표(tour itinerary)를 상세히 점검하여 설명회 등을 통해 이미 여행객에게 전달된 일정과 상이한 점이 있을 경우, 그 이유를 잘 알아보아 여행객이 납득할 만한 설명을 할 수 있도록 준비한다.

---

4) 여행신문, 1999년 5월 21일자.

② 이용교통편의 확인

항공편의 예약상황, 이용항공기의 기종, 갈아타기 유무, 실제 운항소요시간, 도착 공항명, 기내식의 제공유무 등을 확인한다.

③ 호텔과 식사의 확인

숙박하게 될 호텔의 등급, 위치, 객실의 조건, 객실의 수 등과 여행에 포함되어 있는 식사의 횟수, 조식의 종류,[5] 식사의 장소 및 내용 등을 사전에 확인한다.

④ 투어 제경비에 대한 지불방법의 확인

투어 진행에 필요한 제경비를 누가 지불할 것인가를 명확하게 구분지어 놓지 않으면 현지에서 당황할 때가 한두 번이 아닌데, 특히 지상비(land fee)와 포터비용(porterage) 및 팁(tip) 등의 지불방법을 명확히 확인해야 한다.[6]

⑤ 개별행동자(Deviator)의 확인

여행 도중에 개별행동을 한다든지, 그룹에서 이탈하는 사람, 혹은 한국에서 동행하지 않고 현지에서 합류하는 사람 등을 총칭해서 'deviator'라고 부르는데, 이들로 인해 착오가 발생하지 않도록 TC는 사전에 deviator의 유무 및 내용을 확실히 파악해 두어야 한다.

⑥ 미수배 · 미확인 사항의 점검

수배가 완료되지 않았거나, 수배의뢰는 했으나 회답을 기다리는 상태에 있는 상황에 대해서는 수배담당자의 지시를 받아야 하며, 만일 끝내 수배가 되지 않을 경우에 어떻게 대처할 것인가에 대해 사전에 담당자와 충분한 협의를 해두어야 할 필요가 있다.

⑦ 여권 및 비자 수속상태의 확인

여행객 전원에 대한 여권과 비자의 수속이 완료되어 있는지와 여권 및 비자의

5) Continental Breakfast인지 American Breakfast인지의 확인

6) 지상비의 경우 은행을 통한 현지 송금방식과 TC를 통한 현지 직접 전달방식이 일반적이고, 포터비용 및 팁의 경우는 투어 전체요금에 포함시켜 현지여행사 또는 TC가 전달하는 방법과 여행객이 별도요금을 지불하게 하는 경우 등 다양함.

유효기간을 반드시 점검하여야만 한다. 또한 여행객 각자가 지참하고 있는 여권과 여행사가 수속하여 보관하고 있는 여권을 정확히 구분하여 파악하여야 한다.

⑧ 현지 여행사의 확인

현지 여행사의 회사명, 전화번호, 주소, 담당자 등을 확인해 둠으로써 'meeting miss' 등과 같은 긴급사태에 신속히 대처할 수 있도록 한다.[7)]

⑨ Technical Visit인 경우의 확인

'Technical visit'[8)]의 경우에는 단체의 여행목적을 이해하고 그 업계의 일반적인 지식이나 전문용어에 대해서도 어느 정도 습득함은 물론, 방문하는 곳의 담당자 · 장소 · 시간 등을 확인하고, 현지에서 방문이 중지되었을 경우의 조치도 검토해 놓는다.

(3) 여행에 필요한 서류 및 휴대품의 준비

TC가 수배담당자로부터 인수받아야 할 가장 기본적인 것은 항공권[9)], 투어경비, 여권, 최종확정서(final confirm sheet)이며, 그 외에 다음과 같은 서류와 휴대품을 담당자로부터 수령 혹은 준비해야 한다.

---

7) 현지 공항에서의 'meeting miss'시 대처요령은 본 장의 '사고처리 업무'를 참고할 것.

8) 이는 관광여행 중에 공장, 기타 산업시설, 전시장, 연구소, 병원 등의 방문 등과 같이 업무상의 시찰 · 조사 · 연수 등과 같은 특수한 목적이 첨가된 형태의 여행을 말하는 것으로, 대개 여행사 이외의 조직 혹은 기관의 발의에 의해 만들어지는 경우가 많으며 그 분야의 전문가가 동행하는 것이 통례임.

9) 항공권을 수령하면 항공권 매수와 기재사항, 특히 여권상의 영문이름과의 일치여부를 확인하고, 투어운영에 필요한 최소한의 운임구성과 규칙에 대해서도 알아두도록 한다. 또한 이와 함께 해당 항공사의 항공예약자 확인서인 PNR(Passenger Name Record)을 반드시 인수한다.

보기 9.2 ▶ **최종확정서의 실례**

Maestro Travel

58 - 1 Shinmoon ro 1 - Ga , Joong - gu , Seoul , Korea
Tel : 318 - 5408 / Fax : 318 - 5518 / E-mail : maestrotravel@paran.com

ATTN : LON/ PAR/ INTE/ ROM/ INN/ FRA
FROM : MAESTRO/ JULIET

[FINAL SKD]

TOUR NO. & NAME : MT021417 GAGOPA EUROPE OZ 15th pty
PAX SIZE & R/STYLE : 24 + 1 FOC / 12 TWNB + 1SGLB only
CONDITION : 2ND CLASS WZ CONTINENTAL BF
ICN. DEPT. DATE : 14 / FEB / 2023
TOUR ESCORT NAME : IM,EUNG SUK(+423 6 6331 0601 / +339 264 7995)
인솔자 직불금 : 피사(€60), 피렌체(€230), 베니스(€240),
인스부르크(€50 ~ €100), 하이델베르크(€15)

LDC INFM : BUS : NEC TRAVEL
(ARRANGED BY ROM) DRIVER : SANDRO (+347 0356 166)

DATE	TIME	SKD
1ST / 14-Feb		INCHEON/LONDON
OZ 521	17:25	ARRIVAL AT LHR AIRPORT, MEET LOCAL BUS TRANSFER TO HOTEL BY T/C
		* DINNER : MEAL BOX ☞ 한식 도시락 미수령시 호텔 FRONT DESK 혹은 로칼 사장님께 전화로 확인 부탁드립니다.
COACH		* HOTEL : ST.GILES HEATHROW ADD : HOUNSLOW ROAD FELTHAM MIDDLESEX LONDON HEATHROW TW14 9AD TEL : 0208 817 7000
LON BUS INFORMATION		NP COACHES
2ND / 15-Feb		LONDON-(E-STAR)-PARIS
LOCAL BUS	09:00	AFTER B'FAST AT HOTEL. MEET KOREAN GUIDE AT HOTEL LOBBY FULLDAY CITY TOUR WZ GUIDE <INCL.대영박물관> * GUIDE : 오주윤(+44 7777 474 316) * LUNCH : LORENZO (LOCAL) * DINNER : MEAL BOX ☞ '김밥 도시락' 수령하여 주십시오.
		AFTER CITY TOUR, TRANSFER TO LHR AIRPORT WZ TC
BA 326	19:50	AIRPLAIN DEPARTURE FOR PARIS BY 'BA'
	22:05	ARRIVAL AT CDG AIRPORT IN PARIS, MEET LOCAL BUS TRANSFER TO HOTEL BY T/C
COACH		* HOTEL : IBIS GONESSE ADD : R.N 17 LA PATTE D'OIE 95500 GONESSE TEL : 01 39 87 22 22
LON BUS INFORMATION		NP COACHES
PAR BUS INFORMATION		AUTOCARS EXCELLENCE / +06 2541 10 52

3RD / 16-Feb LOCAL BUS	 09:00	PARIS AFTER B'FAST AT HOTEL, MEET KOREAN GUIDE AT HOTEL LOBBY. FULLDAY CITY TOUR WZ GUIDE. <INCL.LOUVRE-수신기포함, DAY EIFFEL & SEINE CURISE > * GUIDE : 성희준(+33 6 1322 3081) * LUNCH : PERELOUIS (LOCAL) * DINNER : DAMIE (KOREAN) AFTER CITY TOUR, TRANSFER TO HOTEL * HOTEL : IBIS GONESSE
PAR BUS INFORMATION		

**** LDC START ****

4TH / 17-Feb COACH T.G.V L.D.C. START	 09:00 15:04 18:35 20:00	PARIS-(T.G.V)-GENEVA-INTERAKEN AFTER B'FAST AT HOTEL, MEET KOREAN GUIDE AT HOTEL LOBBY HALF DAY CITY TOUR WZ GUIDE <INCL.VERSAILLE-정원포함> * GUIDE : 성희준(+33 6 1322 3081) * LUNCH : MEAL BOX ☞ '한식 도시락' 수령하여 주십시오. AFTER CITY TOUR, TRANSFER TO STATION WZ GUIDE TRAIN DEPARTURE FOR GENEVA BY T.G.V ☞ T.G.V TKT - ARNGD by LOTTE ARRIVAL AT GENEVA STATION BY T.G.V MEET LDC DRIVER, DEPARTURE FOR INTERAKEN HOTEL BY T/C * DINNER : KANG CHON (KOREAN) * HOTEL : CHALET OBERLAND ADD : POSTRASSE 1 CH-3800, INTERLAKEN TEL : 033 827 8787
5TH / 18-Feb LDC	 08:05 13:12	INTERAKEN-MILANO AFTER B'FAST AT HOTEL, TRANSFER TO INTERAKEN OST BY T/C ARRIVAL AT INTERLAKEN OST , HALF DAY EXCURSION TO MT.JUNGFRAU ☞ MT.JUNG TKT - ARNGD by LOTTE ARRIVAL AT GRINDELWALD , TRANSFER TO RESTAURANT * LUNCH : BEBBIS (LOCAL) ADD : BAHNHOFSTRSSE 16, CH-3800 INTERLAKEN TEL : 033 821 1444 AFTER LUNCH, DEPARTURE FOR MILANO BY T/C ARRIVAL AT MILANO, BRIEF CITY TOUR BY T/C AFTER CITY TOUR, TRANSFER TO HOTEL VIA RESTAURANT BY T/C * DINNER : LO SCRIGNO DI MINA (LOCAL) ADD : PIAZZANE MARTINI(ANG. VIA CERVIGNANO) 20137 MILANO TEL : 02 545 3541 * HOTEL : PRIMO MAGGIO ADD : VIA PERUGIA,1 20060 TREZZANO ROSA(MIL) TEL : 39 02 9096 8840

6TH / 19-Feb		MILANO-PISA-ROME
LDC	07:30	AFTER Continental B'FAST AT HOTEL, DEPARTURE FOR FLORENZE BY T/C ARRIVAL AT FLORENZE, BRIEF CITY TOUR WZ KOREAN SPEAKING GUIDE. * LUNCH : PIZZERIA DEL MANFREDO (LOCAL) ADD : VIA CARLO CAMMEO 43 56126 PISA TEL : 050 562315 AFTER LUNCH, DEPARTURE FOR PISA ARRIVAL AT PISA BRIEF CITY TOUR BY T/C AFTER CITY TOUR, DEPARTURE FOR ROME BY T/C * DINNER : 서라벌 (KOREAN) * HOTEL : PRESIDENT(POMEZIA) ADD : VIA DEI CASTELLI ROMANI 77 POMEZIA TEL : 06 9180 1461
7TH / 20-Feb		ROMA-NAPOLI-POMPEI-SORENTO-ROMA
COACH	07:00	AFTER B'FAST AT HOTEL, MEET KOREAN GUIDE AT HOTEL LOBBY FULL DAY EXCURSION TO NAPOLI, POMPEI, SORENTO WZ GUIDE <INCL.POMPEI> * GUIDE : 손창규(+338 226 9349) * LUNCH : VESUVIO (LOCAL) * DINNER : 서라벌 (KOREAN) * HOTEL : PRESIDENT(POMEZIA)
8TH / 21-Feb		ROME
COACH	08:00	AFTER B'FAST AT HOTEL, MEET KOREAN GUIDE AT VATICAN MUSEUM FULL DAY CITY TOUR IN ROME WZ GUIDE <INCL.VATICAN - 수신기 포함>
	12:00	* LUNCH : NUOVA CITTA DEL CIELO (CHINESE)
	18:00	* DINNER : 비원 (KOREAN) * HOTEL : PRESIDENT(POMEZIA)
9TH / 22-Feb		ROME-FLORENCE-VENICE
LDC	07:30	AFTER B'FAST AT HOTEL, DEPARTURE FOR FLORENCE WZ GUIDE ARRIVAL AT FLORENCE, BRIEF CITY TOUR WZ GUIDE
	12:30	* LUNCH : FANTASIA (LOCAL) ADD : VIA SAN GIUSEPPE 12/A TEL : 055 2343533 AFTER CITY TOUR, DEPARTURE FOR VENICE BY T/C ARRIVAL AT VENICE, TRANSFER TO HOTEL BY T/C * DINNER : HOTEL DINNER * HOTEL : CRISTALLO - VCE ADD : V.LE PORTA ADIGE 1 ROVIGO TEL : 0425 307 01

10TH / 23-Feb		VENICE-INNSBRUCK
LDC	07:30	AFTER B'FAST AT HOTEL. TRANSFER TO GUIDE MEETING POINT MEET KOREAN GUIDE <u>AT TRONGHETTO</u> IN VENICE HALF DAY CITY TOUR IN VENICE WZ GUIDE < INCL GONDOLA WITHOUT MUSICIAN > * GUIDE : 김성근부장 - 가이드 총괄 (+333 357 0836) ☞ 투어 1일~2일전 통화 후 바우처 및 인폼받으시기 바랍니다.
	12:30	* LUNCH : CAPITOL (CHINESE) - 섬내 AFTER CITY TOUR, DEPARTURE FOR INNSBRUCK BY T/C ARRIVAL AT INNSBRUCK, BRIEF CITY TOUR BY T/C AFTER CITY TOUR, TRANSFER TO HOTEL BY T/C * DINNER : HOTEL DINNER * HOTEL : SPORT KLAUSE ADD : A-6161 NATTERS, NATTERS STR. TEL : 0043 512 546408 ☞ HTL CHCK IN시 다음날 아침 MEAL BOX 전달 담당자 및 수령 시간 RCFM 부탁드립니다.
11TH / 24-Feb		INNSBURCK-HEIDELBERG-FRANKFURT
LDC	06:00	<u>PICK UP MEAL BOX</u> , DEPARTURE FOR HEIDELBERG BY T/C ARRIVAL AT HEIDELBERG, BRIEF CITY TOUR BY T/C <INCL.OLD CASTLE>
	12:00	* LUNCH : KOREA AM RADHAUS (KOREAN) ADD : HEILIGGEISSTR 3, 69117 HEIDELBERG TEL : 49 6221 220 62 AFTER CITY TOUR, DEPARTURE FOR FRANKFURT BY T/C ARRIVAL AT FRANKFRUT, BRIEF CITY TOUR BY T/C AFTER TOUR, TRANSFER TO FRANKFURT AIRPORT BY T/C
OZ 542	18:35	FLIGHT DEPARTURE FOR INCHON BY OZ 542

** EUROPE CENTER LOCAL NETWORK **

CITY	COMPANY	NAME & MOBILE
SEL (CNT)	MAESTRO	백재선 사장 TEL : 82 2 318 5408 H/P : 82 11 299 7088
LON	Euro Seoul	조용민 사장 TEL : 44 209 959 7991 H/P : 44 7979 609 246
PAR	SDS	임창진 사장 TEL : 33 1 5610 0302 H/P : 33 6 0684 5625
INTE	Para Swiss	윤효창 사장 TEL : 41 33 555 3618 H/P : 41 79 666 6958
ROM	Acca Tre	장영희 사장 TEL : 39 06 5126 4438 H/P : 39 340 5473 520
INN	Alps Tour	김동춘 사장 TEL : 43 513 58 33 58 H/P : 43 676 3775 383
FRA	나무 투어	김혜림 사장 TEL : 49 622 365 2756 H/P : 49 176 2378 9678

① Name List

이는 인솔할 단체여행객의 인적사항을 정리하여 만든 일람표로서 일정한 양식이 정해진 것은 아니나 기본적으로 성명, 생년월일, 여권번호와 여권 유효기간, 주소, 전화번호 등을 기재하는 것이 좋다. 이것은 국외여행인솔자가 인솔단체의 여행객의 특성을 파악하고, 여행중 여행객들의 출입국카드 등을 대리기입할 때와 여권을 분실하여 현지에서 재발급을 받아야 할 경우에 활용될 수 있다. 또한 항공권 발권에 필요한 영문 성명을 확인하거나 긴급상황 발생시 고객과 연락을 취할 때도 활용될 수 있다.

보기 9.3 ▶ Name List

No	성명	성별	생년월일	여권번호	유효기간	주소	전화	비고
1	김철수 Kim, Chul Su	M	1970.5.5	M123A4567	12OCT30	대구 북구 복현로 35	010- 3505-xxxx	부부
2	이영희 Lee, Young Hee	F	1973.3.1	M123A7654	12DEC30	상동	상동	
3								
4								
5								
6								
7								
8								
9								
10								

② Rooming List

이는 여행객의 호텔 및 숙박지 투숙시 방 배정에 사용하는 객실배정표로서 여행객 상호간의 연락을 위한 객실번호(room number) 확인, option tour 참가자의 체크, 기타 관광이나 식사시의 인원파악 등 여러 가지 용도로 활용되므로 여유있게 준비하는 것이 좋다.

보기 9.4 ▸ Rooming List

ROOMING LIST

NO.	NAME	ROOM NO.
1	Kim, Chul Soo (Mr)	
	Lee, Young Hee (Mrs)	
2		
3		
4		
5		
6		
7		
8		
9		
10		

③ **방문국의 출입국카드**

여행참가자가 많을 경우 기내 혹은 현지공항에서 출입국카드를 일일이 기입한다는 것은 매우 힘들기 때문에, 가능하면 한국 출발 전에 방문국의 출입국카드를 미리 기입해서 일괄 지참하고 각국 출입국시에 여행객에게 배부해 주도록 한다.

④ Baggage Tag와 여행사 안내 보드판

수하물표(baggage tag)는 여행중 공항이나 호텔 등에서 자기단체의 짐이라는 것을 일목요연하게 분별하고, 분실이나 다른 곳으로의 배달을 방지하기 위해 여행객의 짐에 부착시키는 여행사에서 자체 제작한 표찰로서 투어명과 여행객의 성명을 기입한다. 여행 도중 떨어져 나가거나 쇼핑으로 짐이 늘어날 것을 감안하여 여유 있게 준비하여 가도록 한다.

또한 공항에서 집합 시 처음 대면하는 여행객들이 쉽게 찾을 수 있도록 눈에 띄는 여행사 안내판과 클립보드를 준비해 가는 것이 좋다.

⑤ 여행객용 일정표

설명회 등을 통해 이미 여행객에게 전달되었지만 설명회에 불참한 고객 또는 다시 요구하는 고객을 위해 여유 있게 준비해 가도록 한다.

⑥ 행사 및 인솔 보고서

이것은 TC가 주로 현지에서의 투어진행과 관련하여 여행종료 후 소속여행사에 보고하는 서식의 일종으로 통일된 규격이 있는 것이 아닌데, 보고서의 주된 내용과 작성요령 등을 사전에 숙지할 수 있도록 하여야 한다.[10)]

⑦ 기타 준비물

여행객용 상비약, 사무용품, 명함, 그리고 특수지역 여행시 필요한 물품[11)] 등을 준비한다.

TC의 복장과 휴대품

- 복장 : 지나치게 화려한 옷을 삼가고, 업무수행에 편리하고 단정한 복장을 착용한다.
- 손가방 : 여행관련 서류 등을 넣을 수 있는 적당한 크기의 가방으로 어깨에 맬 수 있는 것이 좋다.
- 명함과 필기구 : 관계인사와 업무 협조를 위해 명함을 준비하고, 행사 진행과 사후보고서 작성 준비 등을 위해 필기구를 준비한다.
- 세면도구 및 화장품 : 면도기와 드라이기와 같은 전기용품은 각국마다 사용전압이 다른 관계로 배터리를 이용하는 전자식이 편리하다.
- 기타 휴대품 : 선글라스(sunglasses), 바느질 용구, 모자, 슬리퍼, 우비 등을 준비하는 것이 좋다.

---

10) 본 장의 '여행종료 후의 업무'를 참고할 것.

11) 예컨대 인도의 불교성지순례와 아프리카의 safari 관광시에는 회중전등과 분무식 살충제 등의 준비가 필요함.

2) 출국업무

TC의 본격적인 업무수행에 있어 첫 출발점이라 할 수 있는 공항에서의 출국업무 수행요령을 출국절차에 따라 순서대로 살펴보면 다음과 같다.

(1) 단체 도착 전의 업무

- 단체여행객의 공항집결은 출국수속에 따른 제반 소요시간을 감안하여 보통 항공기 출발 2~3시간 전에 이루어지는데, TC는 여행객의 도착 최소 30분 전까지는 미리 도착하여 대기하여야만 한다.
- 여행객들이 도착하기 전에 TC는 우선 소속 여행사의 팻말 및 안내판을 설치한다.
- 여행객이 오는 순서대로 인원을 확인하면서, 환전을 하지 못한 여행객은 환전을 하도록 안내한다.
- 인솔할 여행객들이 모두 집결하였는지 최종적으로 인원 확인을 한 후, 이상이 없으면 소속 여행사의 'baggage tag(수하물꼬리표)'을 배포하여 여행객들의 수하물에 부착시키도록 한다.

(2) 탑승수속시의 업무

- 먼저 인솔할 단체여행객들의 여권을 모두 회수한다.
- 항공편으로 보낼 위탁수하물의 개수를 파악한 다음 해당 항공사의 카운터로 이동한다.[12] 이때 해당 항공사의 단체수속카운터(group check-in counter)가 있는 경우에는 그쪽으로 가서 탑승수속을 하도록 한다.
- 좌석배정(seat assignment)[13]과 함께 위탁수하물을 부친다.
- 탑승권(boarding pass)과 수하물인환증(baggage claim tag)을 받아 각각의 매수와 내용을 확인한다.

---

12) 이때 분실방지를 위해 가능하면 여행객들이 자신의 짐을 직접 운반하도록 하는 것이 바람직하다.

13) 최근에는 대부분의 항공사가 단체에 대한 좌석배정을 미리 일괄(block)하여 할당해 놓거나 탑승권도 미리 준비해 놓은 경우가 많아 TC가 예전처럼 원하는 좌석들을 선택할 기회가 줄어든 실정이다.

(3) 서류의 배부 및 설명

탑승수속이 끝난 후 여행객들을 가급적 조용한 곳에 모아놓고 여권과 탑승권 등을 배부한 다음, 다음과 같이 간략한 설명을 하도록 한다.

- 먼저 정식으로 여행객들에게 자신의 소개와 인사를 한다. 이때 여행객들로 하여금 처음부터 불안한 마음을 갖게 하는 내용은 피하고, 가능하면 자신에 찬 내용의 자기소개를 하여야 한다.
- 여권의 중요성을 환기시키고, 여권보관에 만전을 기할 것을 당부한다.[14)]
- 탑승권을 들어 보이면서 무엇인지를 이해하기 쉽게 설명을 해준다. 특히 탑승구(boarding gate)와 탑승시간(boarding time)을 확실히 기억하도록 강조해서 언급한다.
- 고가의 귀중품을 휴대하고 출국하는 경우 세관에 신고하여야만 귀국시 세금이 부과되는 불이익을 당하지 않는다는 것을 설명해 준다.
- 단체행동시의 주의해야 할 사항과 현지에서 특별히 주의해야 할 사항을 간략히 설명해 준다.

No-Show의 처리

TC의 기본적인 책임은 그룹전체이지 개인에게 있는 것이 아니기 때문에 no-show 발생시 너무 오래 기다려 전체의 일정을 망치는 잘못을 하면 안됨을 유의하면서 TC가 취해야 할 조치로는,

- 개인에게 적절한 연락을 취한다.
- 연락이 안 되는 경우 공항방송국이나 항공사에 부탁해서 '사람 찾기(paging)'를 하고, 방송 후에도 나타나지 않을 경우에는 소속 여행사에 신속하게 보고하고 출발한다.

(4) CIQ 검사 및 출국라운지에서의 업무

- TC는 여행객들에게 CIQ 통과요령을 간단명료하게 설명한 다음 각자의 여행서류를 손에 들고 출국장으로 입장하게끔 유도한다.
- 출국심사는 특별한 경우를 제외하고는 차례로 기다리면 되는데, TC는 가장 먼저 출국심사를 받은 후 출국라운지에서 기다리며 여행객들을 한곳에 모은다.

---

14) 몇 차례의 단체여행객 여권분실 사고로 인해 정부의 관련 법규에서도 TC의 일괄적인 여권 보관을 금하고 있다.

- 전원이 심사대를 통과했는지를 확인한 후, 탑승시 필요한 탑승권을 제외한 여권은 휴대용 짐에 넣어 잘 보관하도록 지시한다.
- 탑승구의 번호와 위치 및 탑승시간 등을 다시 한 번 숙지시킨 다음 면세점에서 간단한 쇼핑을 하고 탑승시간 30분 전까지 해당 탑승구 앞에 집결하도록 당부한다.
- 아울러 시내 면세점에서 미리 구입한 면세용품은 이곳의 해당 면세점 창구에서 찾아야 한다는 것과 귀국시 우리나라 입국장에도 공항면세점이 운영되고 있다는 것을 상기시켜 주도록 한다.[15)]
- 마지막으로 해당 탑승구 앞에서 미리 대기하고 있다가 여행객들이 오면 해당 항공사 직원의 지시에 따라 탑승하게 하면 되는데, 이때 TC는 전원이 탑승한 것을 확인한 후 가장 나중에 탑승한다.[16)]

3) 기내 업무

(1) 좌석의 확인 및 재배치

- 기내는 객실승무원(flight attendant)의 관리영역이므로 필요한 경우를 제외하고는 나서지 않는 것이 좋다.
- 여행객들이 일단 좌석에 앉게 되면 전원이 탑승하였는지 확인한 후, 부부나 친구 등 가까운 사람들이 떨어져 있을 경우 좌석을 바꾸어 주도록 한다.[17)]

(2) 객실승무원과의 협의

- 객실승무원에게 자신이 TC임을 밝히고 여행객들에 대한 협조와 관심을 요청한 다음, 기내식의 제공시간 및 내용, 영화상영의 유무 및 내용, 목적지까지의 소요시간 등과 같은 운항관련 제반 정보를 알아두도록 한다.[18)]

---

15) 공항 입국장에는 원래 면세점이 없었으나, 2019년 5월부터 인천국제공항에서 시범 운영되었으며 2020년에 전국 공항으로 확대되었다.

16) 만일 늦게까지 나타나지 않는 여행객이 있으면 해당 항공사 직원에게 이에 대한 사항을 알려주고 공항 내의 안내방송을 요청한다.

17) 이 경우 우왕좌왕하면서 혼란스러움을 가중시키지 않도록 유의하고, 특별한 경우가 아니고는 좌석 재배치는 가급적 피하는 것이 좋다.

18) 이와 같은 운항관련 제반 정보는 승무원을 통하지 않고도 좌석 앞에 비치된 안내책자를 통해 상세히 파악할 수 있으므로 TC는 이것을 살펴보는 습관을 가져야 한다.

- 방문국의 출입국신고서와 세관신고서 등의 입국서류를 단체인원수만큼 미리 준비해 달라고 요청한다.

(3) 여행객과의 Communication

- 항공기가 이륙한 후 'fasten seat belt & no smoking' 표시가 사라지면 객석을 돌아보면서 기내시설의 위치와 이용법 등에 대해 설명해 주고, 가능한 편안한 여행이 되도록 배려해 준다.
- 기내식과 음료 서비스[19]의 경우 영어를 못하는 여행객을 대신해서 주문을 해 주는 등 세심한 관심을 기울인다.
- 수시로 객석을 돌아다니면서 여행객들의 컨디션을 점검하고, 가능한 한 자주 대화를 가짐으로써 친교를 깊게 할 수 있도록 노력해야 한다.
- 여러 여행객들과 대화를 하면서 빨리 고객의 성명을 외울 수 있도록 하고, 단체를 인솔하는데 도움이 되는 단장 또는 총무로 뽑을 고객을 마음속으로 정해 둔다.

(4) 입국서류의 작성 및 입국준비

- 방문국의 출입국카드 및 세관신고서를 여행출발 전에 소속여행사에서 미리 작성해서 준비한 경우에는 여행객들로 하여금 직접 확인하고 서명만 하게 하면 된다. 이 경우 승무원으로부터 일괄해서 받은 입국서류는 다음 투어시에 활용할 수 있게끔 잘 보관하도록 한다.
- 출발 전에 미리 준비하지 못한 경우에는 'name list'를 참고로 TC가 직접 작성하도록 한다.[20]
- 목적지에 착륙하기 직전(약 30분 전) TC는 객석을 한 바퀴 돌며 입국준비가 되어 있는지 확인하면서, 입국에 필요한 서류인 출입국카드와 세관신고서, 그리고 필요한 경우 귀국편 항공권을 각자에게 나누어 주고, 두고 내리는 물건이 없도록 주의를 환기시킨다.

---

19) 음료의 경우 soft drink류는 일반적으로 무료이나, 알코올류는 항공사에 따라 유료일 수 있으므로 이를 정확히 알려주어야 한다.

20) 영어를 잘 할 수 있는 여행객들에게는 직접 작성하는 기회를 주는 것도 바람직함.

기내에서의 에티켓[21)]

- 자기 좌석을 확인하면 다음에 들어오는 승객에게 불편이 없도록 빨리 앉아야 한다.
- 좌석을 뒤로 젖힐 때에는 뒷사람에게 실례가 되지 않도록 천천히 젖히도록 하고, 항공기의 이 · 착륙시 및 기내 식사시에는 좌석등받이를 반드시 원위치대로 똑바로 하여야 한다.
- 승무원에게 용무가 있는 경우에는 큰 소리로 부르지 말고 옆으로 지나갈 때 작은 소리로 부르거나 좌석에 부착된 'call button'을 누르도록 한다. 특히 공연히 말을 건다든지 옆구리나 엉덩이를 툭툭치는 비신사적인 행동은 절대 삼가야 한다.
- 라디오 및 통신기기 등의 사용은 항공기의 무선전파에 장애를 줄 수 있으므로 사용하지 않아야 한다.
- 항공기의 이 · 착륙시에는 기내 화장실을 사용하지 않도록 한다.
- 기내 화장실은 남녀공용으로, 안에서 제대로 잠궈야만 불이 켜지면서 문밖에 'occupied(사용중)'란 표시가 나타나고 그렇지 않은 경우 'vacant(비어 있음)'로 계속 표시되어 망신스러운 일이 생길 수 있음에 유의하여야 한다. 그리고 화장실을 이용한 후에는 반드시 'toilet flush(변기 세척수)'라 표시된 버튼을 눌러 뒷사람의 이용시 불쾌감을 주지 않도록 하여야 한다.
- 기내는 지상보다 기압이 낮아 술에 쉽게 취하는 경향이 있으므로 과도한 음주를 삼가도록 한다.
- 맨발로 통로를 돌아다니거나 맨발을 자신의 앞좌석에 올려 놓는 무례를 범하지 않도록 한다.
- 통로에 서서 큰 소리로 대화를 나누거나 기내영화 상영시 화면을 가로막고 서서 뒷 사람의 관람을 방해한다거나 여럿이 둘러 앉아 화투 및 카드를 하는 등과 같은 타인에게 불편을 주는 행위를 하지 말아야 한다.
- 항공기가 목적지에 완전히 착륙한 후 기내방송 및 승무원의 지시가 있을 때까지는 좌석에서 일어나 선반 위의 짐을 내리려고 해서는 안 된다.

4) 경유(Transit)와 환승(Transfer) 시의 업무

항공편을 이용하여 최종 목적지를 가기 위한 도중에 직항(non stop)이 아니고 어느 지점을 일시적으로 착륙하여 통과하는 경우가 있다. 이러한 통과에는 동일 항공편으로 계속 타고 가는 경우와 다른 항공편으로 갈아타고 가는 경우 두 가지가 있는데, 각 경우에 TC가 수행하여야 할 구체적인 업무를 살펴보면 다음과 같다.

(1) 동일 항공편인 경우(경유 : Transit)[22)]

- 기내 안내방송 또는 승무원을 통하여 기내대기인지 기내 밖의 경유구역(transit area)에서의 대기인지와 transit의 소요시간 및 항공기의 출발예정시간

21) 국민신용카드주식회사, 1989 : 34~38.

22) 항속거리가 부족해 장거리 노선을 한 번에 갈 수 없었던 예전에는 경유(transit) 노선이 흔했지만 이제는 극히 드물어졌고, 최근에는 직항이 아니라면 대부분 환승(transfer) 여정임

등을 미리 확인하여 여행객에게 숙지시킨다.

- 경유구역에서의 대기일 경우 수하물은 기내에 두고 내려도 무방하나, 여권이나 귀중품 등은 반드시 지참하고 내리도록 안내한다.
- 경유구역으로 나갈 경우 항공기 출구 앞에서 항공사 직원들이 나누어 주는 'transit card'를 반드시 받아서 나가고 나중에 재탑승시 반환해야 한다는 것을 여행객들에게 알려 준다.
- TC는 항공기 출구 앞에 먼저 나와 여행객들이 모르고 현지의 입국승객들을 따라 공항 밖으로 나가는 일이 발생하지 않도록 주의를 환기시킨다.
- 경유구역 안에서 공항면세점의 이용이 가능할 경우에는 여행객들이 쇼핑을 할 수 있도록 안내해 주되, 재탑승시간 전에 지정된 장소에 정확히 모일 것을 확실하게 숙지시킨다.
- 탑승시간이 되면 탑승구 앞에서 여행객 모두가 탑승하는 것을 확인한 후 제일 나중에 탑승하도록 한다.

(2) 타항공편인 경우(환승 : Transfer)

- 항공기에 놓고 내리는 물건이 없도록 주의를 환기시킨다.
- 항공기 출구에 먼저 나와서 여행객들을 한곳에 모아 놓고 전원이 내렸는지를 확인한 후에 'connecting flight(연결편)'의 카운터로 신속하게 이동한다.[23] 이때 여행객들에게 외국의 공항은 규모가 크고 복잡하여 미아가 발생되거나 제시간에 연결편에 탑승하지 못하는 불행한 일이 종종 발생하는 경우가 있다는 것을 상기시키고 TC의 인솔하에 전원이 함께 행동해 줄 것을 당부한다.
- 여행객들을 한곳에 모여 있게 한 다음 연결편의 카운터에서 탑승수속을 하고 탑승권을 받는다.[24]
- 위탁수하물은 'through check-in(일괄수속)'[25]을 한 경우 별도의 수속없이 짐의 총 개수를 알려 주는 정도면 충분하다.

23) 처음 가는 공항이라도 당황하지 말고 공항 내의 안내표지 가운데 'transfer'란 표시를 따라가면 된다. 유럽 등지에서는 'connect'로 표기되어 있기도 함

24) 환승(transfer) 시는 처음 탈 때와 환승하는 항공사 연결편의 별도 탑승권이 있어야만 하며, 경유(transit)는 별도 탑승권 없이 'transit card'가 대신함

25) 여행객이 항공스케줄상 여러 항공편을 이용하여 목적지를 가야 할 경우, 탑승수속 시 자신의 수하물을 최종 목적지에서 찾을 수 있도록 운송의뢰를 하는 일괄수속을 뜻함

- 여행객들에게 각자의 탑승권을 나누어 주면서 탑승구의 번호와 탑승시간을 알려 준 다음, 해당 탑승구로 이동하여 탑승한다.[26]

출발항공편의 연착으로 연결편에 늦을 경우

기내 승무원에게 현지에 연락하여 적절한 조치, 예컨대 연결편 항공사 직원이 마중 나와서 신속한 탑승이 이루어질 수 있도록 해 줄 것을 요청한다. 단체승객의 경우 연결항공편 측에서 어느 정도까지 기다려 주는 것이 상례이므로 지나치게 염려하지 말고 신속하게 대처하도록 한다.

MCT(minimum connection time)

연결항공편 최소 허용시간으로 항공연결편 간에 승객과 수하물이 탈 수 있는 최소한의 시간을 의미한다. MCT를 초과하거나 아슬아슬하게 항공 스케줄을 짜면 환승 이동하다가 연결 항공편을 놓치는 경우가 발생하므로, 항공예약을 할 때 환승할 수 있는 충분한 시간이 있는지 반드시 확인해야 한다.

5) 현지입국 업무

(1) 입국수속장으로의 이동

- 비행기가 완전히 착륙하게 되면 TC는 여행객들이 분산하여 개인행동을 하지 않도록 간단한 주의를 준 다음 출구 앞으로 가장 먼저 나와서 여행객들을 인솔해 천천히 입국수속장으로 향한다.
- 이때 처음 가는 공항에서는 방향감각이 없어서 당황할 수 있으나 서두르지 말고 공항 내의 안내표시 가운데 'Arrival'이란 표시를 따라가면 된다.
- 종종 큰 공항이나 번잡한 공항에서는 공항버스나 기차를 타고 입국수속장으로 이동할 때도 있는데, 이 경우에는 전원이 기내에서 내려왔는지를 확인한 다음 가능하면 같은 버스 또는 셔틀트레인에 타도록 한다.

---

26) 보통 당일 환승(transfer)일 경우 최초 출발지에서 탑승권(boarding pass)을 같이 발급해주는데, 이 경우에는 탑승수속 없이 연결편의 탑승구로 바로 이동하면 된다. 이때 비행기에서 내려서 환승 표기를 따라가면 대개 제일 먼저 입국심사를 거치게 된다. 그런 다음 보안검색을 통과하면 면세점과 탑승구(gate)가 나타나게 된다.

(2) 입국수속의 진행

입국수속은 통상 출국수속의 진행과정과 반대로 이루어지는데, 입국절차에 따른 TC의 업무수행 요령을 순서대로 살펴보면 다음과 같다.

- TC는 가장 먼저 입국심사를 받도록 하며, 단체를 인솔하는 대표로서 입국심사관에게 여행객의 인원과 방문목적 및 체재일수 등의 기본사항을 알려줌으로써 수속이 빨리 진행될 수 있도록 하는 것이 바람직하다.[27)]
- 입국심사가 끝나더라도 자신의 도움을 필요로 하는 손님이 있을 수 있으므로 여행객 전원에 대한 입국심사가 마무리 될 때까지 입국심사대 부근의 잘 보이는 곳에 위치해 있도록 한다.
- 여행객 전원이 입국심사대를 통과하게 되면 여행객들을 수하물센터로 인솔해 위탁수하물을 회수한다.
- 수하물의 총 개수가 맞는지를 확인함과 아울러 수하물 상태의 이상유무를 점검한 다음 이상이 없으면 세관심사대로 향한다.
- 일반적으로 세관검사를 보다 수월하게 하기 위해 TC가 세관검사관에게 한국에서 온 단체여행객임을 밝히고, 단체 인원수 및 체재일수 등을 미리 말해주는 것이 좋다.

입국심사 및 세관통과 시 묻는 일반적인 질문

- 국적이 어디입니까?
  Where are you from? Or What' s your nationality? → I am from South Korea.
- 방문목적이 무엇입니까?
  What is the purpose of your visit? Or Why are you visiting? → (I am here) For travel(trip, sightseeing, tour)
- 얼마나 머무를 예정입니까?
  How long are you going to stay? Or How many days will you stay? → (I will stay) For 5days(a week, 2 weeks, 2 months)
- 어디서 머무를 예정입니까?
  Where will you stay? → (I will stay) At Hilton Hotel

---

27) 입국심사대는 일반적으로 자국인(Residents)과 외국인(Aliens or Foreigners)용으로 구분되어 있으므로 엉뚱한 곳에 줄을 서지 않도록 유의해야 함.

- 직업은 무엇입니까?
  What is your job? Or What do you do? → I am a teacher(student).
- 혼자 여행 왔나요?
  Are you travelling alone? → Yes Or No
  Who are you travelling with? → With friends(my company)
- 일행이 몇 명입니까?
  How many people are there in your party? → I'm the tour conductor, and there are 15 people in my party.
- 세관 신고할 물건이 있나요?
  Do you have anything to declare? → No Or Nothing

(3) 현지 가이드와의 Meeting

- 입국수속이 모두 끝나면 인원과 짐을 확인하고 선두에 서서 공항출구를 통과해 현지 가이드 대기장소로 향한다.[28)]
- 현지 가이드나 현지 여행업자와 만나 빠른 시간 내에 인사를 나눈다.
- 인솔 여행객들에게 현지 가이드를 간단히 인사시킨다.
- 인사가 끝난 후 현지 가이드의 안내하에 여행객들을 대기중인 차량으로 이동시킨다.

TC와 현지 가이드(Local Guide)와의 관계

엄격하게 따진다면 가이드의 업무는 안내를 하는 것이고 단체의 여행을 총괄 운영하는 것은 TC이지만, 행사진행을 원만히 완수하기 위해서는 TC는 가이드에게 군림하는 듯한 거만한 자세를 지양하고 협조적인 인간관계를 유지하여야 한다.

6) 호텔로의 이동 및 도착 후의 업무

(1) 공항에서 호텔까지 이동시의 업무

- 현지 가이드에게 단체의 인원수와 짐의 개수를 정확하게 알려 주고 차량에 탑승시킨다.

28) 이때 개인(individual)과 단체(group)의 출구가 따로 구분되어 있는지를 반드시 확인하여야만 한다. 또한 공항에 따라 출구가 많아 한국에서 출발 전에 meeting할 출구의 번호를 미리 정해 놓지 않으면 혼란을 겪을 수 있다는 것에 유념해야 한다.

- 승차 이후 TC는 재차 인원수를 확인하고, 현지 안내를 담당할 현지 가이드를 다시 한 번 공식적으로 소개한다. 이때 TC가 너무 오랫동안 마이크를 잡고 이야기를 하는 것은 좋지 않으므로 간단하게 코멘트하고 마이크를 가이드에게 넘기도록 한다.
- TC는 가이드 옆좌석에 앉는 것이 일반적이지만, 인원 및 단체의 성격에 따라 뒷좌석에 앉아도 무방하다.
- 착석 후 현지 가이드가 여행사 배지 및 현지의 여행일정표 등을 나누어 주는데, 이때 TC는 최종 여행확정서와 배포된 여행일정표 간에 차이가 없는지를 확인한다. 만약 차이가 있는 경우에는 가이드에게 조용히 그 이유를 물어보고, 심각한 차이가 발생한 경우에는 호텔 도착 후 현지 여행업자의 책임자와 연락을 취해서 협의하도록 하고, 아울러 한국의 여행사에도 즉각 보고하여 사후에 발생할 수 있는 문제를 미연에 방지하도록 해야 한다.

(2) 호텔 도착 후의 업무

버스가 호텔에 도착한 후에 일반적으로 TC가 수행해야 할 업무는 다음과 같다.

- 여행객들을 호텔로비로 안내해 대기하도록 한 다음 현지 가이드와 함께 호텔 프런트데스크(front desk)로 가서 신속하게 체크인(check-in)을 한다.
- 한국에서 미리 준비해 온 'rooming list'를 활용하여 객실배정을 하도록 한다. 이때 특별히 같은 객실을 사용하고 싶어하는 여행객들이 있는 경우 이를 적극 수용하여 방 배정을 다시 해 준다.
- 프런트로부터 객실키(room key)와 식사권(meal's coupon) 등을 수령한다.
- 수령한 객실키와 식사권 등을 여행객들에게 나누어 준다.
- 객실키를 나누어 준 후 다음과 같은 사항을 여행객들에게 전달한다.[29]

  ▶ TC의 방번호

  TC의 객실 번호를 안내하여 필요사항이나 비상시 연락을 할 수 있도록 한다.

29) 현지 가이드가 하는 경우도 있지만, TC가 직접 전달하는 것이 바람직함.

▶ 객실키의 사용법

대부분의 호텔이 카드키를 사용하며 카드키를 접촉하면 문이 열린다. 객실 내에서는 카드키를 키박스(key box)에 넣어야 객실 내 전원이 들어오게 되어 있는 경우가 많으며, 일부 호텔에서는 엘리베이터 이용 시에도 객실키가 필요한 경우도 있다. 호텔 객실 문의 경우 자동으로 닫히고 외부에서는 열리지 않기 때문에 잠깐 주변에 나갈 때에도 객실키를 꼭 소지하고 갈 것을 안내한다.

보기 9.5 ▶ **호텔 객실 카드키**

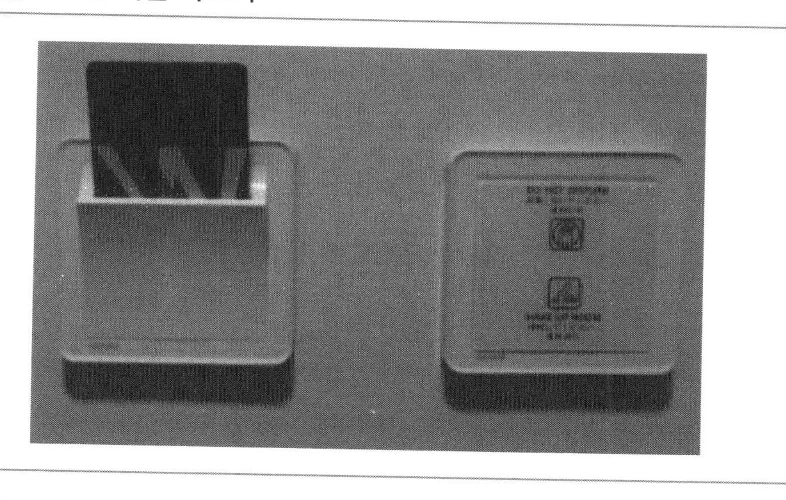

▶ 객실 이용방법

- 전화

객실 내의 전화를 이용해서 객실 간 전화(room to room)나 시내전화(city call), 국제전화(overseas call) 거는 방법 등에 대해 간략히 설명한다.

- Pay TV

유료 TV로 추가로 금액을 지불하는 유료방송이며, 대개 최신영화나 성인영화를 방송한다.

- Safety Box

객실 내 귀중품 보호를 위해 안전금고가 있는 경우가 있다.[30] 여권이나 현금, 기타 귀중품을 보관하는 데 사용하면 되는데, 인솔자는 사용방법 및 주의사항에 대해 정확히 안내해야 한다. 특히 비밀번호를 잊어버리는 경우 일이 복잡해질 수 있으니 이용하고자 하는 여행객에게 이 점에 대해 주의를 주어야 한다.

- Mini Bar

객실 내에 비치된 냉장고에는 각종 음료와 주류, 초콜릿, 안주류 등이 비치되어 있다. 이들 품목 외에도 스타킹, 양말, 속옷, 일회용품 등을 냉장고 외부에 비치하기도 하는데, 이를 모두 미니바라고 한다. 미니바의 가격은 시중에 비해 많이 비싸며, 이를 이용할 때는 냉장고 위에 비치되어 있는 빌(bill)에 표시된 금액을 확인하고 수량을 기입해서 체크아웃 시 제출하고 개별 정산하도록 안내한다.

- 객실 내 어메니티(amenity)

객실 내 비누, 샴푸, 린스, 바디샤워, 바디로션, 치약, 칫솔 등 투숙객의 편의를 위해 제공되는 물품이다. 일부 국가나 지역에서는 1회용품 사용 규제에 따라 치약과 칫솔 등이 제공되지 않는 경우도 있다. 슬리퍼나 가운 역시 국가나 지역별로 다르다. 대부분의 어메니티는 사용 후 투숙객이 가지고 가도 되지만, 1회용 슬리퍼가 아닌 일반 슬리퍼, 가운, 수건 등을 가지고 나올 경우 비용을 배상해야 하기 때문에 여행객에게 어메니티의 위치, 사용방법 등에 대해 정확히 안내한다.

- Bathroom

욕실 사용방법, 온수와 냉수 사용방법, 샤워커튼의 사용방법, 타월의 종류[31]와 사용방법 등에 대하여 설명하고, 욕실 내 미끄럼 사고 등에 대해서도 주의를 준다.

- 세탁과 Tip 등

세탁이 필요한 경우는 객실의 서랍장에 비치된 세탁물 봉투에 담고 세탁

---

30) 대부분의 호텔은 여행객의 귀중품 보관을 위해 안전금고를 설치하여 운영하고 있으며, 통상 프런트 데스크와 객실에 설치하는 2가지의 형태가 있음

31) 일반적으로 욕실에는 매트용으로 사용하는 타월(foot towel), 손을 씻고 사용하는 핸드타월, 세면과 샤워 후에 사용하는 페이스타월(wash cloth), 샤워 후 몸을 감싸는 전신타월(bath towel) 등 3~4종류의 타월류가 비치되어 있음

요청서(laundry slip)에 표기해서 객실 문 안쪽에 두면 룸 메이드(room maid)가 수거한다. 세탁뿐만 아니라 다림질(press service)을 의뢰할 수도 있으며 요령은 같다.

여행객이 객실을 사용하고 나면 룸 메이드가 침구류, 타월, 비품을 교환하고 쓰레기통을 비우는 등 객실을 원 상태로 정비하고 청소하게 된다. 그들에 대한 고마움의 표시로 외출이나 체크아웃 시 1달러 내외의 팁(tip)을 놓아두는 것이 국제적인 에티켓임을 알려 준다.

▶ 호텔의 부대시설

▶ 당일 및 익일의 중요 일정

- 식사시간 및 장소
- 집합시간 및 장소
- Morning Call[32]의 시간
- 투어의 효과적 진행을 위한 준비물

여행 당일 및 다음날의 기후에 따른 복장관계, 복장에 제약이 있는 관광지, 특수한 현지상황 등에 관해 사전정보를 제공해야 한다. 예를 들어 종교적인 지역들은 복장의 제약이 많으므로 짧은 치마, 반바지, 슬리퍼, 민소매 등의 입장이 불가함을 안내하고 산악지역의 경우 두툼한 외투를 준비하도록 하며 걷는 구간이 많은 지역은 편안한 운동화를 준비하도록 한다.

▶ 기타 안전관리상의 주의사항

호텔에서 외출을 할 때는 호텔명함(hotel name card)을 반드시 지참하여 만일의 사태에 대비토록 하고, 치안상태에 따라서 야간 외출을 자제토록 안내한다.

- 전달사항을 마친 후 여행객들로 하여금 짐을 가지고 객실로 올라가게 하거나 포터로 하여금 짐을 신속하게 객실로 전달시킨다.

32) 한국에서는 '모닝콜'이라는 말을 자주 쓰고 있는데, 호텔 등에서 아침에 고객을 전화로 깨워준다는 의미로 '웨이크 업 콜(wake-up call)'을 말한다.

- 잠시 후 짐의 전달여부와 객실상태의 양호를 로비에 있는 전화(house phone)를 이용해서 확인하거나 직접 객실로 올라가 확인한다.
- 마지막으로 입실 완료 후 현지 가이드 및 여행업자와 일정에 대한 상세한 협의, 모든 예정사항에 대한 점검, 새로운 현지정보의 입수 등을 통해 여행객들에게 보다 완벽한 서비스를 제공할 수 있도록 한다.

국제자동전화(ISD : International Subscriber Dialing) 이용법

- 국가별 국제전화 식별번호 + 국가코드(country code) + 지역번호(area code) + 전화번호(telephone No.)의 순으로 누르면 된다.
- 미국에서 서울의 700-0900으로 전화할 경우의 예

: 011 + 82 + 2 + 700-0900(*지역번호 첫 자리 '0'은 다이얼하지 않는다.)

호텔이용시의 에티켓 및 주의사항[33)]

- 객실 밖으로 나갈 때에는 반드시 객실키를 소지함으로써 문이 잠겨 곤란을 겪는 일이 없도록 한다. 호텔에 따라서는 창문과 같은 유리문도 자동으로 잠기는 곳이 있으므로 베란다에 나갈 때 주의를 기울여야 한다.
- 객실 밖 복도는 공공장소이므로 잠옷 및 내의차림이나 슬리퍼를 신고 다니지 말아야 하며, 다닐 때에는 금연하고 큰 소리로 대화하지 않도록 한다.
- 객실에서 커피포트 등을 이용해 라면 등의 음식물을 끓여 먹어서는 안 된다.
- 저녁 늦게까지 술마시며 큰 소리로 이야기하거나 도박 등을 해서 옆방 손님의 취침을 방해하는 행위를 해서는 안 된다.
- 세탁물을 바깥 베란다에 걸어 말리지 않도록 한다.
- 욕조 밖의 바닥에 배수구가 없는 곳이 많으므로 샤워시에는 커튼을 안으로 쳐서 물이 욕조 밖으로 넘치지 않도록 하고, 고무매트는 미끄러지지 않도록 욕조에 깔고 사용한다.
- 욕조 안에 늘어뜨려져 있는 손잡이 달린 끈은 손님이 욕조에 있는 동안 위험한 상황이 발생하였을 때 사용하는 것으로 특별한 경우 외에는 사용하지 말아야 한다.
- 욕실 사용시 room mate에게 불쾌감을 주지 않도록 청결하게 사용한다.
- 호텔을 떠나면서 컵이나 수건 등과 같은 호텔 비품들을 기념으로 들고 나와서는 안 된다.
- 호텔의 safety box나 침대의 베개 밑 등에 맡기거나 넣어 둔 귀중품을 잊어버리고 떠나지 않도록 유의한다.
- 미국이나 일본과 한국 등과는 달리 유럽에서는 우리가 말하는 'second floor(2층)'를 'first floor'라고 말하고, 우리의 생각에 'first floor(1층)'인 곳을 'ground floor'라고 부르는 것에 유념해야 한다.

33) 국민신용카드주식회사, 1989 : 56~64.

7) 현지 투어진행 업무

(1) 관광지에서

- 기본적으로 관광지의 관광안내에 있어서는 현지 가이드가 주가 되고, TC 자신은 옆에서 도와주는 역할을 한다는 생각을 가지고 업무에 임해야 한다.
- 여행객들에게 재집결하는 장소 및 시간을 강조하여 반복적으로 알려 준다.
- 여행객들에게 사진촬영하기에 적합한 장소를 추천해 주거나 사진 찍는 것을 도와주도록 한다. 특히 부부동반 또는 신혼여행을 온 손님들에게는 사진촬영에 있어 각별한 배려를 해 주어야 한다.
- 관광지에서 현지 가이드가 맨 앞에 서서 여행객들을 안내하는 것이 일반적이므로 TC는 가능하면 대열의 이탈자가 없도록 여행객들의 맨 뒷편에서 전체의 통제를 하도록 한다.
- 많은 관람객들로 붐비게 되는 관광지 내의 공연장소 등에 입장할 때에는 보다 세심한 주의를 기울여서 안전사고 및 이탈자 예방에 만전을 기한다.
- 재집결 후 출발시 인원확인에 철저를 기해야 하고, 집합시간에 항상 늦게 오는 손님은 다른 손님에게 피해를 끼치는 것이므로 어떠한 형태로든 주의를 촉구하도록 한다.

(2) 식당에서

식사는 호텔 레스토랑 외에 밖에 있는 현지식당과 한국식당을 이용하는 경우가 대부분인데, 이 경우 TC의 구체적인 역할과 유의사항은 다음과 같다.

- 식당 종업원이 안내한 지정된 좌석에 앉도록 여행객들에게 주의를 환기시킨다.
- 메뉴를 선택할 때 단체의 경우 일반적으로 정식(fixed menu)으로 되어 있으나 식당책임자 또는 가이드와 협의해서 TC가 결정할 때도 있는데, 이 경우에는 가급적 여행객들의 취향과 기호에 맞도록 주문하고 같은 메뉴가 매일 반복되지 않도록 주의한다.
- 식당에서 마시는 술과 음료는 원칙적으로 개인지불이라는 것을 사전에 명확히 공지함으로써 사소한 문제로 단체 분위기를 냉각시키거나 불만의 소

지가 되지 않도록 해야 한다.[34)]

- 식사요금에 봉사료가 포함되어 있는지의 여부를 미리 확인하여 포함되어 있지 않다면 여행객들로 하여금 식사 후 식탁 위에 적당한 액수의 팁(tip)을 놓고 가도록 일러둔다.
- 식사중이라도 서비스가 원만하게 이루어지고 있는지와 도움을 필요로 하는 여행객이 없는지 등에 관해 항상 관심을 두어야 한다.
- TC의 올바른 식사예절(table manner)은 손님에게 좋은 본보기가 될 뿐만 아니라 스스로에게도 여유로움을 갖고 식사를 즐길 수 있게 해주므로, TC는 여행지의 주요 메뉴와 식사 원칙 등을 미리 숙지해 두어야만 한다.

Mineral Water

유럽의 고급 레스토랑에서는 식사시에 물을 마시지 않고 와인, 맥주, 청량음료 또는 mineral water 등을 주문해서 마시는 것이 일반적임에 유의해야 한다. 이때 단순히 mineral water라고 말하면 대체로 탄산가스가 들어 있는 물이 나오는데, 이 물은 한국인의 입맛에 맞지 않으므로 'without gas or no gas' 혹은 'natural mineral water' 등으로 주문하도록 한다.

메뉴관련 용어

- **Meat(육류)** : beef(쇠고기), veal(송아지고기), pork(돼지고기), mutton(양고기), lamb(새끼양고기)
- **Poultry(가금류)** : chicken(닭고기), duck(오리고기). goose(거위고기), pheasant(꿩고기), turkey (칠면조고기)
- **Sea food & Shell-fish(해산물 및 조개류)** : clams(대합), crab(게), eel(뱀장어), fish(생선), lobster (바닷가재), oyster(굴), salmon(연어), shrimp(새우), sole(혀가자미), squid/cuttlefish(오징어), trout(송어), tuna(참치)
- **Vegetables(야채류)** : bamboo shoots(죽순), bell pepper(피망), cabbage(양배추), carrot(당근), cucumber(오이), eggplant(가지), garlic(마늘), lettuce(상추), mushroom(버섯), onion(양파), parsley(파슬리), pea(완두), radish(무), spinach(시금치)
- **Salad dressing** : French, Italian, Thousand-Island
- **Cookery(조리법)** : baked/roasted(구운), blanched/poached(끓는 물에 살짝 데친), boiled(삶은), broiled(직화식으로 구운), pickled(절인), sauted(살짝 튀긴), smoked(훈제한), steamed(찐)

---

34) 가격이 저렴한 경우 현지의 상황에 따라 융통성 있게 처리함으로써 여행 분위기를 제고시키는 센스가 필요함.

식당이용 및 식사시의 에티켓35)

- 호텔식당이나 고급식당에 들어갈 때에는 복장에 주의하고 입구에 기다렸다가 종업원의 안내를 받아 앉는다.
- 외국에서의 식당서비스는 시간이 걸리므로 조급하게 서두르지 말고 큰 소리로 종업원을 부르거나 손뼉을 치는 등의 행동은 삼간다.
- 착석시 테이블과 너무 떨어져 상반신을 뒤로 젖히고 있거나, 팔꿈치를 괴거나, 다리를 꼬는 일 등은 하지 않도록 한다.
- 여성의 경우 들고 있는 핸드백은 식사시 테이블 위에 놓아선 안되며 등과 의자 사이에 놓도록 한다.
- 식당에서 나오는 음식 외에 다른 음식을 가지고 들어가 먹는 일은 삼간다.
- 나이프와 포크는 바깥쪽부터 순서대로 사용하고 잘못하여 바닥에 떨어뜨렸을 때에는 줍지 말고 종업원을 부르도록 한다.
- 나이프로 음식을 먹거나 대화 중 나이프나 포크를 들고 흔들지 말고, 포크로 한 번 찍은 음식은 두세 번 베어 먹지 말고 한입에 먹도록 한다.
- 양식의 경우 빵은 수프를 먹고 난 다음에 먹는 것이 좋으며, 자기 왼쪽의 접시에 있는 것이 본인의 것으로 나이프로 자르거나 포크로 찍어 먹지 말고 조금씩 손으로 떼어 먹도록 한다.
- 생선은 한쪽을 다 먹으면 뒤집지 말고 그 상태로 뼈를 제거하고 남은 부분을 먹는다.
- 음식을 먹을 때 큰 소리를 내며 씹지 말고 입을 다물고 먹어야 하며, 음식이 뜨겁다고 불어서 식혀서는 안 된다.

(3) 쇼핑(Shopping)시

쇼핑은 여행에 있어 커다란 즐거움의 하나이지만 지나친 쇼핑점의 방문은 여행객들로 하여금 많은 거부감과 불만을 야기할 수도 있으므로 각별한 주의가 요구되는데, 쇼핑시에 TC가 취해야 할 행동요령은 다음과 같다.

- 쇼핑이 정해진 여행일정에 차질을 빚지 않는 범위 내에서 이루어질 수 있도록 현지 가이드와 미리 적정한 쇼핑의 횟수와 소요시간을 상의하여 결정하되, 가능한 한 적게 함을 원칙으로 한다.
- 쇼핑을 절대로 강요하지 말고, 과도한 쇼핑으로 인해 외화가 낭비되지 않도록 적절한 조언을 해 준다.
- 입국시 면세통관의 범위 및 통관이 금지되는 물품과 방문국의 실용적인 특산물에 대해 간략히 설명해 준다.

---

35) 국민신용카드주식회사, 1989 : 64~69.
이영식, 1995 : 141~142.

- 화폐단위의 차이로 인해 돈의 가치를 착각하지 않게 항상 원화로 환산하여 보도록 주의를 환기시킨다.
- 상품구입 후 영수증을 꼭 받도록 해서 차후 문제가 있을 때 클레임(claim)을 거는 데 도움이 되도록 해야 한다.
- 면세품 구입시 물건을 바로 인도해 주지 않고 출발공항의 탑승구에서 수령하도록 하는 경우에는 수령증을 철저히 보관할 것을 당부한다.
- TC 자신의 과다한 쇼핑을 자제하고, 여행객들이 구입한 물건을 함부로 평가하지 않도록 한다.
- 쇼핑문제로 현지 가이드와 마찰과 갈등이 일어나지 않도록 주의를 기울인다.

세계 각국의 주요 특산물

■ 아시아 지역

- **네팔** : 티베트 조끼, 금은세공품
- **대만** : 상아세공품, 우롱차, 산호, 등나무제품, 옥공예품, 자수제품, 과자(펑리수)
- **말레이시아** : 주석제품, 바틱제품, 나비표본, 인도작물, 은제품, 라텍스
- **베트남** : 목각류, 보석, 차, 커피
- **싱가포르** : 외국유명상품, 주석제품, 보석(에메랄드, 루비, 사파이어), 악어제품
- **인도** : 면, 실크제품, 상아, 금은세공품, 캐시미어제품, 보석, 사리, 흑단
- **인도네시아** : 바틱제품, 도마뱀가죽, 목공예품, 은세공품, 악어가죽제품
- **일본** : 전자제품, 양식진주, 도자기제품, 카메라, 교또칠기, 칠보자기
- **중국** : 한약, 옥공예품, 동양화, 벼루, 먹, 붓, 상아세공, 도장
- **태국** : 타이실크, 티크목제품, 악어가죽제품, 보석, 상아세공품, 라텍스
- **파키스탄** : 주단, 자수, 견직물, 티크세공품
- **필리핀** : 마닐라 마제품, 마닐라 잎담배, 목공예품, 상아세공품, 조개세공품
- **홍콩** : 시계, 보석, 카메라, 가죽제품, 세계 유명상품, 라텍스

■ 오세아니아 · 남태평양 지역

- **괌** : 세계 유명상품(면세품)
- **뉴질랜드** : 마오리공예품, 천연산 꿀, 조개세공품, 양가죽제품
- **사이판** : 목각제품, 산호조개, 세계 유명상품(면세품)
- **피지** : 흑산호, 코코넛
- **호주** : 오팔, 양가죽 방석, 로얄제리, 특산동물의 제품

■ 북미 지역

- **캐나다** : 모피류, 인디언 수공예품, 에스키모 민예품, 돌공예품, 훈제연어, 꿀

- **미국(본토)** : 스포츠용품, 청바지, 레코드, 골프용품, 만년필, 전자제품
- **알래스카** : 에스키모 장화, 고래뼈로 만든 제품
- **하와이** : 알로하셔츠, 초콜릿, 향수, 흑산호, 조개껍질, 액세서리

■ **중남미 지역**

- **멕시코** : 가죽제품, 금은세공품, 오팔, 인디오 민예품과 직물, 데낄라(술)
- **브라질** : 커피, 보석, 악어가죽, 은제품, 나무조각품
- **아르헨티나** : 가죽제품, 모피제품, 판쵸의상, 모직제품
- **칠레** : 동제품, 목각, 직물류
- **페루** : 모피제품, 은제품, 인디오, 수직제품, 알파카 주단, 민속인형

■ **유럽 지역**

- **그리스** : 수공예품, 견직물, 골동품, 금은세공품, 비잔틴자수
- **노르웨이** : 스웨터, 모피류, 민예품
- **네덜란드** : 다이아몬드, 낙농제품, 인형, 도자기, 수정제품
- **독일** : 카메라, 만년필, 광학기구, 칼 종류(면도기, 가위 등), 가방, 완구
- **덴마크** : 모피, 은제품, 글라스제품, 도자기
- **벨기에** : 고급 레이스, 피혁제품, 보석, 초콜릿
- **스페인** : 가죽제품, 기타, 도기, 레이스제품, 금속세공품
- **스위스** : 시계, 등산용품, 자수제품, 레이스제품, 치즈, 초콜릿
- **오스트리아** : 가죽제품, 블라우스, 스포츠용품
- **영국** : 신사용 의복, 레인코트, 스카치위스키, 끽연도구, 골동품, 도기, 은제품
- **이탈리아** : 핸드백, 실크, 구두, 부츠, 편물제품, 글라스제품, 넥타이, 모자
- **포르투갈** : 코르크제품, 민예품, 포도주
- **폴란드** : 호박, 수공예품, 수직제품
- **프랑스** : 향수, 화장품, 미술품, 패션의류, 넥타이, 실크, 핸드백, 꼬냑, 와인
- **핀란드** : 모피, 도자기, 직물, 유리제품
- **체코** : 귀금속, 보헤미안, 유리제품
- **헝가리** : 의류, 민속의상, 목각

■ **중동 · 아프리카 지역**

- **이스라엘** : 올리브나무 목각제품, 다이아몬드
- **터키** : 가죽제품, 금은세공품, 골동품, 양탄자
- **남아프리카공화국** : 다이아몬드
- **모로코** : 가죽제품, 양탄자, 수직제품, 청동그릇
- **이집트** : 파피루스, 금은세공품, 향수, 보석(토파스, 루비), 가죽제품
- **케냐** : 모피제품(지갑, 모자, 핸드백), 민예품

(4) 자유시간(Free Time) 및 선택관광(Option Tour)시

원칙적으로 대부분의 패키지 여행에 있어서 자유시간과 선택관광은 정해진 일정이 모두 끝나고 남은 시간이나 저녁 이후의 야간에 이루어지는데, 그렇다고 해서 TC의 자유시간은 아니므로 여행객들이 자유시간을 잘 활용하고 선택관광을 통해 다양한 욕구를 충족시킬 수 있도록 최선을 다해야 한다. 이를 위해 TC가 취해야 할 행동요령과 유의사항을 정리하면 다음과 같다.

- 여행객들에게 자유시간을 활용하기 위한 좋은 정보를 주기 위해서는 출발 전에 현지사정에 대한 준비도 필요하지만, 호텔 등에 비치된 자료나 호텔 안내데스크 또는 현지 가이드를 적극적으로 활용하는 것이 좋다.
- 단체를 인솔할 때 자주 직면하는 문제로 현지 가이드 등이 선택관광을 부추기거나 강요하는 인상을 주는 경우가 있는데, TC는 그 내용을 잘 파악해서 여행객들에게 참가할 만한 가치가 있는 경우에만 권유하는 것이 바람직하다.
- 여러 가지 종류의 선택관광이 있을 때 가급적 한쪽으로 의견통일을 유도하는 것이 최선이지만, 여행객들의 희망이나 행동이 몇개의 그룹으로 분산되는 경우에 TC는 인원수가 많은 쪽이나 통역을 필요로 하는 쪽 등 TC의 도움을 더 필요로 하는 쪽과 동행하도록 한다.
- 야간의 선택관광시 분위기가 야한 곳인 경우에 TC가 어디까지 동행해야 할 것인가 하는 판단은 한마디로 말하기 어려운 문제로 현지의 분위기 및 상황 판단에 따라서 적절히 행동하도록 한다.
- 여행객들의 건강과 다음날의 정상적인 일정 진행을 위해 너무 늦은 시간까지 이루어지는 선택관광은 가급적 피하도록 한다.
- 야간의 이동은 안전문제에 특히 주의를 요하므로 현지 가이드나 호텔 프런트를 통해서 밤거리의 안전성에 대해서 확인해 두고 여행객들에게 주의를 환기시킨다.[36)]

---

36) 특히 호텔 밖으로 외출할 경우 낯선 거리에서 헤매는 일이 없도록 호텔에 비치된 'hotel name card'를 지참하고 나갈 것을 강조한다.

세계 각국의 주요 선택관광(Option tour)

지역	국가	선택관광
동남아시아	태국	알카자쇼, 전통마사지, 코끼리 트레킹, 미니시암, 악어농장, 수상스포 츠, 바이욕 뷔페 등
	싱가포르	나이트 사파리 투어, 해양수족관, 디너크루즈, 나이트투어, 당성, 바탐 섬, 리버보트 등
	홍콩	하버 크루즈 승선, 몽골야시장, 피크트램, 중국 심천관광, 마카오투어, 나이트 시티투어 등
	대만	대만 야시장 관광, 소인국, 발마사지, 101타워 전망대 등
	필리핀	어메이징 쇼, 히든밸리, 푸닝온천, 마사지, 해양스포츠, 선셋크루즈, 낚시 등
	인도네시아	선셋디너 크루즈, 케착댄스 등
중국		발마사지, 전신마사지, 인력거 투어, 서커스 등
남태평양	호주	시드니만 디너크루즈, 블루마운틴 헬기투어, 돌핀크루즈 등
	뉴질랜드	번지점프, 헬기관광 등
	괌	해양스포츠 등
	사이판	해양스포츠 등
미주	미국	라스베이거스쇼, 베이크루즈, 폴리네시안 매직 디너쇼, 폴리네시안 민속촌 디너쇼, 경비행기, 제트보트, 그랜드캐니언 경비행기 등
	캐나다	나이아가라폭포 투어
유럽	프랑스	리도쇼, 물랭루즈 쇼, 에펠탑 + 센강(바또무슈) 야간투어
	영국	레이몬드 쇼
	이탈리아	곤돌라, 벤츠관광
	스페인	플라밍고, 투우, 야간투어
	오스트리아	타롤 쇼, 비엔나 음악회, 유람선+케이블카
	터키	벨리댄스
	스위스	카인들리 쇼
	모스크바	서커스
	터키	밸리댄스, 야경투어, 열기구 투어, 유람선
	그리스	아테네 야간투어
	슬로베니아	블레드섬
	크로이티아	성벽투어, 두브로브리크 유람선

자료 : 장서진 · 정연국, 2022 : 187~188

(5) 기념일 및 고별 행사시

① 기념일 행사

여행기간 중에 생일이나 결혼 등의 기념일을 맞는 여행객에게 TC가 베푸는 작은 관심과 배려는 당사자는 물론 다른 손님들에게도 좋은 이미지를 심어줌으로써 재고객 창출에 도움이 될 수 있다. 이와 관련해 TC가 고려해야 할 몇 가지 사항을 제시하면 다음과 같다.

- 여행기간 중에 생일, 결혼, 환갑 등의 기념일을 맞는 여행객이 있는지를 여행출발 전에 미리 파악해 둔다.
- 현지에서 기념일 당일이 되면 TC는 축하카드와 함께 꽃이나 과일바구니 등을 해당 여행객의 객실로 올려 보내거나 식사시 샴페인, 케이크, 작은 기념물 등을 증정하도록 한다.
- 특히 친목단체의 경우에는 단체의 총무 등과 상의하여 간소한 파티를 열어주는 것도 좋은 방법이다.
- 상기 내용과 관련해 소요되는 비용의 경우 일반적으로 소속 여행사에 판촉비용 명목으로 청구할 수 있으나 너무 과도하게 예산을 쓰는 것은 삼가야 한다.

② 고별 행사

정해진 여행일정이 모두 끝나는 날, 즉 귀국전야에 무사히 여행을 마쳤음을 자축하는 의미에서 파티와 같은 행사를 여는 것은 여행 끝맺음의 분위기 고조와 귀국 후 여행객 상호간의 친목도모를 위해 큰 의미를 부여할 수 있는데, 이에 대한 몇 가지 고려사항을 열거하면 다음과 같다.

- 단체에 따라서 여행사가 부담하기도 하고 아니면 여행객들의 공동경비를 사용하는 방법 등이 있으므로, 먼저 TC는 고별 행사에 대한 경비를 누가 부담할 것인지를 확실히 파악해야 한다.
- 행사장소는 호텔의 연회실 등을 이용하는 것이 이상적이나 예산관계상 불가능한 경우에는 호텔 밖의 한국식당에서 저녁식사를 들면서 일반 손님들에게 피해를 주지 않는 범위 내에서 조촐하게 치르면 된다.[37)]

- 이러한 기회를 이용해서 TC는 여행객들에게 감사의 인사를 전함과 동시에 여행객들로부터 좋았던 점, 나빴던 점, 시정해야 할 점 등에 관해서도 기탄없이 지적하도록 해서 차후에 참고자료로서 활용한다. 특히 여행 중 있었던 문제에 대해서는 회사까지 가지고 가지 않고 이 자리에서 해소시키도록 최선을 다해야 한다.
- 사전에 여행객들간 상호 연락처를 미리 준비하여 원하는 손님에게 배포하고, 귀국 후 사진교환이라든가 친목회 등의 개최에 대한 제안이 있으면 이 자리에서 장소 및 일시 등을 협의해서 결정하도록 한다.
- 마지막으로 다시 여행하는 기회가 있으면 자사를 계속 이용해 달라는 당부의 말을 잊지 않도록 하고, 다음날 일정에 차질이 발생하지 않도록 너무 늦게까지 지속시키지 말고 적당한 선에서 마칠 수 있도록 한다.

8) 교통수단별 투어진행 방법

현지에서 투어를 진행할 때 어떤 교통수단을 이용하는가에 따라 TC의 역할 및 업무상 유의점은 달라질 수 있다. 여기서는 크게 코치 투어(coach tour), 철도여행, 크루즈 투어(cruise tour) 3가지로 구분하여 이에 따른 TC의 업무 수행요령에 대해서 살펴보고자 한다.

(1) 코치 투어(Coach Tour)

코치 투어란 장거리 버스여행을 의미하는데, 이러한 투어에는 한정된 지역만 안내하는 현지 가이드(local guide) 외에, 전 일정을 안내하는 전일정 가이드(through guide)가 동행하기도 한다. 이때 'through guide'가 동행하는 경우는 별 문제가 없지만, 그렇지 않은 경우 TC가 그 역할을 해야 하므로 TC의 입장에서 보면 코치 투어는 TC의 진가를 발휘할 수 있는 곳이기도 하며, 이와 반대로 무능력이 노출될 수 있는 곳이기도 하다. 따라서 TC는 효과적인 투어의 진행을 위해 다음과 같은 점을 숙지하여 빈틈없이 업무를 수행하여야 한다.

---

37) 인원수가 적은 단체인 경우 호텔의 객실에 모여 음료 등을 들며 이야기를 나누면서 치르는 방법도 있다.

- 출발 전에 운전기사와 버스출발시간, 버스경로, 휴식장소, 목적지까지의 소요시간 등에 관해서 충분히 협의하고, 여행객들에게도 이러한 모든 사항에 관해서 미리 설명을 해 준다.
- 코치 투어에 있어서는 도중에 국경을 넘는 일이 많은데, 이때 여행객들의 여권제시가 요구될 수 있으므로 각자가 미리 준비하도록 일러둔다.
- 코치 투어는 이동하면서 관광을 겸한다는 특성이 있으므로, TC는 관광지도나 안내책자 등을 통하여 철저한 사전연구를 해 둠으로써 버스경로에 있는 유명한 관광지 및 도시, 주변경관 등을 여행객들에게 설명할 수 있어야 한다.
- 장시간이 소요되는 코치 투어에서 사전준비한 설명자료만으로 시간을 보내기는 불가능하므로, 국외여행에 관한 지식을 전달한다든가, 친밀감을 높이기 위해 여행객들끼리 상호 소개할 기회를 제공하거나, 노래나 간단한 게임 등을 즐길 수 있게 해줌으로써 즐겁고 밝은 분위기를 만드는데 신경을 써야 한다.
- 설명이나 이야기 시간은 여행객들이 지루함을 느끼지 않도록 융통성 있게 배분하도록 하고, 여행객들이 졸려하거나 피곤한 기색을 보이면 마이크 사용을 중지하고 이야기 대신 조용한 음악을 들려주도록 한다. 이때를 위해 TC는 적절한 음악을 준비해 가는 것이 좋다.
- 운전기사와 의논하여 2시간에 한 번 정도는 휴게소에서 휴식을 취하도록 하고, 주행 중에도 가끔 맨 뒷자리까지 둘러보아 여행객들의 건강상태와 요구사항이 없는지를 확인하도록 한다.
- 여행객들에게 버스의 출발시간 및 휴식시간을 확실히 주지시켜 정해진 시간에 출발하는 데 차질이 없도록 하고, 버스의 승·하차시 여행객들의 인원파악에 만전을 기하도록 한다.

(2) 철도여행(Train Tour)

TC는 나라마다 다른 철도여행 사정에 대해 정확한 정보를 갖고 있을 필요가 있는데, 가장 표준적이라고 생각되는 유럽의 열차를 중심으로 서비스의 특수성이나 업무의 흐름을 정리하면 다음과 같다.

- 출발 전에 TC는 승차 및 하차할 역명,[38] 열차의 출발 및 도착시각, 열차의 구조 및 차량편성 등에 관해 미리 확인해 둔다.
- 철도여행 출발시 가장 주의할 점은 대부분의 경우 열차는 정시에 출발하므로 다음 일정에 막대한 차질을 빚지 않게 가급적 제시간보다 일찍 출발해서 늦지 않도록 하는 것이다.
- 역으로 향하는 버스 안에서 철도여행에 필요한 주의사항 등 전반적인 설명을 하고, 역에 도착하면 여행객들을 흩어지지 않도록 하고 짐의 관리와 출발 플랫폼(platform)을 확인한다.
- 해당 차량이 정지하는 곳을 미리 확인하여 짐을 단시간에 실을 수 있도록 준비해야 하는데, 특히 도중 역에서 승차하는 경우에는 정차시간이 아주 짧을 때도 있기 때문에 사정에 따라서는 단원 중 젊은 남성에게 협조를 부탁해야 할 경우도 있다.
- 승차시 TC는 인원파악 및 수하물의 개수를 반드시 확인한 후 여행객들을 해당 좌석까지 안내하도록 한다.
- 우리나라와 달리 열차의 발차신호가 없으므로 열차의 출발 직전에 여행객들이 열차에서 내리는 일이 없도록 주지시키고, 차량에 따라 행선지가 달라지는 일이 있기 때문에 차내를 필요 이상으로 돌아다니지 말도록 주의시킨다.
- 여행 도중에 식당차를 이용할 경우 미리 식당책임자와 만나 식사시간과 테이블에 대한 예약 및 확인을 하도록 한다. 아니면 도시락을 이용할 경우 발차시각까지 도착되어 있으면 여행객들에게 나눠 주면 되고, 도중역에서 수령해야 할 경우에는 도시락을 수령할 역명을 확인하고 해당 역에 도착하면 신속히 열차에 싣도록 조치한다.
- 최근 유럽의 열차 내에서 도난사고가 자주 발생하므로 TC는 여행객들에게 여권이나 현금, 귀중품 등은 반드시 몸에 지녀 보관에 소홀함이 없도록 지도하고, 특히 식사나 취침 중에 방심하면 위험이 크기 때문에 문단속과 함께 각별히 신경을 쓰도록 해야 한다.

38) 한 도시에 역이 2개 이상 있는 경우가 많기 때문에 주의를 요한다.

- 수시로 차내를 돌아다니면서 여행객들의 건강상태와 요구사항을 확인하고, 열차가 중요한 관광지를 지나갈 경우 그에 관한 간략한 설명도 잊지 않도록 한다.
- 국경이 가까워지면 세관원이 차내를 다니면서 여권 검사를 하므로 여행객들에게 여권을 제시할 수 있도록 준비시킨다.
- 목적지가 가까워지면 여행객들에게 하차준비와 함께 차내에 두고 내리는 물건이 없도록 주의를 환기시키고, 하차시에도 승차시와 마찬가지로 인원파악 및 수하물의 개수를 반드시 확인하도록 한다.

(3) 크루즈 투어(Cruise Tour)

크루즈 투어는 일반적으로 다른 교통수단을 이용한 관광보다 장시간 동안 지속되고 선내생활을 위주로 투어가 진행되기 때문에 TC에게 보다 많은 역할이 요구되는데, 크루즈 투어시 TC가 숙지해야 할 주요 사항은 다음과 같다.

- TC는 크루즈 투어에 대한 기본적인 지식의 습득과 함께 승선 및 하선 장소, 선박명 및 정박위치, 승선 및 하선 시각, 선박의 구조 및 객실(cabin)의 위치 등을 사전에 확인하여야 한다.
- 승선은 대개 출항 2시간 전부터 시작하므로 가급적 그 이전에 도착하여 승선수속을 하도록 한다. 승선수속은 일반공항의 출국시의 CIQ 수속과 유사한 형태로 이루어진다.
- 승선하여 객실배정이 끝나면 선내의 일반적인 사무를 관장하는 '사무장(purser)'을 만나 인사를 나누고 긴밀한 협조를 부탁한다. 아울러 선내의 편의시설에 대한 영업일람표 및 행사예정표 등을 입수하여 여행객들에게 설명하여 준다.
- 크루즈 투어의 경우 식당이용시 처음 지정된 테이블이 하선시까지 변동되지 않는 경우가 많으므로 TC는 식사 전에 식당의 책임자와 미리 만나서 단체가 식사할 좋은 테이블을 배정받도록 최선을 다해야 한다.
- TC는 선내를 빠짐없이 두루 돌아다니면서 여러 편의시설 및 부대시설들을 파악하여 여행객들에게 적절한 정보를 제공해 주어야 한다. 이와 함께 선상

에서 거의 매일 개최되는 다채로운 행사에 여행객들이 적극적으로 참여하도록 기술적으로 유도해야 한다.

- 하선하는 날이 되면 TC는 여행객들에게 짐을 꾸리게 하고, 선내생활 중 사용했던 경비들의 정산과 함께 팁(tip)을 주도록 일러 둔다.
- 하선수속도 일반 공항의 입국수속과 유사하게 이루어진다. 우선 검역관이 승선하여 선내에서 검역(quarantine)을 완료하고, 다음은 입국심사관이 승선하여 선내의 응접실(salon) 등에서 입국심사(immigration)를 하고, 마지막으로 대개 하선지의 세관구역 내에서 수하물에 대한 세관검사(customs)가 이루어진다.
- 만일 기상악화 등으로 입항이 늦어지게 되면 선내의 전화를 이용하여 지상의 현지 여행업자에게 미리 연락을 취해 다음 일정에 관한 협의를 해야 한다.

상륙관광(Shore Excursion)

크루즈 투어 도중에 일시적으로 관광지 인근에 하선하여 행하여지는 관광을 상륙관광이라 하는데, 이에 대한 참가신청은 단체의 경우 출발 전에 미리 한국에서 하는 것이 일반적이지만, 승선 후에 추가신청이나 일부 취소도 가능하다. 상륙관광시에는 일반적으로 한국어 가이드가 없으므로 TC는 여행객들을 통역가능한 언어팀에 포함시켜 상황에 따라 적절히 통역안내를 해 주어야 한다.

9) 귀국준비 및 귀국 업무

(1) 호텔 출발 전의 준비 업무

① 항공예약의 재확인

예약 재확인(reconfirmation)을 하도록 되어 있는 항공편의 경우 현지 여행사에서 이를 대신해 주는 것이 일반적인 관례이나, TC는 이것에 너무 의존하지 말고 자신이 직접 확인하는 습관을 갖도록 하는 것이 바람직하다.

② 수하물의 집결(Baggage Collection)

- 통상적으로 호텔 출발 1시간 전까지는 여행객들이 객실문 바깥에 놓아 둔 수하물들을 로비의 지정된 장소에 집결시키도록 호텔측에 요구를 해 두어야 하지만, 대형호텔 또는 절차가 복잡한 호텔에서는 여행객들이 직접 수하

물을 가지고 내려오게 하는 편이 좋다.

- 수하물이 다 모여졌으면 개수를 확인한 후 호텔측에 출발시각을 알려서 버스에 수하물을 적재하도록 요구한다. 단, 버스에 싣기 전에 여행객들로 하여금 각자의 수하물들을 반드시 직접 확인하도록 주지시킨다.

③ 호텔 체크아웃(Check-out)

여행객들 각자가 체크아웃할 경우 대형호텔에서는 혼잡함으로 인해 여행객들이 불편을 겪을 때가 많으므로 TC는 여행객들을 대신하여 사전에 'rooming list'를 바탕으로 호텔측으로부터 'master bill(종합청구서)'을 받아 체크아웃이 신속하게 처리될 수 있도록 해야 한다.[39]

(2) 호텔에서 공항으로의 이동시 업무

공항에서 여유 있는 출국수속과 면세점 쇼핑이 이루지게 하려면 가급적 일찍 공항으로 출발하는 것이 좋은데, 버스에 승차해서 공항까지 이동하면서 TC가 취해야 할 업무수행요령은 다음과 같다.

- 버스에 승차한 후 우선 여행객들이 호텔 내에 두고 온 물건들이 제대로 있는지, 객실키는 반납했는지 등을 확인한다.
- 버스가 공항에 도착하는 시간, 이용항공사명과 출발시각, 소요시간 등을 간략하게 설명하여 준다.
- 여행객들로 하여금 그동안 현지에서 서비스를 제공한 가이드와 운전기사에게 감사의 인사와 감사의 표시로 약간의 Tip을 주는 시간을 마련한다.

(3) 공항 도착에서 탑승까지의 업무

귀국시의 공항 도착에서 탑승까지의 수속은 한국을 출발할 때와 거의 동일한데, 가장 표준적이라고 생각되는 TC의 업무흐름을 정리하면 다음과 같다.

- 공항 도착 후 TC는 일단 여행객들의 여권을 회수하고, 여행객들을 지정된 장소에서 탑승수속이 끝날 때까지 기다리도록 한 후 현지 가이드와 함께 신

39) 청구서의 청구금액이 틀린 경우가 종종 있으므로 여행객들에게 반드시 확인 후 지불하도록 일러두어야 한다.

속하게 탑승수속을 한다.

- 탑승수속이 완료된 후 TC는 탑승권과 여권을 여행객들에게 나누어 준 후 출국수속을 위해 선두에 서서 출국장으로 향한다. 출국장으로 향하기 전에 방문국에서 쓰다 남은 현지화폐를 공항 내 환전소에서 교환할 수 있도록 시간을 주는 배려도 잊지 않도록 한다.
- 출국수속은 대부분 한국 출국시와 거의 동일하기 때문에 별 문제가 없지만, 단지 현지화폐 소지여부, 문화재 반출, 외환과다보유 등에 대해서 까다롭거나 CIQ를 통과하는데 많은 시간을 요하는 국가도 있음에 유의해야 한다.
- 출국수속을 마치고 출국대기구역에 들어서면 여행객들에게 탑승할 항공편명, 탑승구의 번호와 위치, 탑승시간 등을 다시 한 번 숙지시킨다.
- 시간적 여유가 있는 경우 면세점에서 필요한 물건을 구입할 수 있게 자유시간을 주고 탑승시간 30분 전까지 해당 탑승구 앞에 집결하도록 당부한다. 이때 국내 면세통관의 범위를 사전에 주지시켜 입국시 문제가 발생하지 않도록 하고, 시내 면세점에서 미리 구입한 면세용품을 이곳의 해당 면세점에서 잊지 않고 찾을 수 있도록 주의를 환기시킨다.
- 마지막으로 해당 탑승구 앞에서 미리 대기하고 있다가 여행객들이 오면 인원을 확인한 후 가장 나중에 탑승한다.

(4) 귀국시 기내에서의 업무

귀국시 기내에서의 TC 활동은 출국시 기내에서의 활동과 거의 동일하다. 단지 유의할 점은 세관신고서의 경우 여행객 자신들이 직접 작성하게 하는 것과 여행객들 모두에게 그동안 도와주어서 여행을 무사하게 마칠 수 있었다는 감사의 인사와 함께 차후에도 여행할 기회가 있으면 꼭 자사를 이용해 달라는 부탁을 잊지 않고 하는 것이다.

(5) 귀국시 입국수속 업무

- 항공기가 활주로에 착륙하면 TC는 여행객들에게 두고 내리는 물건이 없도록 주의를 환기시키고, 가급적 먼저 항공기에서 내려 여행객들을 인솔해 입국수속 장소로 향한다.

- 입국수속은 앞서 설명한 입국절차[40]에 따라 진행하면 별 무리가 없다.
- 단지 유의할 점은 공항 입국장 밖으로 나가면 기다리고 있는 가족이나 친지들로 인해 여행객들과 작별인사를 할 여유가 없으므로, TC는 가능하면 짐을 찾아 세관검사대를 통과하기 바로 직전에 미리 여행객들과 작별인사를 하는 편이 바람직하다는 것이다.
- 또한 세관검사가 끝나고 입국대기구역으로 나와서도 TC는 통관상의 문제가 발생하는 여행객이 있을 수 있으므로 마지막 고객이 나올 때까지 출구에서 남아 이들을 기다리는 유종의 미가 필요하다.

10) 여행종료 후의 업무

TC가 여행을 모두 마치고 귀국하여 수행해야 할 업무는 크게 귀국보고, 사후 고객관리, 여행자료의 정리 등으로 나눌 수 있는데, 그 내용을 구체적으로 살펴보면 다음과 같다.

(1) 귀국보고

국내 공항에 도착하여 여행객이 해산한 뒤의 시간이 회사의 근무시간을 지난 경우에는 다음날 출근하여 구두로 보고하면 되지만, 회사의 근무시간 중이라면 무사히 귀국하였음을 우선 전화상으로 간략히 보고하는 것이 바람직하다. 그리고 이러한 전화보고 외에 TC는 귀국 후 정식으로 몇 가지의 보고서를 작성하여 회사에 제출하여야 하는데, 그 종류와 내용은 현재 각 여행사마다 다르지만 일반적으로 다음 3가지가 해당된다.

① TC 출장보고서

이것은 TC가 여행 중 경험한 숙박(호텔), 식사, 가이드, 차량, 관광 등의 전반적인 사항에 대한 평가 보고서라 할 수 있는데, 여기에는 TC가 획득한 현지의 새로운 여행정보에 대한 내용도 포함된다. 따라서 TC는 정확한 사실에 기초하여 보다 객관적인 입장에서 성의 있게 이를 작성하도록 해야 한다.

---

40) 본 교재의 제8장을 참조할 것.

보기 9.6 ▸ TC 출장보고서 A

<table>
<tr><td colspan="2" rowspan="2">T/C 출장보고서
(아주좋음:VG, 좋음:G, 보통:S, 나쁨:P, 아주나쁨:VP)</td><td colspan="4">담당</td><td colspan="4">팀장</td><td colspan="2">이사</td><td colspan="2">전무</td><td>대표이사</td></tr>
<tr><td colspan="4"></td><td colspan="4"></td><td colspan="2"></td><td colspan="2"></td><td></td></tr>
<tr><td colspan="2">행사번호 및 상품코드</td><td colspan="4"></td><td colspan="2">행사기간</td><td colspan="7"></td></tr>
<tr><td colspan="2">인 솔 자</td><td colspan="4"></td><td colspan="2">행사인원</td><td colspan="7"></td></tr>
<tr><td colspan="2">구분/지역(기간)</td><td colspan="4">1.</td><td colspan="4">2.</td><td colspan="5">3.</td></tr>
<tr><td rowspan="3">호텔</td><td>호텔명 및 등급</td><td colspan="4"></td><td colspan="4"></td><td colspan="5"></td></tr>
<tr><td>부대시설</td><td colspan="4"></td><td colspan="4"></td><td colspan="5"></td></tr>
<tr><td>SVC 수준/만족도</td><td colspan="2"></td><td colspan="2"></td><td colspan="2"></td><td colspan="2"></td><td colspan="2"></td><td colspan="3"></td></tr>
<tr><td rowspan="7">식사</td><td rowspan="7">★구분:조/중/석
★식당명
★종류:한식/현지식/뷔페 등
★식사순서대로기록</td><td>구분</td><td>식당명</td><td>종류</td><td>평가</td><td>구분</td><td>식당명</td><td>종류</td><td>평가</td><td>구분</td><td>식당명</td><td>종류</td><td colspan="2">평가</td></tr>
<tr><td></td><td></td><td></td><td></td><td></td><td></td><td></td><td></td><td></td><td></td><td></td><td colspan="2"></td></tr>
<tr><td></td><td></td><td></td><td></td><td></td><td></td><td></td><td></td><td></td><td></td><td></td><td colspan="2"></td></tr>
<tr><td></td><td></td><td></td><td></td><td></td><td></td><td></td><td></td><td></td><td></td><td></td><td colspan="2"></td></tr>
<tr><td></td><td></td><td></td><td></td><td></td><td></td><td></td><td></td><td></td><td></td><td></td><td colspan="2"></td></tr>
<tr><td></td><td></td><td></td><td></td><td></td><td></td><td></td><td></td><td></td><td></td><td></td><td colspan="2"></td></tr>
<tr><td></td><td></td><td></td><td></td><td></td><td></td><td></td><td></td><td></td><td></td><td></td><td colspan="2"></td></tr>
<tr><td rowspan="3">가이드</td><td>성명 및 성별</td><td colspan="4"></td><td colspan="4"></td><td colspan="5"></td></tr>
<tr><td>업무지식/성실도</td><td colspan="4"></td><td colspan="4"></td><td colspan="5"></td></tr>
<tr><td>차종 및 만족도</td><td colspan="4"></td><td colspan="4"></td><td colspan="5"></td></tr>
<tr><td colspan="2">현지사명 및 행사준비상태</td><td colspan="4"></td><td colspan="4"></td><td colspan="5"></td></tr>
<tr><td colspan="2">MEETING BOARD 사용</td><td colspan="4"></td><td colspan="4"></td><td colspan="5"></td></tr>
<tr><td colspan="15">※ 특이사항 및 인솔자 의견(특별한 내용은 별도용지를 사용하여 첨부요망):</td></tr>
<tr><td colspan="15">※ 수배과 의견:</td></tr>
</table>

자료 : (주)굿모닝 트래블 내부자료 참조

보기 9.7 ▶ TC 출장보고서 B

<table>
<tr><td colspan="2" rowspan="2">T/C 출 장 보 고 서</td><td>담당</td><td>팀장</td><td>사장</td></tr>
<tr><td></td><td></td><td></td></tr>
<tr><td>작 성 자</td><td></td><td>상품코드 및 상품명</td><td colspan="2"></td></tr>
<tr><td>출장기간</td><td></td><td>방문지역</td><td colspan="2"></td></tr>
<tr><td>랜 드 명</td><td></td><td>가이드</td><td colspan="2"></td></tr>
<tr><td colspan="5">행사인원 및 단체 특징</td></tr>
<tr><td colspan="5"></td></tr>
<tr><td colspan="5">출발준비상의 문제점 및 개선방안</td></tr>
<tr><td colspan="5"></td></tr>
<tr><td colspan="5">여행지 일반정보</td></tr>
<tr><td colspan="5">현지온도 및 기후</td></tr>
<tr><td colspan="5"></td></tr>
<tr><td colspan="5">환율정보</td></tr>
<tr><td colspan="5"></td></tr>
<tr><td colspan="5">관광지 정보</td></tr>
<tr><td colspan="5"></td></tr>
<tr><td colspan="5">기타 여행 정보</td></tr>
<tr><td colspan="5"></td></tr>
<tr><td colspan="5">항공 스케줄</td></tr>
<tr><td colspan="5"></td></tr>
<tr><td colspan="5">일정세부보고(일자별로 보고)</td></tr>
<tr><td colspan="5"></td></tr>
<tr><td colspan="5">호텔정보</td></tr>
<tr><td colspan="5"></td></tr>
<tr><td colspan="5">식사정보</td></tr>
<tr><td colspan="5"></td></tr>
<tr><td colspan="5">교통편</td></tr>
<tr><td colspan="5"></td></tr>
<tr><td colspan="5">주의사항</td></tr>
<tr><td colspan="5"></td></tr>
<tr><td colspan="5">전체행사의 문제점 및 개선 건의사항</td></tr>
<tr><td colspan="5"></td></tr>
</table>

자료 : OK Tour 내부자료 참조

보기 9.8 ▶ TC 정산서

해외관광행사(예산/결산) 보고서

200 년 월 일

행사번호		인원		결재	계	대리	과장	실장	부장
단 체 명									
기 간	200 . . . ~ 200 . . . (박 일)								
행 선 지				인솔자					(인)

① 해외여행수탁금	구분	요금	인원	금액	비고
	합 계				

② 해외여행참가금	가. 항공료	구 분	요 금	적용환율	금 액	인 원	합 계	비 고
		소 계						

② 해외여행참가금	나. 지상비	지 역	일 수	현지여행사명	요 금	인 원	금액(USD)	합계(원)	비 고
		소 계							

② 해외여행참가금	다. 기타비용	구 분	요 금	인 원	금 액	비 고
		공 항 세				
		보 험 료				
		진행요원일비				
		소 계				
	해외여행 참가금 합계(가 + 나 + 다)					

③ 알선대가 ①−②	④ 부가세예수금(③× $\frac{1}{11}$)	⑤ 여행알선수입(③−④)

자료 : (주)국민카드 내부자료 참조

② TC 정산서

TC 정산서란 여행종료 후에 투어 경비에 관한 수지, 선택관광 실시에 관한 수지, 그 밖의 수입의 수수 등 여행 중 발생한 모든 수입과 지출의 수지를 결산하여 단체의 여행수지에 관한 최종 잔고를 산출하는 내역서이다. 따라서 TC는 정확한 정산을 위해 여행 중에 발생하는 수입과 지출건을 빠짐없이 기록하고 영수증과 같은 증빙서류를 철저히 보관하는 습관을 가지도록 노력해야 한다.

③ TC 업무일지

이것은 여행의 시작부터 종료시까지 매일의 업무진행에 대한 TC의 기록서라 할 수 있는데, 대개 여행사들이 제출하라고 요구하는 보고서 중에는 포함되지 않는 경우가 많다. 그러나 제출여부와 상관없이 차후의 투어진행에 귀중한 업무자료로서 활용될 수 있으므로 보관에 철저를 기해야 한다.

(2) 사후 고객관리

출장종료 후 귀국한 뒤에 고객관리가 잘 되면 고객이 재구매 의사를 가지게 되며, 이에 따른 단골고객 창출이 가능해진다. 그러므로 여행 중 고객관리뿐만 아니라, 일정이 종료된 귀국 후에도 고객관리를 통하여 소속 여행사의 이미지와 신뢰도를 높여야 한다.

자신이 인솔한 여행객을 '한 번 고객'이 아닌 '영원한 고객'이 되도록 계속적인 노력을 경주하는 TC야말로 진정한 TC라 할 수 있는데, 이러한 사후 고객관리를 위해 활용가능한 구체적인 방법을 제시하면 다음과 같다.

① 안부전화 또는 인사장 발송

TC는 귀국 후 빠른 시일 안에 자신이 인솔했던 여행객들에게 여행참가 및 여행 중의 협조와 이해에 대한 감사, TC 자신의 불충분한 서비스에 대한 사과, 차후 여행시에 계속적인 자사 이용에 대한 부탁 등과 같은 취지의 전화를 걸거나 인사장을 발송한다.

② 사진 송부 또는 사진교환회

여행 중 함께 찍었던 사진을 송부하거나 아니면 여행객들 간에 직접 사진을 서로 교환하며 여행지에서 있었던 에피소드를 주고 받는 사진교환회의 회합을 갖는다.

③ 여행안내 자료 및 책자의 송부

신상품이 나왔거나 권장할 만한 상품이 개발되었을 경우 그에 대한 안내 자료 및 책자를 송부한다.

④ 카드 발송과 친목모임의 주선

여행객의 생일과 같은 기념일이나 명절시 카드를 발송함으로써 항상 고객들의 기억 속에 머무르도록 해야 한다. 아울러 여행객들간에 여행친목회 등을 구성하게 함으로써 꾸준한 인간관계를 지속적으로 유지해 나가는 것도 좋은 방법이 될 수 있다.

⑤ 이메일 및 문자메시지의 전달

요즈음은 이메일이나 문자메시지와 같은 방법으로 지속적으로 고객들과 소통이 가능하다. 전화로 안부를 묻는 방법이 있지만, 모든 고객들과 전화통화에는 무리가 있을 뿐만 아니라 다소 부담스러울 수가 있기 때문이다. 이때 자주 이용하는 방법이 이메일과 문자메시지인데, 이는 부담스럽지 않고 고객들과 지속가능한 인연을 만들어 줄 수 있는 방법이다(김병헌, 2021 : 307).

(3) 여행자료의 정리

TC가 여행 현지에서 직접 보고 듣고 수집한 정보는 살아있는 귀중한 정보로 차후에 매우 유용하게 활용될 수 있으므로 TC는 여행 중에 사정이 허락하는 한 여러 자료를 수집하고, 특이한 사항을 기록하는 데 노력을 아끼지 말아야 한다. 그리고 보다 중요한 것은 이와 같이 현지에서 수집한 자료들을 차후에 쉽게 찾아볼 수 있도록 정리 · 보관하는 것인데, 각 국가 및 지역별로 세분화하여 파일에 정리해 보관하고 아울러 현실성을 높이기 위해 자료상에 해당 연도를 기록하는 것이 바람직하다.

3. 사고처리 업무

단체를 인솔하고 투어를 진행하다 보면 기후불순에 의한 결항, 연발착, 파업(strike) 등의 운송기관에 원인이 있는 것부터 분실, 도난, 상해, 질병에 이르기까지 각종의 예기치 못한 잡다한 많은 사고가 발생할 수 있는데, 이러한 사고들을 처리하는 능력이 유능한 TC를 평가하는 결정적인 잣대로 작용하게 된다. 따라서 TC는 업무수행에 있어 이러한 사고방지를 위해 안전관리에 만전을 기하고 사고 발생시에는 신속하게 최선의 해결책을 강구함으로써, 여행일정 진행의 관리자로서 여행객에게 신뢰를 획득할 수 있도록 최선의 노력을 경주해야만 한다.

1) 사고방지 및 처리의 기본

(1) 사고방지를 위한 기본업무

사고처리에 있어 사고방지 이상의 최선의 방법은 없으므로 TC는 무엇보다 먼저 예상되는 사고에 대해서 철저하고 세심한 사전 방지책을 강구하는 것이 무엇보다 중요한데, 이를 위해 TC는 다음과 같은 기본 사항을 항상 충실히 이행해야 한다(이영식, 1995 : 218~219; 임용식, 1998 : 258~259).

- 여행객들에게 위험요소에 대한 구체적인 정보 및 주의사항을 명확히 전달
- 여행객의 수와 수하물 개수를 수시로 확인
- 여행객의 건강상태를 상시 확인
- 정해진 시간의 엄수
- 예약의 확인 및 재확인의 철저한 이행
- 관련 법규 및 규정의 준수

(2) 사고처리의 기본자세

- 냉정함과 침착함을 유지하고 임기응변을 발휘한다.
- TC 자신의 판단에 의한 1차적 조치를 이행한다.
- 소속 여행사의 책임자에게 정확한 보고 및 연락을 취한다.
- 현지여행사와 재외공관 등의 관계자의 협력과 지원을 요청한다.

- 여행객들의 동요 방지와 협력을 요청한다.
- 여행객들의 이익보호와 회사의 손해 방지를 함께 고려한다.
- 소속회사 및 자신의 면책사항을 확인한다.
- 상대방의 의무이행을 지적하고 권리를 주장한다.
- 정확하게 상황을 파악하고 증거물을 확보한다.

2) 사고사례별 대처요령

사고라는 것은 아무리 주의하고 예방하더라도 일어나기 마련인데, 여기서는 여행 중 발생할 수 있는 대표적인 사고사례를 중심으로 표준적인 대처요령을 설명하고자 한다(박시사, 1994 : 96~106; 이영식, 1995 : 219~234; 임용식, 1998 : 259~269; 紅山 雪夫, 1988 : 141~167 등).

(1) 항공기 출발의 지연(Delay) 또는 파업(Strike)

- 적당한 장소를 확보하여 여행객을 쉬게 하면서, 현재 상황이 어떻게 진전되고 있는지를 확인하여 여행객들에게 주기적으로 알려 준다.
- 지연이 오래 계속되는 경우 해당 항공사 카운터로 가서 무료 식권 또는 음료권(free meal or drink coupon) 등의 적절한 보상대책과 아울러 여행객들에 대한 직접 해명을 요구한다.
- 다음 목적지의 현지 여행사에 연락하여 일정에 차질이 생길 경우를 대비한 적절한 조치를 취하도록 요청한다.
- 파업 등으로 인해 항공편 탑승이 불가능한 경우에는
  - ▶ 해당 항공사에 요청하여 다른 항공편으로의 'endorsement'[41]를 받아 조치를 취하고, 다음 목적지에 즉시 연락하여 변경된 항공편명 및 도착시간 등을 상세히 알려 주도록 한다.
  - ▶ 만약 'endorsement'가 불가능하다면 해당 항공사에 적절한 대책을 강구해 주도록 요구하고, 가능한 한 차량, 호텔, 식사 등과 같은 최대한의 편의를

41) 예정된 항공편의 일정을 여행객 본인이나 해당 항공사의 사정에 의해 타 항공편으로 변경하고자 할 때, 해당 항공사가 행하는 배서를 의미한다. 이 배서는 여행대리점에서는 할 수가 없고 반드시 발권 항공사에 의해서만 가능하다.

제공받도록 한다.

- 사태가 수습되면 해당 항공사를 대신하여 여행객들에게 정중히 사과한다.

(2) 위탁수하물의 분실

- 항공권과 'baggage claim tag'을 지참하고 여행객과 함께 해당 항공사의 분실물 신고센터(Lost & Found Baggage Center)로 가서, 소정의 서식인 'PIR(property irregularity report : 수하물 사고보고서)'을 작성하여 제출한다.
- 수하물의 반환을 위하여 체재 호텔 및 여정 등을 상세히 알려 주어 여행 중 연락이 끊기지 않도록 해야 한다.
- 해당 항공사에 분실기간 중의 일용품(daily necessity) 등의 구입비용을 청구한다.[42)]
- 분실된 수하물을 찾지 못할 경우 손해배상 청구를 할 수 있도록 해당 항공사에 확인하여 미리 준비를 해 놓는다.

(3) 현지 공항에서의 Meeting Miss

- 여행객들에게 상황을 설명한 후 지정된 장소에 기다리게 한다.
- 공항출구를 잘못 나왔는지 혹은 다른 출구가 있는지 확인한다.
- 현지 여행사에 연락을 취해 원인을 파악한다.
- 연락두절이나 더 기다려 줄 상황이 되지 않으면 택시나 셔틀버스 등을 이용해서 투숙호텔로 향한다.
- 호텔에 도착하여 현지 여행업자에게 전화를 해서 사태를 규명한다. 아울러 소요된 교통비는 현지 여행업자에게 청구해서 받아낸다.

(4) 여권의 분실

- 먼저 현지 경찰서에 분실신고를 하고 신고확인서를 받는다.
- 현지 한국공관의 영사과에 가서 여권 재발급 신청을 한다. 이때 필요한 서류는 분실신고확인서, 여권사진 2매, 여권번호 및 발행연월일, 발행지 등이

---

42) 보상금액은 각 항공사마다 차이가 있으며, 항공사에 따라 상하의 1벌, 내의, 칫솔, 치약 등의 세면도구 등과 같은 일용품을 지급하는 경우도 있다.

다. 단, 현지에서 바로 귀국할 경우에는 '여행증명서(travel certificate)'를 발급 받을 수 있다.[43)]

- 단체 이동시까지 재발급이 어려울 경우에는 여권을 분실한 여행객이 차후 일정에 재합류가 가능한지, 아니면 귀국하는 것이 바람직한 것인지를 판단하여 현지 여행사에 협조를 의뢰한다.
- 여권분실에 따른 추가적인 경비지불 등의 금전적인 손해를 포함한 제반 불이익에 대한 책임은 여권을 분실한 여행객 당사자의 몫이라는 것을 사전에 명확히 구분해 놓는다.

(5) 항공권의 분실

- 현지의 해당 항공사 사무실로 가서 분실항공권의 재발행(lost ticket reissue)을 신청한다. 이때 항공권 번호, 발권연월일, 구간 등에 대한 사실 확인이 필요하다.
- 현지 항공사는 항공권 발권지인 국내 사무실로 전문을 보내 그 발행에 대한 'authorization(승인)'을 받아 재발행을 하게 된다.
- 항공권을 재발행 받는 데는 항공운임을 재차 지불하지 않고 분실증명서와 같은 성격의 'indeminity letter(책임인수서)'에 서명하고 재발행 받는 경우와 잔여구간의 편도운임을 전액 지불하고 1년 경과 후 분실항공권이 부정으로 사용되지 않았음이 판명될 경우 환불받는 방법의 두 가지가 있다. TC는 가급적 전자의 경우로 재발행을 요청하도록 한다.

(6) 현금 및 귀중품의 분실

- 잊고 오거나 다른 곳에 잘못 넣었을 경우도 있으므로 다시 한 번 잘 찾아보도록 한다.
- 분실이나 도난으로 판단되면 관할 경찰서에 신고하도록 한다. 호텔에서 분실한 경우에는 경찰서에 신고하기 전에 우선 호텔의 'security officer(보안책임자)'에게 알린다.

---

43) 여행증명서로는 다음 여행이 불가능하다.

- 차후의 보험청구에 대비하여 경찰서에서 반드시 '분실 및 도난증명서(police report)'를 받아 놓는다.

(7) 여행자수표(Traveler's Check)의 분실

- 분실 즉시 발행은행 혹은 제휴은행의 지점에 신고하여 번호무효 수속과 재발행신청을 한다. 이때 여권 혹은 신분증명서와 여행자수표 구입시 받은 구매계약서 사본(purchaser's copy) 등이 필요하다.
- 재발행신청서에는 분실자의 인적사항, 분실한 여행자수표를 구입한 은행의 지점명 및 구입연월일, 분실한 여행자수표의 번호 및 총금액, 분실 일시 및 장소, 분실시의 서명상태, 재발행 받을 장소 등의 기입이 필요하다.

여행자수표 분실사고의 예방조치

- 여행자수표를 구입하면 즉시 그 현장에서 여행자수표 발행은행, 수표번호, 액면 등을 따로 메모해 놓도록 한다.
- 여행자수표의 구매계약서 사본은 별도로 보관하고, 여행자수표 번호를 메모해 놓았다가 사용시마다 번호를 지워나가는 습관을 가지는 것이 좋다.
- 여행자수표는 타인의 부정사용을 방지하기 위해 지불시에 카운터에 사인(counter sign)을 하도록 되어 있으므로, 구입시에 반드시 수표 우측상단의 사인란에 서명을 해 두도록 한다.

(8) 환자의 발생

- 호텔에서 환자가 발생한 경우에는 우선 호텔 프런트에 연락하여 호텔에 상주하는 의사(house doctor)의 진료를 받도록 한다. 그리고 여행 도중인 경우에는 여행객들의 양해를 구한 후 직접 병원으로 옮기거나, 아니면 구급차를 불러서 병원으로 이송한다.
- 입원을 해야 하는 경우는 호텔 및 현지 여행업자의 협력을 요청하여 필요한 수속을 하고 본사와 환자의 가족에게 연락한다.
- 환자의 입원 및 귀국 비용 등은 개인부담이라는 것을 이해시키고, 여행사에서 일괄적으로 든 해외여행보험의 조건을 확인한다.
- 귀국 후의 보험청구를 위해 의사의 소견서, 치료비 영수증, 치료비 명세서 등을 필히 받도록 한다.

- 한편, 환자를 남겨 놓고 이동해야 할 경우에는 당황하지 말고 다음과 같이 대처하도록 한다.
  - ▶ 현지 여행사, 호텔 및 병원관계자, 재외공관 등에 협조를 요청하여 필요한 조치를 강구한다.
  - ▶ 환자의 가족이나 일행이 잔류하여 간호를 원할 때에는 관계자의 의사를 확실히 확인하여 결정하도록 한다.
  - ▶ 환자 및 잔류자에게 여행에 필요한 서류를 건네주고, 호텔비 및 입원비 지불방법, 보험처리방법, 합류 또는 귀국방법 등에 대해 상세히 설명해 준다.
  - ▶ 이동 중에도 환자 및 잔류자와 현지 여행사 등의 관계자와 계속적인 연락을 취하도록 하고, 필요에 따라 소속 여행사에도 보고한다.

(9) 사망사고의 발생

- 의사를 불러 사망진단서를 작성한다.
- 사고사나 변사일 경우는 경찰에 신고하여 검시진단서, 경찰증명서 등 필요한 서류를 취득한다.
- 현지의 한국공관에 다음 사항을 신고한다.
  - ▶ 사망 일시와 장소
  - ▶ 사망자명, 주소, 본적지, 여권번호와 발급일
  - ▶ 유족의 성명과 주소
  - ▶ 사망원인
  - ▶ 유해안치장소
- 소속회사에도 상기 사항들을 보고하고, 회사를 통해서 유족에게 연락해 유해처리를 어떻게 할 것인가, 현지까지 유족이 올 의향이 있는지 등을 빨리 통지해 주도록 부탁한다.

의료관련 용어의 영어 표현[44)]

구분	한국어	영 어
의사 (Doctor)	내과의사 외과의사 치과의사 부인과의사	physician surgeon dentist gynecologist
약 (Medicine)	약국 감기약 위장약 진통제 수면제 연고	pharmacy / drugstore cold medicine medicine for the stomach and bowels pain killer sleeping pill salve
	붕대 탈지면 반창고 거즈	bandage absorbent cotton adhesive tape gauze
증상 (Symptom)	통증 두통 복통 견통 근육통 관절통 가슴앓이 코피 기침 혈담 호흡곤란 소화불량 설사 변비 경련 마비 귀울림 찌뿌드드한 어지러운 토하고 싶은 오한을 느끼는 질식할 것 같은 열이 있는 부어 오른 가슴이 뛰는	pain headache bellyache back pain muscular pain joint pain chest pain nose bleeds cough bloody phlegm dyspnea dyspepsia diarrhea constipation cramp paralysis tinnitus feel sick dizzy feel like vomiting feel chill suffocation feverish swollen throbbing

44) 국민신용카드주식회사, 1989 : 92~93. 참고로 재구성.

(10) 천재지변의 발생

- 전쟁, 지진, 자연재해 등의 천재지변이 발생한 경우는 TC 자신의 힘으로 도저히 해결할 수 없는 문제이므로 우선 여행객들을 안전한 장소로 대피시킨다.
- 가까운 한국공관에 신속하게 연락을 취하고, 공관의 지시에 따라 행동하도록 한다.

제10장 국외여행안전관리

1. 안전여행 서비스 지원제도
2. 위기상황별 대처 매뉴얼
3. 국가별 안전정보 및 주의사항

제10장 국외여행안전관리

1989년 해외여행 완전자유화 조치 이후 국민의 국외여행은 급격히 증가하여 지금이야말로 상품의 국제화에서 사람의 국제화로 새로운 단계를 맞이하고 있다. 그런데 이러한 국제화와 더불어 증가하고 있는 것이 강도, 절도, 살인, 테러, 납치, 상해 등 해외에서의 불완전한 여행환경이다(정찬종, 2013 : 437). 종래 안전하다고 했던 국가조차도 급속하게 여행환경이 불안정해지는 경우가 다수 발견되기도 하면서 일부 국가를 제외하고는 안심하고 국외여행을 할 수 있는 국가가 거의 없다고 해도 과언이 아니다.

따라서 국외여행자는 세계 어느 곳에도 위험이 있다는 것을 인식하고 항상 위험에서 자신의 몸을 지키는 것은 자신밖에 없다는 각오를 가지고 안전을 위한 준비를 해두는 것이 중요하다. 물론 여행사도 여행자 보호 차원에서 사건 및 사고 등의 분쟁 예방을 위한 과거의 사례를 연구 · 분석하고 최신의 안전관련 정보를 지속적으로 수집하여 여행자에게 제공하는 노력을 소홀히 해서는 안 된다. 여행사 업무는 개인여행이든 단체여행이든 여행자의 안전확보가 전제가 되어야하기 때문이다. 아래에서는 먼저 국민의 안전한 국외여행을 도모하기 위한 우리 정부의 서비스 지원제도와 위기상황별 대처 매뉴얼을 살펴보고, 덧붙여서 세계 주요 국가별로 최근의 안전정보와 여행 시 주의해야 할 사항에 대해 살펴보고자 한다(외교부 해외안전여행 홈페이지; 정찬종, 2013 : 438~445; (사)한국여행서비스교육협회, 2022 : 206~223).

1. 안전여행 서비스 지원제도

1) 여행경보제도

여행경보제도는 여행·체류시 특별한 주의가 요구되는 국가 및 지역에 경보를 지정하여 위험수준과 이에 따른 안전대책(행동지침)의 기준을 안내하는 제도이다.

우리나라 외교부는 해외에서 우리 국민에 대한 사건·사고 피해를 예방하고 우리 국민의 안전한 해외 거주·체류 및 방문을 도모하기 위해 2004년부터 여행경보제도를 운영해 오고 있다.

외교부는 국민의 안전한 국외여행을 도모하기 위해 해당 국가(지역) 내 범죄, 정정불안, 보건, 테러, 재난 및 기타 상황을 종합적으로 고려하여 ① 여행유의(남색경보), ② 여행자제(황색경보), ③ 출국권고(적색경보), ④ 여행금지(흑색경보)라는 4단계 경보를 지정 · 공지하고 있다.[1)]

1단계인 여행유의 단계는 신변안전에 주의를 하는 단계이다. 2단계인 여행자제 단계는 신변안전에 특별히 유의하고, 여행의 필요성을 신중히 검토해야 하는 단계이다. 3단계인 출국권고 단계는 가급적 여행을 취소하거나 연기하고, 해당 국가 및 지역에 있을 때에는 긴급한 용무가 아닌 경우에는 귀국해야 하는 단계이다. 4단계인 여행금지 단계는 즉시 대피 또는 철수해야 하고, 여행이 금지되는 단계이다.

[표 10.1] 단계별 여행경보 발령에 따른 행동요령

여행경보단계	행동요령
1단계/남색경보(여행유의)	신변안전 위험 요인 숙지·대비
2단계/황색경보(여행자제)	(여행예정자) 불필요한 여행자제, (체류자) 신변안전 특별유의
3단계/적색경보(출국권고)	(여행예정자) 여행 취소·연기, (체류자) 긴요한 용무가 아닌 한 출국
4단계/흑색경보(여행금지)	(여행예정자) 여행금지 준수, (체류자) 즉시 대피·철수

자료 : 외교부 해외안전여행 홈페이지

1) 국가의 정보수준에 따라 정기적으로 짧게는 월, 길게는 반기별로 이미 지정된 여행경보단계의 적정성을 검토 및 변경하고 있다.

2023년 10월 기준으로 단계별 여행경보 가운데 위험수준이 가장 높은 4단계 여행금지가 지정된 국가는 15개 국가에 이르고 있다[2]. 국외로 나가는 여행객들은 목적지 국가의 여행정보 단계를 사전에 확인하고, 단계에 따른 행동지침을 따르는 것이 안전여행의 지름길임을 유념해야 한다.

한편 이러한 '여행경보제도'가 여행자들에 대한 중·장기적인 여행안전정보 제공에 초점을 둔 것이라고 한다면, 이와는 달리 단기적인 위험상황이 발생하는 경우에 발령되는 '특별여행주의보'도 실시되고 있다. 발령 기준은 해당 국가에 단기적으로 긴급한 위험이 있는 경우이며, 행동요령은 여행경보 2단계 이상 3단계 이하에 준한다.

예컨대 여행예정자는 여행을 취소·연기하고 해외체류자는 신변안전에 특별히 유의한다. 특별여행주의보는 통상 1개월 단위로 발령되며, 발령 기간은 90일을 넘지 않는다.

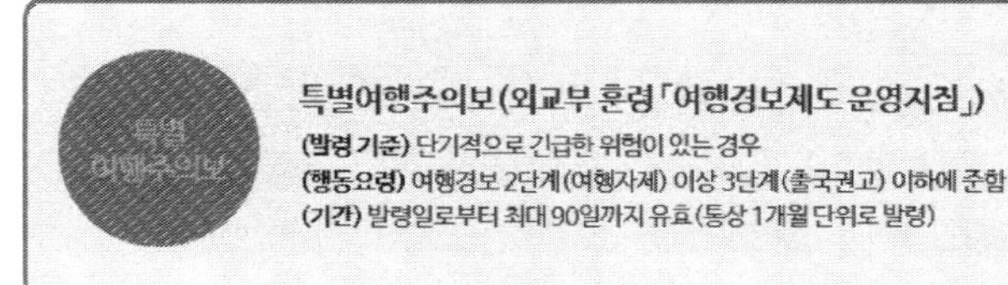

자료 : 외교부 해외안전여행 홈페이지

[그림 10.1] 특별여행주의보 운영지침

2) 영사콜센터 제도

영사콜센터는 해외에서 사건·사고 또는 긴급한 상황에 처한 여행자들에게 도움을 주기 위해 연중무휴 24시간 상담서비스를 제공하고 있다. 상담분야는 다음과 같다.

- 해외 대형재난 발생시 가족 등의 안전확인 접수 및 현지 안전정보 안내
- 해외 사건·사고 접수 및 조력
- 신속 해외송금 지원

2) 여행경보 4단계(흑색경보) 발령 지역을 허가 없이 방문하는 경우 여권법 제26조에 따라 1년 이하의 징역 또는 1,000만 원 이하의 벌금에 처해진다.

- 해외 긴급상황시 통역서비스(영어, 중국어, 일본어, 프랑스어, 러시아어, 스페인어) 지원
- 여권 업무 안내

해외에서 이와 같은 영사콜센터에 접속하기 위한 방법으로 먼저 휴대폰 자동로밍일 경우에는 현지 입국과 동시에 자동으로 수신되는 영사콜센터 안내문자에서 통화버튼으로 연결하면 된다. 유선전화를 이용할 경우에는 현지 국제전화코드 + 82-2-3210-0404(유료), 현지 국제전화코드 + 800-2100-0404 / 800-2100-1304(무료)에 연결하면 된다. 이외에도 외교부는 2020년 11월부터 무료전화앱을 운영하여 Wi-Fi 등 인터넷 환경에서는 별도의 음성 통화료 없이 무료로 영사콜센터 상담전화를 사용할 수 있게 하였고, 별도의 애플리케이션을 설치할 필요 없이 카카오톡, 위챗 메신저, 라인 메신저 등을 통해 영사콜센터 상담서비스를 제공하고 있다.

또한 영사콜센터에서는 로밍서비스를 이용하는 모든 국민들을 대상으로 해외안전정보를 로밍 문자메시지로 신속히 전송하고 있다. 즉 여행자들은 해외도착 즉시 여행경보 발령현황, 감염병 정보 및 유의사항, 테러 및 치안 등 위험요소를 휴대전화 문자메시지(SMS)로 제공받을 수 있다.

3) 신속 해외송금 지원제도

신속 해외송금 지원제도는 여행자가 해외에서 소지품 도난과 분실 등으로 긴급경비가 필요한 경우, 국내 연고자로부터 여행경비를 재외공관을 통해 송금 받을 수 있도록 지원해 주는 제도이다. 즉 해외에서 여행자가 예상치 못한 사고로 일시적으로 궁핍한 상황에 처하여 현금이 필요할 경우, 국내 지인이 외교부 계좌로 입금하면 현지 대사관 및 총영사관에서 국외여행객에게 긴급경비를 현지화로 전달하는 제도이다[3]. 이 제도를 이용하려면 가까운 대사관 및 총영사관에서 신청하거나 영사콜센터 상담을 통해 이용할 수 있다. 신속 해외송금 지원을 받을 수 있는 대상은 다음과 같다.

---

3) 지원 한도는 최고 3,000불 이하(미화 기준)이며, 재외공관의 외화 보유 사정에 따라 3천불 이하 금액만 지원 가능한 경우도 존재

- 해외여행 중 현금과 신용카드 등을 분실하거나 도난당한 경우
- 교통사고 등 갑작스러운 사고를 당하거나 질병을 앓게 된 경우
- 불가피하게 해외 여행기간을 연장하게 된 경우
- 기타 자연재해 등 긴급 상황이 발생한 경우

4) 동행서비스

동행서비스란 해외에서 겪을 수 있는 사건과 사고에 대비해 자신의 여행정보를 여행 전에 미리 등록해 두는 제도이다. 즉 여행자가 해외안전여행 홈페이지에 신상정보, 국내비상연락처, 현지연락처, 일정 등을 등록하면 여행 중에 여러가지 혜택을 제공받을 수 있다. 인터넷등록시의 혜택은 다음과 같다.

- 이메일을 통해 목적지의 안전정보를 받아볼 수 있다. 이와 함께 수시로 업데이트되는 목적지의 치안상황이나 자연재해 가능성 등의 안전공지 역시 확인할 수 있다.
- 해외에서 대규모 재난 · 재해가 발생하였을 경우 미리 입력한 정보를 토대로 소재파악과 같은 도움을 받을 수 있다.
- 여행 중 불의의 사고를 당한 경우 국내의 가족에게 신속한 연락을 취할 수 있다.

해외안전여행 애플리케이션

외교부는 2019년 6월부터 신규 해외안전여행·국민외교 모바일 애플리케이션서비스를 제공하고 있다. 이를 통해 실시간 안전정보 푸시 알림, 재외공관 연락처 목록, 여행경보 현황, 위기상황별 대처 매뉴얼 등 안전한 해외여행을 위한 각종 정보를 제공받을 수 있다. 설치는 플레이스토어 또는 앱스토어에 '해외안전여행' 또는 '알고챙기고떠나고'를 검색하여 설치하면 된다.

2. 위기상황별 대처 매뉴얼

1) 소매치기 및 도난

소매치기 및 도난은 세계 모든 국가의 역, 쇼핑센터, 관광지에서 가장 광범위하게 발생하는 범죄이다. 통상적으로 소매치기는 말을 걸거나 옷에 케첩, 아이스크림 등을 묻히거나 동전을 떨어뜨리거나, 자신의 손가방 안의 내용물을 떨어뜨려 여행자의 주의력을 분산시킨 후 순식간에 지갑을 빼내간다.

따라서 여행 도중에는 가끔 여권이나 지갑이 잘 들어있는지 확인하는 습관을 붙이도록 하고, 주변을 주의 깊게 살펴보는 것이 좋다. 소매치기 및 도난을 예방하는 데 도움이 되는 행동요령은 다음과 같다.

- 여권이나 귀중품은 호텔 프런트에 맡기거나 객실 내 금고 또는 안전박스에 보관하며, 그날 사용할 만큼의 현금만 가지고 다닌다.
- 식당에서는 의자에 가방을 걸어두지 말고 식사하는 동안에는 가방을 본인 무릎 위에 두는 것이 안전하다.
- 뒷주머니에는 절대로 지갑을 넣지 말고 바지 앞주머니나 코트 안주머니에 넣는 것이 안전하다.
- 가방을 가지고 걸을 때는 어깨로부터 가슴에 가로질러 X자로 맨다.
- 사람이 많은 출퇴근 시간의 기차나 버스 안에서 가방이나 지갑을 조심한다.
- 모르는 사람이 시간이나 길을 묻는 등 말을 걸어 올 때에는 조심한다.
- 호텔 프런트에서 체크인 및 체크아웃시 수하물은 반드시 시선이 닿는 곳에 놓거나 일행이 있을 경우 한 사람은 수하물을 지키도록 한다.

2) 부당한 체포 및 구금

부당한 체포 및 구금시 당황하지 말고 현지 사법당국의 절차에 따른다. 우리 공관에 구금사실을 알리도록 현지 사법당국에 요청한다. 그 외 대처요령은 다음과 같다.

- 현지 언어가 능통하지 않을 경우, 사법당국에 통역 지원이 가능한지 문의한다.

- 본인이 모르는 외국어로 작성된 문서나 내용을 정확하게 이해하지 못할 경우, 함부로 서명하지 않는다.
- 영사와의 면담시 향후 진행될 사법절차, 현지 법체계에 대한 일반적인 정보를 제공받을 수 있다.
- 국내 가족과 연락하고 싶을 경우, 사법당국 또는 담당영사에게 협조를 구한다.
- 체포 · 구금 당시 부당한 대우, 가혹행위, 반인권적인 사항이 있었을 경우, 영사와의 면담시 관련 사실을 알려 관계 당국에 시정을 요청할 수 있도록 한다.
- 변호사비, 보석, 소송비를 지불하기 위해 필요한 경우, 신속 해외송금 지원제도를 활용한다.
- 전문적인 법률 자문을 구하고 싶을 경우, 변호사 선임에 필요한 정보를 제공받는다.

3) 인질 · 납치

필리핀, 과테말라, 중국 등 인질 및 납치가 빈번한 국가를 여행할 때에는 치안불안지역을 사전에 파악해 여행을 자제하는 것이 안전하다. 납치가 되어 인질이 된 경우의 행동요령은 다음과 같다.

- 자제력을 잃지 말고 납치범과 대화를 지속하여 우호적인 관계를 형성하도록 한다.
- 눈이 가려지면 주변의 소리, 냄새, 범인의 억양, 이동시 도로상태 등 특징을 기억하도록 노력한다.
- 납치범을 자극하는 언행은 삼가고, 몸값 요구를 위한 서한이나 음성녹음을 원할 경우 응하도록 한다.
- 버스나 비행기 탑승 중 인질이 된 경우, 순순히 납치범의 지시에 따르고 섣불리 범인과 대적하려 들지 않는다. 납치범과 대적할 경우, 자신의 생명은 물론 다른 인질들의 생명도 위태로워질 수 있기 때문이다.

4) 교통사고

재외공관에서 사건 관할 경찰서의 연락처와 신고방법 및 유의사항을 안내받는다. 의사소통의 문제로 어려움을 겪을 경우, 통역 선임을 위한 정보를 제공받는다. 그 외 구체적인 행동요령은 다음과 같다.

- 사고 후 지나치게 위축된 행동이나 사과를 하는 것은 자신의 실수를 인정하는 것으로 이해될 수 있으므로 분명하게 행동한다.
- 목격자가 있는 경우, 목격자 진술서를 확보하고, 사고현장 변경에 대비해 현장을 사진촬영해 둔다.
- 장기 입원하게 될 경우, 국내 가족들에게 연락하여 자신의 안전을 확인시켜주고, 직접 연락할 수 없는 경우 공관의 도움을 요청한다. 사안이 위급하여 국내 가족이 즉시 현지로 와야 하는 경우, 긴급 여권발급 및 비자 관련 협조를 구한다.
- 급작스러운 사고로 의료비 등 긴급 경비가 필요할 경우, 해외공관이나 영사콜센터를 통해 신속 해외송금 지원제도를 이용한다.
- 피해보상 소송을 진행할 경우, 그 나라의 일반적인 법제도 및 소송을 제기하기 위한 절차에 대해 문의하고, 현지 또는 통역사 선임에 필요한 정보를 제공받는다.

5) 자연재해

- 재외공관(대사관, 총영사관)에 연락하여 본인의 소재지 및 여행 동행자의 정보를 남기고, 공관의 안내에 따라 신속히 현장을 빠져나와야 한다.
- 지진이 일어났을 경우, 크게 진동이 오는 시간은 보통 1~2분 정도이다. 성급하게 외부로 빠져나갈 경우, 유리창이나 간판담벼락 등이 무너져 외상을 입을 수 있으니 비교적 안전한 위치에서 자세를 낮추고 머리 등 신체 주요 부위를 보호한다. 지진 중에는 엘리베이터의 작동이 원활하지 않을 수 있으므로, 가급적 계단을 이용하고, 엘리베이터 이용 중에 지진이 일어날 경우에는 가까운 층을 눌러 대피한다.

- 해일(쓰나미)이 발생할 경우, 가능한 높은 지대로 이동한다. 이 때, 목조건물로 대피할 경우 급류에 쓸려갈 수 있으므로 가능한 철근콘크리트 건물로 이동해야 한다.
- 태풍·호우시 큰 나무를 피하고, 고압선 가로등 등을 피해 감전의 위험을 줄인다.
- 자연재해 발생시, TV·라디오 등을 켜두어 중앙행정기관에서 발표하는 위기대처방법을 숙지하고, 유언비어에 휩쓸리는 일이 없도록 주의해야 한다.

6) 대규모 시위 및 전쟁

- 군중이 몰린 곳에 접근하면 위험하다.
- 대규모 시위가 일어났을 경우, 특정 시위대를 대표하는 색상의 옷을 입거나 시위에 참여하는 행동은 매우 위험하므로 삼가야 한다.
- 시위대의 감정이 고조되어 무력충돌(총기난사, 폭력 등)로 이어질 가능성을 대비해 긴급 출국하는 편이 좋다.
- 당장 출국하지 못할 경우에는 영사콜센터 혹은 재외공관(대사관 혹은 영사관)에 여행자의 소재와 연락처를 상세히 알려 비상시 정부와의 소통이 가능하도록 해야 한다.
- 긴급하게 귀국 또는 제3국으로 이동해야 하는 경우, 재외공관에서 비자발급과 여행증명서 발급 등의 출국절차를 지원받을 수 있다.

7) 테러 · 폭발

- 총기에 의한 습격일 때는 자세를 낮추어 적당한 곳에 은신하고 경찰이나 경비요원의 대응사격을 방해하지 않도록 한다.
- 폭발이 발생하면 당황하지 말고 즉시 바닥에 엎드려 신체를 보호한다. 통상 폭발사고가 발생한 경우 2차 폭발이 있을 가능성이 크므로 절대 미리 일어나서는 안 되며 이동시에는 낮게 엎드린 자세로 이동한다.
- 화학테러의 경우, 손수건으로 코와 입을 막고 호흡을 멈춘 채 바람이 부는 방향으로 신속히 현장을 이탈해야 한다.

8) 마약소지 및 운반

마약에 대한 규제가 점점 강화되어 전 세계 대부분의 국가에서 마약범죄를 중범죄로 다루고 있고, 소지 사실만으로도 중형에 처하는 나라가 있으므로 주의해야 한다. 예컨대 중국의 경우, 헤로인 50g 또는 아편 1kg을 제조, 판매, 운반, 소지시 사형에 처하도록 하고 있다.

여행자가 운반한 가방에서 마약이 발견되었을 경우, 외국 수사당국은 악의가 있었는지 여부에 관계없이 마약사범과 동일하게 처벌하기 때문에 본의 아니게 억울하게 일을 당하지 않도록 본인 스스로 유의하여야 한다.

- 자신도 모르는 사이에 마약이 자신의 수하물에 포함될 수 있으므로 수하물이 단단하게 잠겼는지 확인한다.
- 공항이나 호텔 프런트에서 자신의 수하물을 항상 가까이에 둔다.
- 자신이 모르는 사람과 도보나 히치하이킹을 통해 국경을 같이 넘지 않는다.
- 복용하는 약이 있는 경우 의사의 처방전을 항상 소지해 불필요한 입국심사를 받지 않도록 한다.
- 아이들의 장난감 등을 통해 마약이 운반되기도 하므로, 모르는 사람에게서 선물을 받지 말아야 한다.

3. 국가별 안전정보 및 주의사항

1) 아시아 국가

(1) 중국

- 중국은 최근 사회 안전 · 기강 확립을 위해 마약사범에 대해 내국인은 물론 외국인에 대해서도 처벌을 강화하고 있으므로, 여행 중에 혐의자가 되지 않도록 주의를 당부한다. 예컨대, 출입국 시 휴대물품이 너무 많다며 대신 가방을 들어 달라고 부탁하는 경우 자신도 모르게 피의자가 되지 않도록 주의해야 한다.

- 중국에서는 매춘이 공식적으로 금지되어 있고, 최근 중국 공안 기관에서는 성매매 행위를 집중적으로 단속하고 있다. 따라서 여행 시 손님들이 중국법에 저촉되지 않도록 주의를 당부한다.
- 유동인구가 많은 지역에서는 소매치기 피해가 발생할 가능성이 높으니 귀중품은 안전한 곳에 보관하거나 휴대 시 주의해야 한다.
- 관광지 주변이나 사람이 많이 몰리는 곳에서 불법 택시 '헤이처(黑車)'를 종종 볼 수 있다. 내·외부가 깔끔하고 비교적 친절하여 괜찮겠다고 생각할 수 있으나, 불법인 만큼 안전을 보장받기 어렵고 각종 사건사고에 노출되므로 이용하지 않는 것이 좋다.
- 외국인이 중국인에 대해 선교 활동하는 것이나, 허가된 지역 외에서 종교 활동을 하는 것에 대해 관련 기관에서는 민감하게 반응하고, 적발될 경우 상황에 따라 엄격한 조치를 당할 수도 있으니 유의해야 한다.

(2) 일본

- 일본의 경우, 지진, 태풍, 화산 폭발 등 자연재해가 빈번하게 발생하고 있는 만큼 일본 지역 여행 시에는 이러한 자연재해 발생에 각별히 유의할 필요가 있다.
- 개별여행으로 일본 방문 시 렌터카 이용이 증가하면서 교통사고 발생 건수도 증가하고 있다. 일본의 경우 한국과는 달리 운전석이 오른쪽에 있고 차량은 좌측통행을 하다 보니 사고가 발생할 우려가 높다.
- 전반적으로 일본의 치안상황은 비교적 안정화되어 있다고 할 수 있으나, 우리 국민 관광객을 상대로 한 날치기 등의 절도 사건이 발생하고 있고, 특히, 도쿄 신주쿠 가부키쵸 등 유흥가 지역에서 호객 행위꾼들에 의한 술값 바가지 피해 사례가 발생하고 있으므로 주의해야 한다.

(3) 대만

- 대만에는 특별히 위험한 지역으로 지정된 곳이 없고, 치안방면에서 안전하다고 할 수 있다. 그러나 유흥업소가 많이 밀집되어 있는 거리나 지역에는 야간 늦은 시간대까지 머무르는 것은 가급적 피하는 것이 좋다.

- 지하철(MRT)역 및 지하철 내에서는 껌, 음료수(물 포함), 음식물 섭취가 엄격히 금지되고 있으니 주의해야 한다.
- 도로에 오토바이가 많아 운전 중 오토바이와의 접촉사고, 또는 탑승자가 하차 시 지나가던 오토바이와 충돌하는 교통사고가 종종 발생하고 있으므로 주의해야 한다.

(4) 홍콩 · 마카오

- 홍콩은 비교적 안전한 도시이나 늦은 밤이나 외진 곳에서의 관광은 피하는 게 좋고, 관광객을 대상으로 한 절도사건이 많이 발생하는 곳이므로 항상 소지품에 유의해야 한다.
- 홍콩은 침 뱉기, 쓰레기 투기, 흡연, 대중교통 내 음식물 섭취 등 기초질서 위반에 대해서 고액의 벌금이 부과되므로 주의해야 한다.
- 홍콩 및 마카오에서는 교통사고의 경우, 법원의 판결 전까지는 피해자가 병원비 등 일체의 비용을 부담해야하며 재판결과에 따라 피해보상을 별도로 진행해야한다. 그러므로 가능하면 반드시 여행자 보험에 가입하도록 한다.
- 마카오는 도박도시 특성상 강력사건 발생소지를 안고 있으므로 관광지 위주로 여행하고, 최근 흡연에 대해 엄격히 단속을 시행하고 있음에 유의해야 한다. 또한 카지노 주변에서 금전대출 등을 이유로 접근하는 사람들은 내외국인을 불문하고 경계하여야 한다.

(5) 태국

- 태국에서 국왕 및 왕실, 불상, 스님 등은 절대적인 존경의 대상이므로 이들을 모욕하는 일체의 언행은 절대로 해서는 안 된다. 국왕과 왕비 등의 사진은 물론 화폐에 그려진 국왕의 사진에 대한 고의적 낙서나 훼손, 심지어 SMS나 SNS를 통한 일체의 모욕적 표현도 처벌대상이며, 단순히 손가락으로 가리키는 행위도 시비를 야기할 수 있어 자제해야 한다.
- 태국인들은 자신에게 큰소리로 고함을 칠 경우 이를 심각한 모욕으로 받아들이며 특히 외국인과 물리적인 충돌이 발생할 경우 주위 사람들이 합세하여 외국인을 공격하는 경우가 있으므로, 현지인들과 시비를 자제해야 한다.

- 태국인들은 머리에 영혼이 들어있다고 믿고 있다. 따라서 어른이든 어린이든 머리를 만지는 것은 금물이며 만약 실수로 만졌을 경우 즉시 정중히 사과하는 것이 좋다.
- 방콕, 푸켓, 파타야 등 외국인 다수 방문지역에 소매치기, 오토바이날치기로 인한 피해가 빈발하고 있으니, 가방, 여권, 지갑 등 소지품 관리에 유의해야 한다.

(6) 싱가포르

- 세계 최고 수준의 치안 상태에 상응한, 엄격하고 강력한 법집행에 유의할 필요가 있다.
- 껌 금지법 시행으로 껌의 판매, 유통 시 처벌되며, 쓰레기 투기, 지하철 등 대중교통에서 음식물(물 포함) 섭취 시에도 처벌되며, 재범 시 가중 처벌된다.
- 마약 범죄의 경우 일정기준 이상 유통 시 반드시 사형을 구형하도록 규정하고 있고, 예외 없는 처벌로 국제사회에 널리 알려져 있다. 또한, 사법제도에 태형(caning)이 포함되어 있고 강도, 인질, 마약 등 강력 범죄 외에 반사회적 범죄 등의 죄를 범한 경우에도 선고된다.
- 정치적 구호 · 인물의 사진 등을 담은 벽보, 현수막, 티셔츠 착용 등이 엄격하게 금지되어 있다.

(7) 말레이시아

- 보르네오 섬인 동말레이시아의 사바주 동부 해안지역 및 도서지역은 필리핀 남부지역의 테러단체 조직원들에 의한 여행객 및 선박 납치 기도가 빈번히 이루어지는 지역이므로 여행 및 선박 항해 시 여행경보에 각별히 주의해야 한다.
- 이슬람교도가 많은 말레이시아에서는 기본적으로 이슬람교의 계율에 반하지 않게 행동할 필요가 있다.

(8) 베트남

- 베트남은 안정적인 정치체제하에서 강력한 공안 조직을 통해 타국에 비해 상대적으로 양호한 치안 상태를 유지하고 있어 전반적으로 살인, 강도, 강간 등 강력범죄의 비율은 낮다. 그러나 휴대폰 날치기, 소매치기 등 절도범죄 피해가 꾸준히 발생하고 있어 소지품 보관에 각별히 유의할 필요가 있다.
- 여권분실 시 여권 재발급 외 별도로 출국사증 재발급(약 5일 소요)이 필요하므로 여권 분실에 각별히 유의할 필요가 있다.
- 마약 복용, 소지, 제조, 매매 등을 엄중히 처벌하므로 마약 복용 등 불법행위를 하지 않아야 한다.

(9) 캄보디아

- 시장이나 터미널 등 많은 인파가 밀집한 장소뿐만 아니라 도로보행 중 또는 툭툭이나 오토바이 등의 대중교통을 이용하는 중에도 날치기, 소매치기 등의 절도범죄가 발생하고 있으니, 소지품 관리에 유의해야 한다.
- 캄보디아에는 불법총기류가 많이 유통되고 있으며, 야간에 경찰관이 거의 근무하지 않는 등 치안상태가 매우 열악하므로 강력범죄 다발 지역에서는 야간 출입을 특히 자제하고 현지인과의 다툼이 발생하지 않도록 유의해야 한다.
- 캄보디아는 가축이 도로를 횡단하는 경우가 많고, 왕복 2차선 도로의 곳곳에서 무리하게 추월하는 차량으로 인한 사고의 위험이 매우 높다. 또한 일부 도심지를 제외하고는 가로등이 거의 설치되어 있지 않아 운전 시 시야확보가 어려워 야간에 국도를 운전하는 것은 매우 위험하므로 가급적 야간 국도운전은 피해야 한다.

(10) 필리핀

- 필리핀은 살인 · 납치 · 강도 등 강력사건이 빈번히 발생하고 있으므로 안전에 유의해야 한다.
- 필리핀은 환태평양 조산대에 위치하여 화산, 지진, 태풍 등 자연 재해가 많

이 발생하고 있다. 특히 태풍이 올라오는 경로를 서서히 관찰할 수 있는 한국과 달리, 필리핀은 태풍 발생 지역과 인접하여 대비 기간이 짧으므로, 우기(6월~10월) 동안 필리핀 여행을 할 경우에는 수시로 기상 예보를 확인하는 것이 필요하다.

- 현지인을 유순하고 쉬운 상대로 착각하고, 모욕을 주거나 공개적으로 부정적인 감정을 강하게 드러낼 경우, 불의의 사고를 당할 수 있으므로, 필리핀 여행 시 현지인의 감정을 자극하는 언동이나 행동은 반드시 삼가야 한다.

(11) 인도네시아

- 이슬람 원리주의, 분리 독립주의(파푸아지역), 종교 갈등 등 다양한 요인에 기인한 테러가 지속적으로 발생하고 있으므로, 심야시간에 외출을 자제하고 신변안전에 유의해야 한다.
- 날치기, 소매치기 등 절도사건이 자주 발생하는 등 민생 치안이 다소 불안하며, 특히 발리 꾸따 지역에서 오토바이를 이용한 날치기 사건이 빈발하고 있으므로 야간 노상 통행을 자제하고 소지품 관리를 철저히 해야 한다.
- 인도네시아 국민의 대다수가 이슬람 신자이므로 현지 이슬람의 관습에 위배되는 행동을 자제하는 것이 좋다.

(12) 인도

- 내부적으로 다양한 인종과 복잡한 언어, 힌두교 및 이슬람 등 종교간의 갈등, 급격한 경제발전 과정에서의 빈부격차 등으로 인해 테러, 소요와 시위 등이 빈발하는 편이다. 그러므로 종교시설, 공항, 쇼핑몰 등 다중밀집장소 이용 시에는 각별히 신변안전에 주의할 필요가 있다.
- 델리, 첸나이, 자이푸르, 콜카타 등 대도시에는 강 · 절도가 종종 발생하고, 관광지에서는 소매치기가 극성을 부리므로 주의를 요하며, 야간에 혼자 다니는 것은 위험하므로 항상 일행과 함께 행동하도록 한다. 또한 도시 이외 지역 및 기차, 버스 내에는 좀도둑이 많이 있으니 소지품보관에 주의하고, 현지인의 지나친 친절에도 경계를 해야 한다.

2) 미주 국가

(1) 미국

- 미국은 연방, 주(州), 시 별로 사법질서가 매우 정착된 나라이기는 하지만, 개인 총기 소유가 합법화되어 있는 관계로 각종 총기 사건이 빈번한 나라이기도 하다. 따라서 여행 지역의 치안 상황과 도시의 위험지역 등을 사전에 충분히 숙지할 필요가 있다.
- 코로나 19 대유행 이후, 뉴욕시 등에서 아시안계를 대상으로 한 혐오범죄가 증가하고 있다. 현지 사정에 익숙하지 않은 경우, 가급적 대중교통 이용을 자제하는 것이 좋다.
- 관공서나 국립박물관 등을 방문할 때 대부분의 경우 보안 체크를 하게 된다. 보안 담당관의 지시에 이의를 제기하거나 불필요한 질문을 할 경우 보안검사에 시간이 소요될 수 있으므로 보안 담당관의 지시에 잘 따르는 것이 좋다.
- 현지인과 대화할 때, 대화 내용 중 특정 종교나 소수민족, 인종이나, 성별과 관계된 차별성 또는 동물 비하 발언은 매우 민감한 사안으로 받아들여지므로 비록 농담이라도 절대 하지 않도록 한다.

(2) 캐나다

- 캐나다의 경우 태풍 · 지진 · 홍수 등 천재지변이 거의 발생하지 않으며, 전쟁이나 내란의 가능성도 낮아 여행하기에 비교적 안전한 나라이다.
- 최근 한국인을 특정한 사건은 아니지만 아시안을 대상으로 하는 증오범죄가 증가하고 있다. 다문화 다인종 사회인만큼 다른 민족의 문화, 전통에 대해 적대적인 표현을 삼가는 게 좋다.
- 시내 · 외를 불문하고 심야나 새벽시간에는 외출을 자제하는 것이 안전하다. 특히 술 취한 상태로 밤늦게 돌아다닐 경우 범죄의 표적이 되기 쉽다.

3) 대양주 국가

(1) 호주

- 호주는 테러나 강절도로부터 비교적 안전한 치안상태에도 불구하고 시드니, 멜번, 브리즈번, 퍼스, 애들레이드 등 대도시에서는 여행자들을 표적으로 한 성범죄, 강절도 등의 범죄가능성에 항상 주의할 필요가 있다. 특히, 코로나 19 이후 동양인을 대상으로 혐오범죄가 발생하는 사례가 있어 신변에 주의가 요구된다.
- 야간에 도심이나 인적이 드문 곳을 다니는 것은 가급적 삼가고 부득이한 경우에는 여러 사람이 함께 다니는 게 좋다.
- 자동차 운전석 위치가 우측에 위치하며 차선 방향도 우리나라와 반대이므로 통행 시 유의한다.

(2) 뉴질랜드

- 호주와 마찬가지로 통행방향이 우리와 반대이고 회전교차로가 많아 통행 시 각별한 주의가 필요하다.
- 치안은 비교적 안전하나, 환태평양 지진대에 위치하고 있어 지진 등 자연재해에 대한 상시 대비가 필요하다.
- 뉴질랜드는 입국 절차 및 검역이 까다로워 입국이 거부되거나 음식물 등을 압수당하는 사례가 빈번하니 사전에 입국 절차 및 검역 규정에 대해 숙지하여야 한다.
- 뉴질랜드는 바람이 강하여 우기(6월~9월)에는 우산보다는 모자가 달린 방수옷을 착용하는 것이 더 좋다.

4) 유럽 국가

(1) 영국

- 최근 소매치기, 폭행 · 흉기사용 범죄 사건도 많이 발생하고 있으며, 코로나 19 이후 아시아인을 상대로 한 증오범죄가 다수 발생하고 있으므로 피해 예

방에 각별한 주의가 요구된다.

- 야간에는 가급적 외출을 자제하고, 비행 청소년들이 길거리나 술집에서 시비를 걸 때에는 회피하는 것이 좋다.
- 한국의 1층이 영국에서는 0층, G(Ground floor) 등으로 표기되는 것에 유의해야 한다.
- 자동차 운전석 위치 및 차량 진행 방향이 우리나라와 반대이므로 통행 시 유의한다.

(2) 프랑스

- 프랑스는 강력범죄 등에 있어서는 유럽 내에서 비교적 안정적이라는 평가를 받고 있으나, 관광객이 많아 관광지나 파리 외곽지역, 유흥가, 지하철 역 등에서 소매치기 및 절도, 강도 등의 피해가 아주 많이 발생한다. 따라서 지갑 및 여권, 기타 귀중품 등의 도난에 각별히 유의해야 한다.
- 에펠탑과 몽마르뜨 등 주요 관광지, 지하철, 기차역 주변, 샤를 드골 공항에서 파리 중심까지의 RER(교외급행전철)선, 술집이 많은 피갈 유흥가 지역 등에는 항상 소매치기가 많으므로 소지품에 주의해야 한다.
- 샤를 드골 및 오를리 공항을 통해 처음 유럽에 입국할 때에는 추후에 불법체류 의혹을 받지 않도록 반드시 입국 스탬프를 받아야 한다. 간혹 심사관이 스탬프를 찍지 않을 경우, 스탬프 날인을 요청하도록 한다.

(3) 스위스

- 식당, 카페 및 대중교통을 이용할 때는 소지품을 잘 보관하도록 한다. 특히 기차여행 중 객차 내 선반 위에 올려놓은 짐을 도난당하는 사고가 자주 발생하고 있으므로, 귀중품이 들어 있는 가방 등 소지품 관리에 유의해야 한다.
- 주요관광지에서 여름철에는 산악등반, 자전거, 패러글라이딩, 겨울철에는 스키, 눈썰매 등 각종 레포츠 활동 중에 부상을 입는 사고가 자주 일어나니 위험한 행동을 자제하고 안전수칙을 반드시 준수하도록 한다.

(4) 독일

- 독일인들은 야간 활동이 적은 편이고, 가로등이 거의 설치되어 있지 않아, 일몰 이후에는 도심이나 인적이 드문 곳을 다니는 것을 삼가는 것이 좋다.
- 독일은 다른 유럽 국가에 비해 상대적으로 치안상태가 양호한 편이라 할 수 있다. 그러나 구동독 일부 지역을 중심으로 극우주의자에 의한 유색인종 집단 구타사고가 발생하는 등 외국인 혐오증에 따른 범죄가 빈번해지고 있으므로, 구동독 지역 여행 시 주의가 요구된다.
- 경제적 불안정 등으로 인해 청소년들이 외국인, 노약자들을 대상으로 폭행 또는 강도 행위를 일삼는 범죄가 종종 발생하고 있어 주의를 요하므로 야간에 혼자 다니는 것은 가급적 피해야 하며, 청소년들이 여러 명이 모여 있는 곳은 피해 가는 것이 바람직하다.
- 통행 시 서로 신체가 부딪히는 것을 매우 꺼려하며, 기침이나 재채기를 할 경우 반드시 손수건이나 휴지로 입을 막아 주위에 해가 되지 않도록 주의한다.

(5) 오스트리아

- 오스트리아는 치안이 안정된 국가로 안전한 환경에서 여행을 즐길 수 있지만, 소지품 날치기 등의 범죄가 증가하고 있으므로 소지품 관리에 유의한다.
- 호텔 엘리베이터에서 승하차하는 타인에게도 같은 여행객으로 간주하고 인사를 하는 것이 일반적인 문화이다.

(6) 크로아티아

- 크로아티아 국민들은 외국인에 대해 친절한 편이고, 야간에도 주요 도시에서 보행이 자유로울 정도이기는 하나, 관광 성수기인 여름철에 관광지, 국경 출입국 사무소, 공항만, 열차, 버스터미널 등에서 여타 지역과 마찬가지로 여권 또는 소지품을 분실하거나 도난당하는 경우가 있으므로 주의할 필요가 있다.
- 해안 관광지 수온이 외부 기온에 비해 낮은 경우가 일반적이어서 바다 또는 야외수영장에서 수영 중 심장마비로 인한 익사사고가 발생하는 사례도 있

어 특별한 주의가 필요하다.

(7) 이탈리아

- 외국인이 여행 중에 살인, 강도, 납치 등 신체 및 생명의 위협을 당하는 등 강력범죄 피해는 적은 편이나, 소매치기 및 절도 등의 단순 범죄는 매우 빈번하게 발생하는 편이다. 특히 최근 동양인 여행객들을 대상으로 한 절도, 소매치기 등 사건들이 매년 증가하고 있는 편이므로 각별한 주의가 요구된다.
- 저가형 숙박시설이 많이 몰려 있는 로마 떼르미니역 등 대도시 기차역(피렌체 산타마리아노벨라역, 나폴리 중앙역, 밀라노 중앙역, 베네치아 산타루치아역) 주변은 여행객들을 표적으로 삼는 범죄자들이 많으므로 가급적 야간에 외출하는 것을 삼가고, 항상 경계심을 늦추지 않는 것이 바람직하다.
- 이탈리아 남부 나폴리 지역을 여행할 때는 다른 지역보다 안전에 더욱더 신경을 써야 하며, 특히 나폴리 지역은 치안상황이 좋지 않아 우리나라 여행객 피해가 다수 발생하고 있다는 사실을 유념해야 한다.
- 이탈리아 북부의 경우 타 지역에 비해 비교적 치안이 좋은 편이나 관광객을 상대로 한 소매치기, 절도 등의 사건사고는 빈번히 발생하고 있으니 각별히 유의한다.
- 무더운 여름 주요도시의 성당을 방문할 경우, 짧은 반바지나 민소매 티셔츠 등 신체부위를 많이 드러내는 옷은 착용하지 않는 것이 좋다. 신체부위가 많이 노출된 복장을 한 경우 입장이 거부되는 경우도 있으므로 노출된 신체부위를 가릴 수 있는 스카프나 숄을 준비해 두는 것도 좋다.

(8) 스페인

- 바르셀로나와 마드리드 등 여러 도시에서 소매치기, 절도 범죄, 강도사건 등이 자주 발생하므로 주의를 요한다.
- 입국 시 여권에 서명이 없는 경우, 위조여권으로 간주될 수 있으니 여권에 반드시 본인 서명을 하도록 한다.
- 폭염기에 씨에스타(낮잠)를 실시하여 오후에 문을 닫았다가 저녁에 다시 여

는 가게도 많으며, 일반적으로 점심은 13:30 이후, 저녁은 20:30 이후에 식당 영업을 시작하므로 참고한다.

- 식수로는 수돗물에 석회성분이 많이 함유되어 있어 생수(agua mineral)를 구입하여 마시는 것이 안전하다.

(9) 그리스

- 그리스 치안은 비교적 안전한 편에 속하나, 관광객을 노리는 다양한 형태의 소매치기, 도난 사건 등으로 피해를 입는 경우가 많이 발생하고 있으므로 주의를 요한다.
- 아테네 중앙역 또는 객차 안에서 검표원을 사칭해 승객의 승차권과 여권을 확인하는 척하면서 여권을 갖고 도망치는 사례가 자주 발생하고 있어서 열차 이용 시 각별한 주의가 필요하다.
- 아테네 기차역이나 지하철역에서 가방을 맨 여행객을 중심으로 등쪽의 가방과 옷에 오물을 투척 후 닦는 척하며 소지품을 가져가는 사례도 발생한 바가 있으므로 유의한다.
- 그리스는 지진이 자주 발생하는 나라로, 최근 아테네 근교에서도 지진이 잇따라 발생하고 있어 안전에 각별한 주의가 필요하다.

(10) 튀르키예

- 카파도키아에서 열기구 사고가 종종 발생하고 있다. 열기구는 강풍 등 특히 날씨의 영향을 많이 받으니, 날씨 등을 확인하여 안전사고에 각별히 유의할 필요가 있다.
- 튀르키예를 여행하는 우리 국민들이 많아지면서 각종 사건 사고도 증가하고 있다. 특히 혼자 여행하는 여성 관광객은 이스탄불, 카파도키아 등 주요 관광지에서 범죄의 표적이 되는 경우가 많은 만큼 각별한 주의가 필요하다.
- 이스탄불 관광지 지역에서 가장 많이 발생하는 사건으로 연중 특별한 시기가 없이 계속 발생하고 있는 사건이 술집 호객행위와 바가지요금 강제 계산 요구이므로, 낯선 이의 접근을 경계하고, 주의해야 할 필요가 있다.

부록

국외여행실무 관련 용어

부록 국외여행실무 관련 용어

Actual flying time _

시차를 고려하여 비행기의 출발시간과 도착시간을 모두 계산한 후 실제로 비행기가 운행된 소요시간을 말한다.

AD(Agent Discount) _

항공사가 여행사에 제공하는 대리점 할인 항공권을 말한다.

Add-on _

Gateway city(관문도시)[1]와 주위의 소도시 또는 내륙도시 사이에 설정된 부가운임이다. 예컨대 대한항공으로 유럽이나 미주로 여행하는 여행객의 여정은 대구-서울-유럽-서울-대구가 되게 된다. 이때 대구-서울 간의 국내선 구간을 따로 살 필요 없이 서울-유럽 간의 국제선 공시운임에 add-on을 적용할 수 있다.

Affinity group _

항공운용상에 있어 특정운임의 적용과 차터기의 허가를 받을 수 있는 학술, 무역, 종교, 동호회 등 여행 이외의 목적을 띤 유연단체를 말한다.

1) 항공기가 국내에서 외국으로 떠나거나 외국에서 항공기가 도착할 때 중요 출입국 장소로서의 역할을 하는 관문도시를 의미한다.

A la carte / Table d'hote _
개별 메뉴별로 가격이 정해져 있어 먹고 싶은 것만 선택하여 주문하는 일품요리를 'a la carte'라고 하고, 이와는 달리 식사의 전 코스를 묶어 가격을 책정한 정식을 'table d'hote'라 한다.

Alliance _
노선별 공동운항 및 상용고객 프로그램의 제휴 등을 통해 서비스를 확대하는 항공사 동맹체

Amtrak _
미국 각 도시 간에 운행되는 여객운송용 국립철도

ASTA(American Society of Travel Agents) _
미주여행업자협회

AUTH(Authorization) _
허가 또는 허락의 의미로 담당자의 승인, 일반적으로는 여행사 카운터나 영업부 직원이 항공사 세일즈맨이나 항공사 측으로부터 승인을 받는 것을 일컫는 말이다. 대개 할인요금의 경우는 할인조건이 붙게 되며 항공사 측에서는 할인요금을 적용하기에 적당한지를 심사한 후 여행사에 Tour code나 Auth number를 줌으로써 할인 항공권은 효력을 인정받게 된다.

Baby bassinet _
성인이 유아를 동반하고 항공여행을 할 때 기내에 설치되는 유아용 요람을 말한다.

Baby kit _
항공사가 유아를 위해 비행 중 기내에 준비하고 있는 식품과 그 밖의 용품세트를 의미한다.

Back-to-back charter _
차터기를 시리즈로 운영하여 한 그룹이 도착하면 다른 그룹이 그 항공편을 이용하여 돌

아오는 방식으로 'dead-head'[2])를 피할 수 있게 해 준다.

B & B(bed and breakfast) _
객실에 continental breakfast를 포함하는 호텔요금 체제로 영국과 유럽 등에서 광범위하게 사용되고 있다.

Bermuda Plan _
객실요금에 American breakfast를 포함한 호텔요금 체제를 말한다.

Beyond right _
국제 정기항공의 운송권과 교류지점 및 노선 등은 두 나라 간의 항공협정에 의해 규정되는데, 상대국의 교류지점을 경유해서 제3국 지점에 이르기 위해 상대국에서 획득해야 하는 이원(beyond)운항의 권리를 말한다.

Blackout _
크리스마스 휴일 등과 같은 성수기처럼 정해진 요금 또는 요율 등이 효력을 발하지 않는 기간을 말한다.

Block _
호텔의 객실이나 항공 좌석 등을 한꺼번에 예약하여 확보해 두는 것을 말한다. 성수기의 경우 이러한 block을 확보할 수 있는 능력이 여행사의 영업과 가장 밀접한 관련을 갖게 된다.

Bonding _
항공사가 여행사의 채무불이행 상태를 막기 위해 강제규정으로 보증보험에 들도록 하는 것을 말한다.

BSP(Billing and Settlement Plan) _
항공사와 여행사 간 항공권 판매대금 정산을 은행에서 대행하는 은행집중결제방식 제도를 말한다.

---

2) 기차, 버스, 항공기 등의 운송용어로서 텅 빈 좌석으로 되돌아오는 것을 의미함.

Bulk fare _
여행사가 자신의 책임하에 판매하는 것을 전제로 항공사로부터 여러 좌석을 구매할 때 적용되는 낮은 가격으로, 이 가격에는 여행사용 커미션이 없는 대신에 여행사가 이윤을 붙여서 좌석을 판매할 수 있다.

Cabin Crew _
항공기 기내에서 여객의 서비스를 담당하는 직원

Cabortage _
외국의 항공사가 타국의 국내구간에서 상업운송을 할 수 없도록 한 운송규약을 말한다. 예컨대 외국국적의 항공사가 우리나라의 부산과 서울 간의 국내선 구간에서 상업적인 운항을 할 수 없다.

Carry-on Items(Hand carry baggage) _
출국수속시 부치지 않고 기내에 여행객이 가지고 탑승할 수 있는 기내 휴대용 수하물을 말한다.

Charter tour _
여행상품을 구성하는 소재로서의 교통, 예컨대 항공, 버스, 유람선, 기차 등을 전세내어 실시하는 여행을 말하는데, 주로 항공기의 전세 여행이 이에 해당된다.

City terminal _
공항이 아닌 시내에서 탑승수속을 할 수 있게끔 준비해 놓은 시설

Cloak room _
호텔, 극장, 레스토랑, 역 등에 설치해 둔 휴대품이나 수하물을 보관시키는 일시 예치소를 말한다.

CNCL(Cancel) _
이미 예약된 항공좌석과 호텔객실 등을 취소하는 것을 말한다.

CLS(Class) _
좌석등급을 말한다.

Code share _
각기 다른 항공사가 상호이익을 위해 좌석을 공유 판매하는 것을 말한다. 항공사 측면에서는 이를 통해 시장에서의 판매우위 및 원가절감으로 인한 수익의 증대와 이에 따른 잠재수요 확보로 판매력의 시너지 효과를 기대할 수 있다.

COMM(Commission) _
일정 비율의 각종 수수료를 말한다.

Commuter airlines _
주로 비즈니스 고객을 위해 주변의 작은 업무지역으로 왕복 항공서비스를 제공하는 소규모의 항공사로, 이용시 사전예약이 필요치 않은 경우가 많다.

COMP(Complimentary) _
객실, 음료, 식사 등과 같은 상품이나 서비스가 무료로 제공되어지는 것을 의미한다.

Computer bias _
컴퓨터 예약시스템(CRS)상에 특정 항공사의 스케줄이 먼저 나타나도록 우선권을 주는 것을 의미한다.

Concierge _
특히 유럽의 호텔에서 저녁예약, 극장티켓, 편지발송 등과 같은 개인적인 고객 서비스를 담당하는 종업원을 가리키는 용어로, 이들 가운데는 여러 나라 말을 구사하는 경우를 흔히 볼 수 있다.

Connecting rooms _
복도를 거치지 않고 바로 연결되어 있는 호텔의 객실로 주로 가족이 함께 여행시 이용하는 경우가 많다.

Convention tour _

국제회의 참가자를 대상으로 기획 · 판매하는 여행상품인데, 일반적으로 그 형태는 회의 참가자를 대상으로 모집 · 실시하는 상품과 회의 전후의 여행(pre/post convention tour) 상품으로 구분된다.

Day use or Day rate _

낮 시간 동안에 객실을 이용하는 고객에게 적용되는 특별 객실요금으로, 통상 정상요금의 1/2 수준이다.

Dead-head _

Back-to-back charter 참고

Deposit _

호텔이나 항공사 등에 다양하게 사용되는데, 좌석이나 객실의 판매가 확실하지 않은 경우 항공사나 호텔 측이 대량구매를 요구하는 여행사에게 미리 일정 금액을 보증금으로 예치하도록 하는 것을 말한다. 여행사 입장에서는 판매가 원활히 이루어지면 deposit을 한 금액을 돌려 받게 되고, 반대의 경우는 손실을 감수해야 한다.

Direct selling _

공급업자가 여행상품을 여행사 등의 중개업자를 이용하지 않고 고객에게 직접 판매하는 형태를 말한다.

Double booking _

동일한 고객이 동일노선 1회의 여행에 대하여 2번 이상 중복하여 예약을 하거나 동일한 호텔에 대하여 객실을 2회 이상 예약을 하는 경우로 흔히 Dupe(duplicated reservation)이라고도 한다.

Downgrade _

객실 또는 서비스의 수준을 보다 낮은 등급으로 내리는 것으로, 'upgrade'의 반대 개념이다.

DSR(Daily Sales Report) _

매일 판매한 항공권의 손익과 판매량 등을 알아내는 일련의 정산작업을 의미한다.

EATA(East Asia Travel Association) _

동아시아 여행협회

Endorsement _

항공부문에서의 의미는 예정된 항공편의 일정을 여행객 본인이나 해당 항공사의 사정에 의해 타 항공편으로 변경하고자 할 때, 해당 항공사가 행하는 배서이다. 이 배서는 여행대리점에서는 할 수가 없고 반드시 발권 항공사에 의해서만 가능하다.

ETA/ETD _

ETA는 'Estimated Time of Arrival'의 약자로 도착예정시각, ETD는 'Estimated Time of Departure'의 약자로 출발예정시각을 의미한다.

Even point _

손해도 이익도 없는 매출액으로 그 이상 매출액이 발생해야 이익이 생기기 시작하는 손익분기점을 말한다. 불가피한 요금의 할인이나 저가정책 수립시 최소한 지켜야 할 마지노선으로 볼 수 있다.

Excess baggage _

초과 수하물을 의미하며, 무료 수하물허용량(free baggage allowance)을 초과하는 수하물을 지칭할 때 사용된다.

Fam tour(Familiarization tour) _

항공사나 다른 공급업자들이 여행사를 비롯 고객에게 영향을 주는 집단 또는 개인에게 관광지를 홍보하기 위해 여행작가와 여행사 직원 등을 무료 또는 특별할인요금으로 여행시켜 주는 것을 말한다.

FIT(Foreign Independent Tour) _

Tour conductor가 수행하지 않고 여행객이 개별적으로 스스로 여행계획을 세워 떠나는 외국여행을 일컫는다. 이는 또한 단체여행을 싫어하여 혼자 자유롭게 여행하는 'Free Independent Traveler'를 의미하기도 한다.

Flag carrier _
한 나라를 대표하는 항공사를 지칭하는 말로 그 나라의 국적항공사를 의미한다.

FOC(Free of Charge) _
무료요금을 의미한다.

Frequent flyer program _
대한항공의 Skypass와 아시아나항공의 Asiana Club 등과 같이 여행객의 여행거리의 적립에 따라 항공사가 여행객에게 무료여행 등의 보너스를 제공하는 상용고객우대 프로그램이다. 이를 위해 여행객은 각 항공사의 상용고객우대 프로그램에 회원으로 가입해야 한다.

Full pension _
호텔요금 체제로 American Plan을 의미한다.

Gateway _
Add-on 참고

GIT(Group Inclusive Tour) _
그룹 전체 인원이 전 여정 동안을 동일한 일정으로 여행하고 동일한 비행기로 왕복여행하는 것을 전제로 항공사가 특별 할인요금을 제공하는 단체포괄여행을 말한다. 한편 이러한 GIT 운임이 적용되는 항공권에는 'GV'라는 코드가 표시되는데, GV25라고 하면 25명을 최저 필요인원으로 하는 GIT 운임이라는 뜻이 된다.

GMT(Greenwich Mean Time) _
런던 교외의 그리니치 천문대를 통과하는 자외선을 태양이 통과하는 때(남중)를 정오로 정한 표준시를 말하는데, 이 표준시로부터 서쪽으로 향하는 서경 15°마다 1시간씩 늦게 하고, 반대로 동쪽으로 향하는 동경 15°마다 1시간씩 빠르게 하여 시간 앞에 '–' 또는

'+'로 나타낸다. 예컨대 우리나라의 표준시는 동경 135°를 기준으로 하고 있어 GMT와의 시차는 9시간이 되며 'GMT+9'로 표시한다.

Go Show _

예약을 하지 않았거나, 예약을 못한 승객이 남는 좌석을 기대하고 무작정 공항에 나와 탑승을 기다리는 것, 또는 예약이 확정되지 않은 승객이 해당 비행편의 잔여좌석 발생 시 탑승하기 위해 공항에 나오는 것을 말한다. 이와 같이 공항에서 대기하는 여행객을 go show passenger 또는 stand by passenger라 한다.

GRP(Group) _

단체

GSA(General Sales Agent) _

항공사가 해외의 항공시장에서 지점이나 영업소를 개설하여 판매활동을 적극적으로 전개하기 힘들다고 판단될 때, 다른 항공사나 여행사 등과 같은 기업들로 하여금 해당지역 영업활동을 수행하고 감독하도록 지정한 총판매대리점을 말한다. 이때 총판매대리점은 그 지역에서 독점적인 판매권을 가지게 된다.

Half pension _

호텔요금 체제의 하나로 조식에 중식 혹은 석식의 어느 한쪽을 포함한 객실료를 의미하는데, 'Demi pension' 또는 'Modified American Plan'이라고도 한다.

Hijacking _

공중 납치 및 약탈 등과 같이 항공기상에서 행하여지는 범죄를 말한다.

HLDG(Holding) _

현 상태를 진전 없이 그대로 유지하는 것을 말한다.

Hotel representative _

호텔 소재지 이외의 장소에서 호텔의 홍보와 판촉 및 예약업무를 수행하는 사무소나 개인을 의미하는데, 이를 줄여서 'Hotel rep'이라고도 한다.

Hub and spoke concept _
항공루트상 특정 공항이 중심지역으로 지정되어 그 지점에서는 장거리 비행기가 정기적으로 운항할 뿐만 아니라 다른 도시들로 가는 비행편이 부채살 모양처럼 많이 준비되어 있는 개념을 말한다. 이러한 중심연결도시(hub)를 통하는 정기항공의 루트는 많은 승객을 확보할 수가 있다.

IATA(International Air Transport Association) _
국제항공운송협회

ICAO(International Civil Aviation Organization) _
국제민간항공기구

Incentive tour _
기업 및 기관에서 근무성과가 우수한 구성원의 근로의욕을 더욱 향상시키기 위해 포상의 일환으로 실시하는 여행을 말한다.

INDV(Individual) _
개인 손님을 의미하며, GRP의 반대말이다.

Inflight entertainment _
영화상영과 음악제공을 포함한 신문과 잡지의 제공 등과 같이 항공기 탑승객들에게 제공되는 각종 오락과 서비스를 의미한다.

Inflight sales _
여행객에 대한 서비스 측면과 항공사 수익의 제고 등을 위해 기내에서 면세로 술, 담배, 화장품 등을 판매하는 것을 말한다.

INT(Interline) _
국제선을 의미한다.

Interline agreements _

승객이 여행 중 항공사를 바꿔서 이용하는 것과 공항시설이나 기타 자원을 나누어 이용하는 것 등에 대한 둘 또는 그 이상의 항공사 간의 협정을 의미한다.

Interline tour _

항공사가 가맹 여행사의 직원을 초대하여 실시하는 여행을 말한다.

JALPAK _

일본항공(JAL)의 자회사인 일본항공개발회사(JCT)가 주로 일본항공의 운항노선을 이용하여 기획 · 판매하는 세계적인 기획여행상품의 브랜드명이다.

Jet lag _

장거리 여행으로 신체리듬이 깨져서 불면증이나 신경질적 현상 등이 나타나는 것을 말한다.

Joint operation _

항공 협정상의 문제나 경쟁력 강화를 위하여 2사 이상의 항공회사가 공동운항을 하는 것을 말한다.

Kick back _

사전적인 용어로 리베이트(rebate)를 뜻하는데, 항공사에서 여행사에 판매촉진을 위해 일정 목표를 달성하면 인센티브로 PF Ticket[3]이나 일정 금액의 리베이트를 해 주는 것을 말한다. 한편 이 용어는 랜드사와 여행사 수배담당자 사이에 뒷거래를 뜻하는 부정적인 의미로 사용되기도 한다.

Kiosk _

역광장 등에 위치한 신문매장 및 광고탑과 지하철입구 매장 등을 의미한다.

KATA(Korea Association of Travel Agents) _

한국여행업협회

---

3) 이는 promotional free ticket으로, 항공사에서 여행사에 제공하는 다양한 판매촉진책 중의 하나로 무료 티켓을 의미한다.

KTO(Korea Tourism Organization) _
한국관광공사

KTA(Korea Tourism Association) _
한국관광협회중앙회

Landing card _
출입국신고서(E/D card)를 뜻한다.

Late cancellation _
호텔이나 항공사가 규정해 놓은 시간보다 늦게 이루어진 예약취소를 뜻한다.

Late show _
예약을 해 놓고서 지정된 시간이 지나 항공사 체크인 카운터에 나타난 승객을 의미한다.

Leg _
Segment 참고

Load factor _
전체 판매가능 좌석수 중에서 항공좌석이 판매된 퍼센티지를 의미한다.

Local time _
표준시(GMT)에 대한 현지시간을 의미하는데, 항공스케줄상의 모든 출발 및 도착 시각표는 현지 시간으로 기록되어 있다.

Lost and Found _
공항이나 역에 있는 유실물 취급소를 말한다.

MCT(Minium Connectin Time) _
연결항공편 최소 허용시간으로 항공연결편 간에 승객과 수하물이 탈 수 있는 최소한의 시간을 의미한다.

Meeting and convention planner _
컨벤션이나 비즈니스 미팅의 계획과 실행에 전문적인 지식을 지닌 회의기획가를 뜻한다.

Net rate _
소매용 이윤이 포함되어 있지 않은 도매점용 가격으로 주로 커미션이 없다.

No record _
항공권상에는 예약이 된 것으로 표시되어 있으나, 탑승지점에서는 그 여행객의 예약기록이 없는 상태를 의미한다.

No show _
사전에 예약이 확정된 승객이 예약 취소 없이 공항에 나타나지 않는 경우

Occupancy rate _
호텔 등의 객실이용률을 의미한다.

OP(Operator) _
주로 수배담당자를 말한다.

Open ticket _
탑승구간만 정해져 있을 뿐 구체적인 탑승일시가 명시되어 있지 않은 항공권으로 승객이 나중에 예약을 하여 자리를 확보한 후 탑승할 수 있다. 이는 주로 돌아올 날짜를 정확히 정하기 어려운 경우에 구입하는 ticket인데, 일반적으로 할인 항공권의 경우 open 발권의 혜택은 주어지지 않는다.

Operation _
수배라고 통칭되며, 크게 항공수배와 지상수배로 나눌 수 있는데 대개는 지상수배를 의미한다.

Overnight bag _
어깨걸이용의 작은 여행가방을 말한다.

Override commission _
항공사 등이 여행사의 판매실적이나 판매량의 점진적 증가 등에 대해서 통상적인 수수료 이외에 추가적으로 지급하는 수수료로서 주로 대리점 판매촉진 의욕을 자극하기 위해 활용한다.

PATA(Pacific Asia Travel Association) _
아시아 · 태평양 여행협회

Pension _
프랑스나 유럽 등에서 널리 이용되는 저렴한 대중숙박시설로 guest house의 의미로 이해하면 된다.

PF ticket _
Kickback 참고

Pick up service _
차로 사람을 마중 나가는 일로서 특히 여행업자가 공항에 여행자를 마중하는 일과 여행자의 수하물을 받아들이는 경우에 쓰인다.

Plant tour _
산업관광의 한 형태로서 공장견학 등의 technical tour를 의미한다.

Rack rate _
호텔 등에서 인쇄하여 공표한 정규요금을 의미하는데, 특별요금을 나타낼 때에는 이 요금에서 할인하여 표시한다.

Recliner _
등받이를 뒤로 눕힐 경우 침대와 같은 모양이 되는 항공기의 first class 좌석을 말한다.

Safety box _

호텔 내에 비치된 귀중품 보관금고를 말한다.

Segment _

이는 비행편의 운항구간 중 여객의 여정이 될 수 있는 모든 구간을 의미하는데, 이러한 각 탑승구간(segment)이 모여 항공여정(air itinerary)이 이루어진다. 한편, 항공기가 운항하는 두 지점 간의 연결된 구간을 'leg'라 한다. 예컨대 운항구간이 SEL-NRT-HNL-SFO인 경우의 segment는 ① SEL-NRT ② SEL-HNL ③ SEL-SFO ④ NRT-HNL ⑤ NRT-SFO ⑥ HNL-SFO이고, leg는 ① SEL-NRT ② NRT-HNL ③ HNL-SFO이다.

Sending service _

국외여행시 출국을 위해 공항에서 해야 하는 boarding 절차를 대행해 주는 서비스이다. 일반적으로 탑승권 수령, 수하물 수속, baggage tag 부착, 일정표 배부, 출입국카드 작성 등을 대행한다.

Shuttle service _

예약을 접수하지 않고 근거리 지점만을 빈번하게 왕복하는 열차나 버스 서비스를 말하는데, 항공기의 경우는 air shuttle이라고도 한다.

SIT(Special linterest Tour) _

고객의 관심과 흥미를 유발할 만한 특별한 테마를 소재를 하는 관광여행이다.

Sliding commission scale _

특정 공급업자가 여행사에 지급하는 수수료 비율을 해당 여행사의 여행상품 판매량에 따라 조절하는 연계수수료제를 의미한다.

Split charter _

차터기의 좌석 스페이스를 복수의 그룹으로 나누어 공동으로 사용하는 운송방식을 말한다.

Surface _
여정 중 항공으로 연결되지 않는 구간을 말한다. 예컨대 여정이 서울에서 동경을 가서 동경에서 오사카는 기차를 이용하고 오사카에서 서울로 돌아올 경우 표시는 SEL-TYO-X-OSA-SEL로 한다. 이 경우 동경과 오사카 구간을 surface 구간이라고 한다.

Tariff _
항공사 등의 운임 그 자체를 가리키거나 그 적용에 관한 규칙을 집대성하여 공시한 간행물을 의미한다.

Technical landing _
기술착륙이라고도 흔히 말해지는데, 일반적으로 급유를 받기 위해 항공기가 특정한 공항에 착륙하는 것을 말한다.

Through check in _
여행객이 항공스케줄상 여러 항공편을 이용하여 목적지를 가야 할 경우 탑승수속시 자신의 수하물을 최종 목적지에서 찾을 수 있도록 운송의뢰를 하는 일괄수속을 뜻한다.

TIM(Travel Information Manual) _
여권과 비자의 규정, 검역과 통관 등의 출입국관리규정, 외환 규정 등과 같은 여행객이 국외여행시 필요로 하는 각종의 여행정보를 수록해 놓은 여행정보 안내서이다.

Travel agent card _
이것은 IATA와 UFTAA가 인정하는 전 세계적으로 통용되는 여행업계 신분증명서이다. 이 카드는 전 세계의 호텔과 항공사를 포함한 관광관련업체 등으로부터 30~70%까지 할인혜택을 받을 수 있으며, 카드발급과 동시에 2만 5천 달러에 해당하는 항공 사고보험에 자동적으로 가입되는 특전이 부여된다. 발급대상은 IATA 인가여행사에 근무하는 임직원으로 주 16시간 이상 근무자, 근무기간 만 6개월 이상 경과한 임직원 및 주식지분을 20% 이상 소유한 주주에 한한다.

UFTAA(Universal Federation of Travel Agents Association) _
여행업자협회 세계연맹

Unaccompanied baggage _

항공사의 취급 부주의로 인해 수하물이 후일 또는 여행객 입국 후 여행객과 별도로 운송되는 별송수하물을 의미한다. 이 경우 통관수속시에 별송품신고서를 작성해야 한다.

Upgrade _

Downgrade 참고

Validator _

이는 항공권이 해당 항공사에 의해 공식적으로 발행되었음을 증명하기 위해 항공권에 찍는 스탬프(stamp)로서, 발행 회사명 및 지명과 발행연월일이 새겨져 있다. 이 스탬프가 찍혀지지 않은 항공권은 무효이다.

Voucher _

이는 여행 중 제공되어지는 서비스의 내용을 기재하여 그것에 대한 지불을 보증하는 쿠폰형태의 일종의 증권과 같은 서류를 말한다.

WATA(World Association of Travel Agents) _

세계여행업자협회

WTO(World Tourism Organization) _

세계관광기구

Yellow flag _

검역을 필요로 하는 배가 검역항에 들어올 때 내거는 황색의 검역기를 뜻한다.

참고문헌

국내문헌

김병헌(2021), 국외여행인솔자 업무론, 백산출판사.

김사헌(1989), 관광경제학, 경영문화원.

김영규(2013), 여행사실무개론, 대왕사.

고종원 · 류기환(2014), 여행사경영론, 백산출판사.

고종원 · 이광우(2006), 여행업경영실무론, 대왕사.

공윤주(2023), 여행사 경영과 실무, 백산출판사.

나상필 · 변효정 · 도현래(2020), 여행업실무, 백산출판사.

나태영 · 천민호(2010), 여행사경영실무, 대왕사.

도미경(2012), 신웰빙시대의 여행사실무, 백산출판사.

박시사(1994), 에스코트 바이블, 백산출판사.

이영식(1995), 투어콘닥터업무, 기문사.

임용식(1998), 국외여행안내업무론, 학문사.

장서진 · 정연국(2022), 국외여행인솔자 실무, 백산출판사.

정찬종(2013), 최신여행사실무, 백산출판사.

정찬종 · 곽영대(2014), 새 여행사경영론, 백산출판사.

최복룡(2021), 여행사실무경영론, 백산출판사.

한국여행발전연구회(2012), 해외여행 · 항공업무의 이해, 대왕사.

한국여행서비스교육협회(2016), 국외여행인솔자 공통실무, 한올출판사.

한국여행서비스교육협회(2022), 국외여행인솔자 자격증 공통 교재, 한올출판사.

공정거래위원회(2019), 표준약관양식.
국민신용카드주식회사(1989), 해외여행가이드북.
문화체육관광부(2023), 2022 국민여행조사.
문화체육관광부(2020), 2019 국민여행조사.
문화체육관광부(2016), 2015 국민여행 실태조사.
한국관광공사(1986), 국민관광연구의 이론과 실제.
한진정보통신(1998), 예약.

국외문헌

Davidoff, P.G. & Davidoff, D.S.(1983), Sales and Marketing For Travel and Tourism, S. Dakota : Rapid City, National Publishers.
Holloway, J.C.(1985), The Business of Tourism, Macdonald & Evans Ltd.
Lavery, P. & Doren, C.V.(1990), Travel and Tourism, NYC : ELM Publications.
Martha Sarbey de Souto(1985), Group Travel Operations Manual, Delmar Publishers Inc.
Metelka, C.J.(1990), The Dictionary of Hospitality, Travel and Tourism, Delmar Publishers Inc.
Phillips, R.G. & Susan, W.(1983), Group Travel Operating Procedures, CBI Publishing Company, Inc.
Stevens, L.(1985), Guide to Starting and Operating a Successful Travel Agency, Merton House Travel & Tourism Publishers, Inc.
紅山 雪夫(1988), 添乘業務, トラベルジャーナル.

참고 사이트

한국문화관광연구원 관광지식정보시스템(www.tour.go.kr)
공정거래위원회 홈페이지(www.ftc.go.kr)
롯데관광 홈페이지(www.lottetour.com)
미국대사관 홈페이지(kr.usembassy.gov)
전자여행허가(ESTA) 홈페이지(esta.cbp.dhs.gov/esta)
정부24 홈페이지(www.gov.kr)
주한 중국대사관 홈페이지(www.chinaemb.or.kr)

외교부 홈페이지(www.mofa.go.kr)

외교부 여권안내 홈페이지(www.passport.go.kr)

외교부 해외안전여행 홈페이지(www.0404.go.kr)

인천국제공항 홈페이지(www.airport.kr)

하나투어 홈페이지(www.hanatour.com)

한국관광공사 홈페이지(www.visitkorea.or.kr)

한국관광협회중앙회 홈페이지(www.ekta.kr)

한국여행업협회 홈페이지(www.kata.or.kr)

호주정부관광청 홈페이지(www.australia.com/ko-kr)

저자약력

이교종 e-mail: kjlee@yju.ac.kr

고려대학교 영어영문학과 졸업
경기대학교 대학원 관광경영학과 졸업(관광학박사)
국민카드(주) 국제업무실 여행서비스팀 창설 member
▸ 여행상품 기획개발 업무
▸ Tour Conductor 업무 등 수행
한국여행학회 이사 및 심사위원
문화관광연구학회 여행 · 항공분과위원회 위원장
대구광역시 관광정책자문위원
국내여행안내사 및 호텔서비스사 면접위원
한국전문대학교육협의회 인적자원개발전문위원 및 수석전문위원
주문식교육추진협의회 회장
대학기본역량진단 및 전문대학 기관평가인증 등 평가위원
교육부 대학구조개혁위원회 위원 등

현재, 영진전문대학교 호텔항공관광과 교수

국외여행실무

2017년 6월 15일 초 판 1쇄 발행
2024년 6월 15일 제2판 1쇄 발행

지은이 이교종
펴낸이 진욱상
펴낸곳 백산출판사
교 정 성인숙
본문디자인 오행복
표지디자인 오정은

등 록 1974년 1월 9일 제406-1974-000001호
주 소 경기도 파주시 회동길 370(백산빌딩 3층)
전 화 02-914-1621(代)
팩 스 031-955-9911
이메일 edit@ibaeksan.kr
홈페이지 www.ibaeksan.kr

ISBN 979-11-6639-434-8 93980
값 20,000원